生态适应性科学

活用自然机制，开拓可持续未来

日本东北大学生态适应性科学全球卓越研究中心　著

李　伟　金　秋　许晓光　杨永川　译

科学出版社

北京

内 容 简 介

本书从生态学理论入手,阐释了其在海洋资源保护、可持续农业发展、森林资源利用、公共卫生防疫、城市规划与景观等领域的前沿研究成果,并以此提出了"生态适应性科学"的理论和技术体系,即充分利用生物和生态系统固有的适应能力,改变传统"被动"治理的环境生态技术为"主动"的适应型技术。通过揭示生物系统和生态系统的性质及其适应性机制,将其引入生态系统构建、恢复和管理实践中,突破当前"被动"治理的环境生态技术的局限,以实现未来可持续发展的目标。

本书是日本东北大学生命科学、环境科学、土木工程、农学、经济学等相关专业的研究生参考教材,可作为我国相关专业的研究生参考教材,也可为相关科研人员和工程技术人员提供理论和技术参考。

图字:01-2019-5735 号

東北大学生態適応グローバル COE. 生態適応科学. ISBN 978-4-8222-0869-1.
Copyright ©Tohoku University Ecosystem Adaptability Global COE.
All rights reserved.

图书在版编目(CIP)数据

生态适应性科学 / 日本东北大学生态适应性科学全球卓越研究中心著;李伟等译. —北京:科学出版社,2021.6

ISBN 978-7-03-068787-6

Ⅰ. ①生… Ⅱ. ①日… ②李… Ⅲ. ①生物—生态—适应性—研究生—教材 Ⅳ. ①Q142.9

中国版本图书馆 CIP 数据核字(2021)第 104455 号

责任编辑:刘 畅 / 责任校对:严 娜
责任印制:张 伟 / 封面设计:迷底书装

科 学 出 版 社 出版
北京东黄城根北街 16 号
邮政编码:100717
http://www.sciencep.com

北京凌奇印刷有限责任公司 印刷
科学出版社发行 各地新华书店经销

*

2021 年 6 月第 一 版 开本:720×1000 1/16
2023 年 7 月第三次印刷 印张:13 3/4
字数:277 000

定价:98.00元
(如有印装质量问题,我社负责调换)

前　言

　　2008～2012年这5年来,日本东北大学生态适应性科学全球卓越研究中心[简称生态适应GCOE（Global Centers of Excellence）]在日本学术振兴会的支持下,按照生态适应的理念进行研究生教育和科学研究,并通过企业和非政府组织建立的环境机构、财团将其付诸实践。本书可以帮助读者从基础理论到应用技术乃至社会经济制度等各个方面,理解生态适应理念的重要性。简而言之,为了实现社会的可持续发展,我们应该更加灵活地利用日常生活中不可或缺的、能够提供可再生资源和服务的生物系统和生态系统。

　　我们在利用生物系统和生态系统的同时,会产生各种各样的风险。当前的科学技术过分追求高效利用,反而会增加风险。如果风险过大,长期的利润就会减少,社会成本也会增加。所谓可持续性高的社会,可以通过很好地保持这种平衡,实现长期利益的最大化。2011年3月发生的东日本大地震,使我们对当前的生活和科学技术产生了许多思考。我们明白了仅依靠硬件来应对灾害的局限性,并亲身经历了以短期效率为目标的集约型生产-供给系统存在的脆弱性与风险。这些方面也蕴含着与生态适应思想相同的潜流。

　　本书编撰的主要力量是参加GCOE的许多青年研究人员,他们在广泛的学科领域收集了大量研究实例并进行了反复的讨论,以期完成一本内容丰富的书。为实现社会的可持续发展,我们应该思索什么,我希望通过本书,与读者来分享他们的观点。

原著者

译 者 序

　　人类活动极大地改变了自然环境，同时影响生物地球化学循环；通过消灭或引入物种而改变了生物群落，并加速了从局部到全球范围的气候变化。由于人类依赖于生态系统所提供的惠益（生态系统服务），因此有必要"管理"生态系统以使其在各种环境干扰下继续发挥作用并提供服务。本书构建了"生态适应性科学"的理论和技术体系，即充分利用生物和生态系统固有的适应能力，改变传统"被动"治理的环境生态技术为"主动"的适应型技术，以实现未来可持续发展的目标。

　　生态系统是由构成它的生物个体及其与环境的相互作用进化而来的、具备各种功能的复杂系统。在不断变化的环境中，基因突变和重组以及随机基因和个体替换等"自然选择"过程，可筛选出具有高度适应性的生物个体。这些过程长期重复发生，形成了具有多样"秩序"的生物体和生态系统。生态系统的"秩序"可对环境变化做出响应并保持其功能，因此具有适应性。这种适应性通过生物个体、物种和遗传多样性，种间相互作用，空间结构异质性，进化等机制得以维持并发挥作用。本书将揭示生物和生态系统性质与适应性机制的关系并将其引入生态系统构建、恢复和管理实践中，以突破当前"被动"治理的环境生态技术的局限。

　　本书作为日本东北大学生命科学、环境科学、土木工程、农学、经济学等相关专业的研究生参考教材，由日本东北大学、东京大学、统计数理研究所等高校和科研院所的学者总结各自的研究成果编著而成。有别于国内的教材和专著，每位著者并不追求"面面俱到"，而仅就自身最擅长的研究领域进行详尽阐述，可以说本书的每一章节都凝聚了著者从事科研工作以来的研究心得和对本领域前沿问题的思考。每位著者研究背景迥异，涵盖了生态学、环境科学、农学、免疫学、经济学等领域，充分体现了多学科交叉的特征，有助于读者扩大研究视野。纵观国内的生态学、环境科学等相关出版物，尚缺乏如此具有广度、深度和前沿性的教材。本书从生态学理论入手，阐释了各领域前沿研究成果，同时着眼于工程和实践应用，可作为研究生参考教材，也可为科研人员和工程技术人员提供理论和技术参考。

　　本书各章的译者为：重庆大学李伟、杨永川（前言、第一至三章、名词解释）；水利部交通运输部国家能源局南京水利科学研究院金秋（绪论、第四至六章、名词解释、后记）；南京师范大学许晓光（第七至九章、名词解释）；全书由金秋、李伟统稿。由于本书涉及的学科专业众多，在翻译过程中，得到了北京大学医学部默娟，东南大学能源与环境学院王楚亚，南京师范大学环境学院李继宁，南京水利科学研究院水文水资源研究所胡腾飞，重庆大学环境与生态学院钱深华、姚婧梅、庞明月、赵亮、韩乐等各领域学者的指正，深表感谢！在统稿过程中，南京师范大学环境学院石瑞洁，重庆大学环境与生态学院周麒麟、何妍、杨巍等研究生给予了帮助，致以感谢。

因译者水平有限，书中疏漏和不妥之处在所难免，恳请读者批评指正。

译　者

2021 年 5 月

目　　录

第三部分　生态适应性科学与社会

绪论

什么是生态适应性科学

从克服到适应

| 原著：石田 聖二·黑川 絃子·富松 裕·加藤 広海·山崎 誠和·河田 雅圭；译者：金秋 |

　　自古以来，人类就从生态系统中获得了许多惠益。生态系统是指在一定空间范围内栖息的所有生物与其周围非生物环境相互作用而形成的动态系统。无论是森林或海洋，还是城市和山村，都与人类关系密切，都是各具特色的系统。在生态系统中，植物等初级生产者通过光合作用将无机物质转化为有机物质，动物和细菌等消耗、分解有机物质进而获得能量。伴随着生态系统中的这些过程，供人类食用的畜禽和农作物等得以孕育，作为建筑材料和木炭燃料的树木得以成长。不断长成的森林，通过蓄积降落到土壤中的雨水来调节水量，从而具有防洪的功能。树木吸收的一部分水分可通过蒸腾作用释放到大气中，引起雨水的再次降临。森林对大气中二氧化碳的吸收，也有助于气候的调节和控制。

　　2005 年，联合国主持编制的《千年生态系统评估报告》将"人类从生态系统中获得的所有惠益"称为"生态系统服务"（ecosystem service）。随着生态系统负荷的增大和人类对其依赖性的增加，人们认识到生态系统的这种恩惠是有限的，并且将这种价值作为"服务"进行经济评估，从而试图将其纳入生态系统管理和保护政策、自然恢复的决策过程。生态系统服务包括食物、水、纺织品、燃料等的供给服务，气候、水质、疾病等的调节服务，宗教、美学、休闲、教育等相关的文化服务，以及初级生产力、营养盐循环、土壤形成等相关的可支撑其他服务的基础服务（MA 2005）。

　　我们通过对生物和生态系统施加各种改造，实现了社会的富足。例如，在农业和林业中，选用果仁饱满、成熟早等具有人类偏好特性的种子和品种。此外，我们已屡屡改变生态系统：为推进集约化生产而大规模开发农业用地，为灌溉和防洪而大量建造大坝，以及根除有害物种，等等。总之，现代社会到目前为止似乎已用"蛮力"克服了所有的问题。

另外，这种克服型技术，正在全球范围内引发各种各样的问题。虽然特定的作物和林木的种植提高了生产效率，但是单一品种的大面积种植，使其更容易受疾病、害虫和台风等干扰带来的灾害。因为开发了高效的渔业生产技术，自 1950 年以来，世界水产资源鱼类的捕获量增加了 4 倍以上，但是 32%的天然水产资源被过度利用，其正逐渐枯竭（FAO 2010）。此外，海域富营养化，加之气候变暖和鱼类的无序捕捞，使浮游植物和海蜇大暴发，正成为引起海洋生态系统发生巨大变化的原因之一。药物的使用在一定程度上提高了传染病和虫害的防治效果，但对药物产生抗性的细菌和害虫也会随之出现。在铺装沥青和混凝土的城市地区，雨水无法渗透的区域扩大，增加了洪灾的风险。根据《千年生态系统评估报告》，在 24 个被调查的生态系统服务中，15 个（62.5%）呈现出了退化或者无法被可持续利用的状态（MA 2005）。

克服型技术的成功，对石油等可耗竭资源的依赖程度很高。石油是有限的资源，总有一天会枯竭。虽然页岩气、焦油砂、液态甲烷等非常规燃料的埋藏量很大，但这些非常规资源开采的相关环境负荷和成本仍是未知数，所以前景不容乐观。作物生产中不可或缺的化学肥料的原料之一——磷矿石，已经被认为在不久的将来可能会枯竭（Cordell et al. 2009；Gilbert 2009）。如果化肥的生产依赖于磷矿石，那么今后长期的食品生产就无法维持在现有水平。

本书提出了一门新的学术领域——"生态适应性科学"（ecosystem adaptability science），即利用生物系统和生态系统原有的适应性（adaptability；概念扩展），解决克服型技术存在的上述问题，追求可持续发展的未来。生态系统是由生物个体与其他生物和环境之间复杂的相互作用进化而来的，并且是作为具有各种功能的复杂系统而得以维持的。突变产生新的基因、多样地重组基因创造变异的过程、不断变化的环境、适合度（fitness）高的个体被选择的自然选择过程、基因和个体随机交流交换的过程、物理约束等多种限制和筛选过程，使物种得以进化。这些过程通过极长时间的重复，在生物系统和生态系统内形成了各种各样的秩序。

生态系统被认为是所谓的"自组织"现象的产物，对于某种程度的环境变化也具有维持其功能的能力；或者说，它似乎变得具有"适应性"（Levin 1998）。换言之，生物系统和生态系统本来就具有可以很好地保持其功能的"构造"。适应性依赖于每个生物拥有的能力、物种和基因多样性、物种间相互作用网、空间构造复杂性和进化可能性等。生物系统和生态系统的哪些特性、在什么条件下有助于适应性，解析其中的机理，并将新技术（适应型技术）引入农田和城市等人工生态系统并帮助自然生态系统的管理，将是解决当前克服型技术所存在问题的方案之一。

　　统合了生物系统和生态系统适应能力的适应型技术共有三大优点。首先，降低环境变化和病虫害等难预测干扰所带来的风险。具备对预想干扰的适应性，就可能减轻其带来的影响。其次，预防性规避生态系统的不可逆变化。如果过度改变生态系统并超过其阈值，就会急速发生不可逆变化，有可能对生态系统服务造成巨大损害（Scheffer et al. 2009）。近年来，有人开始提出整个地球生态系统也可能存在相同的阈值（Barnosky et al. 2012）。在预防并控制全球生态系统发生不可逆变化的同时，受损的生态系统服务如何恢复也是今后重要的课题。最后，减小能源和矿物资源的消耗量和由此产生的环境负荷。过去的克服型技术不但消耗了大量的能源，也大量使用了磷矿石等矿物资源。考虑到今后能源价格上涨、资源枯竭，必须提高能源和资源的利用效率和再利用率。

　　实际引入这样的适应型技术时，必须建立能够引入这种技术的社会经济体系。为此，当前经济评价低的个别适应型技术所具有的经济效益，迫切需要通过费用效益分析来重新评估。这需要对将来获得的生态服务效益有恰当的评价方法。例如，如果只考虑森林的木材生产，单一种的人工林种植克服型技术，相较于采用多物种人工林种植和空间配置的适应型技术，短期的期望收益可能更高。但是，采用适应型技术可能会享受到木材生产以外的以及可持续稳定的生态系统服务。恰当地评价这样的生态系统服务的价值，是采用适应型技术的经济依据。如何将这些经济依据落实到政策决策机制和管理系统中去？如何评价执行效果？只有构筑起充分考虑到这些问题的社会体系，才能有助于更合理地普及适应型技术。

　　生态适应性科学包含：①揭示适应性机制的基础研究；②有助于各种产业和生态系统管理的适应型技术的开发；③面向适应型技术的社会经济体系的建立。需要将以上 3 个方面进行一体化推进，以实现社会的可持续发展。本书尝试沿此方向将生态适应性科学系统化，并将上述内容分成以下三个部分分别加以阐述。

　　第一部分"生态适应性科学的基础"是应用自然科学的方法，从生态学的角度，阐释适应性机制的基础性研究。生态系统服务依赖于以物质的生产、分解、循环为代表的各种"生态系统功能"。在第一章中，以生态学的两个研究领域——"生物多样性和生态系统功能"和"生态系统的韧性"为中心，阐述如何改善生态系统功能的"数量"和"速度"，以及如何稳定地维持它们。此外，介绍与生态系统对干扰的响应有关的基础研究，并提出一个适应性作用机制的框架。最后，讨论如何将这些发现应用于适应型技术。

　　第二部分"适应型技术的必要性"是应用科学技术的方法，从海洋资源（第二章）、农业生产（第三章）、森林资源（第四章）、防疫（第五章）、城市环境（第六章）的角度来阐释克服型技术存在的问题；以适应型技术的可能性和有效性为重点，讨论了解决这些问题的措施。阐述了采用适应型技术对抵御病虫害、森林火灾、气候变化等情况很有效，甚至可以降低社会成本。在第二部分中，尽管有些内容与适应性没有直接联系,但它们是对生态系统服务的可持续利用非常必要的技术和措施,因此也对其进行了详细介绍。随着适应型技术的发展,它将成为思考未来人类社会的重要视角。

第三部分"生态适应性科学与社会"是应用社会科学的方法,阐述为构建社会经济体系引入适应型技术所面临的挑战。与传统的克服型技术相比,适应型技术在短期内效率较低且成本效益也低,生态系统服务的受益者与成本的承担者不一定匹配。因此,为了普及适应型技术,必须以某种形式引入新的经济激励。在第七章中,以生态系统服务付费(PES)和公众的作用为重点,阐述实施适应型技术的社会制度。在第八章中,讨论实现适应型技术的社会系统所必需的对生态系统服务的经济评估,特别是许多生态系统服务并未在市场经济中体现其价值。阐述了生态系统服务的评价方法和与经济评价相关的不确定性的处理。最后,阐述了在规划实施适应型技术的社会制度时,有效利用人类潜在的特性。在第九章中,从行为经济学的角度,简单介绍了人类的行为特征。

总体上,本书可以从任何章节开始阅读,但有些章节需要一些专业知识。如有需要,阅读本书末尾的名词解释可有助于理解。生态适应性科学旨在将社会意识从克服转变为适应,这是一门为此提供科学依据,并试图将有助于可持续发展的新技术纳入社会决策中的学科。

概念扩展:生态系统的适应性与自然选择的适应进化

生态系统本身具有不受某种程度的干扰和环境变化的影响且不失去其功能的维持机制,本书将其定义为"适应性"。另外,在进化学和生物学中,"适应"(adaptation)意味着生物体的性质是通过自然选择进化而来的结果,这些性质提高了生物的生存和繁殖能力。

进化过程中个体的性状随不同世代发生变化,这种变化可以使个体的生存和繁殖更有效(适应性进化),也可能会更无效(非适应性进化)。虽然进化的方向不一定总是增强生物功能,但自然选择会使生物个体的生存和繁殖得到适应性进化。自然选择过程通常是对同一种群内不同性状的个体产生作用,最终的筛选使得个体的性状产生进化。因此,对个体有利的性状会得到进化。换句话说,个体的"适应性"被认为是有利于个体存活和繁殖的进化。与此相对的,能够维持生态系统或物种的适应性状则不能通过自然选择过程而进化,即有关有利于维持生态系统或物种的进化过程还没有充分的理论支撑。

生态系统的适应性不是为维持生态系统功能而存在的,而是由构成生态系统的一个个生物进化而产生的一种特性。例如,在地球悠久历史中，生物多样性已经朝着越来越高的方向进化。然而，丰富的生物多样性并非意味着自然选择的结果会使系统向着有利的方向进化，而是作为各物种进化的产物伴随而来的多样性增加。此外，生态系统具备维持其自身各种功能的机制也归因于多样性。因此，不要将本书所定义的"适应性"与生物学、进化学中"适应"相混淆。

"适应"一词也用于对气候变化的"适应策略"（adaptation strategy），但此处的"适应"不同于生物学、进化学中的"适应"本意。联合国政府间气候变化专门委员会（IPCC）定义的"适应策略"是指"通过调整自然或社会经济系统，将气候变化引起的各种风险降至最低"的措施；而通过削减和吸收导致气候变化的温室气体的排放，则采用"减缓策略"（mitigation strategy）一词。

参 考 文 献

Barnosky，A.D.，Hadly，E.A.，Bascompte，J. et al.（2012）Approaching a state shift in Earth's biosphere. Nature，486，52-58.

Cordell，D.，Drangert，J.O. & White，S.（2009）The story of phosphorus：global food security and food for thought. Global Environmental Change，19，292-305.

FAO（2010）The State of the World Fisheries and Aquaculture 2010. FAO，Rome.

Gilbert，N.（2009）The disappearing nutrient. Nature，461，716-718.

Levin，S.A.（1998）Ecosystems and the biosphere as complex adaptive systems. Ecosystems，1，431-436.

MA（Millenium Ecosystem Assessment）（2005）Ecosystems and Human Well-being：Synthesis. Island Press，Washington DC.

Scheffer，M.，Bascompte，J.，Brock，W.A. et al.（2009）Early-warning signals for critical transitions. Nature，461，53-59.

第一部分

生态适应性科学的基础

第一章

生态系统的适应

| 原著：黒川 絋子·佐々木 雄大·牧野 能士·加藤 広海；

译者：李伟·杨永川 |

生态系统具有即使发生某些环境变化也能继续发挥作用的"机制"。本章首先从生态学的角度，解释生态系统功能的"数量"和"速度"得以持续改善和稳定维持的机制。其次介绍生态系统对干扰响应的相关基础研究，并提出一个框架，以揭示适应性的"作用机制"。最后就如何将这些研究成果应用于生态系统的可持续管理和服务，提出相应的观点。

第一节 引 言

生态系统是指在一定空间范围内，栖息的所有生物与其周围非生物环境相互作用而形成的动态系统。生态系统内相互作用伴随的物质生产、分解、循环等过程，称为生态系统功能（ecosystem function）。例如，在陆地生态系统中，作为初级生产者的植物利用光、水及营养盐等资源进行光合作用，利用无机物（二氧化碳）制造有机物（初级生产），并将其作为生长和繁殖的能量。植物所生成的有机物为植食者提供食物，剩余的大部分供给土壤生态系统。供给到土壤生态系统的有机物被真菌或细菌、土壤动物一类的分解者分解，分解后再次被植物所利用（物质循环）。伴随这一系列的过程，产生了多样的生态系统功能（多方面的功能）。生态系统功能是人类从生态系统中所获得的各种各样的生态系统服务（公共功能）（表1-1）。以森林生态系统为例，森林这种初级生产的生态系统功能，可提供木材生产和气候调节等生态系统服务。有机物的生产及其分解后所形成的土壤，能够蓄纳和过滤雨水，实现防洪和饮用水供给。生态系统功能和生态系统服务的关系并不一定是一一对应的关系（Costanza et al. 1997）。例如，初级生产可实现提供食物和燃料、气候调节的生态系统服务；而食物的供给不仅依赖于初级生产，同时也需要营养盐循环、授粉等生态系统功能的支撑（概念扩展1-1）。

表 1-1 人类赖以生存的生态系统服务，其类别以《千年生态系统评估报告》为基础；各类生态系统服务都得到各种生态系统功能的支持；被称为"基础服务"的生态系统功能是许多生态系统服务的基础。

类别	生态系统服务	事例
供给服务	食料	农作物、鱼
	水	饮用水
	燃料	木材和木炭
	基因资源	药物与品种改良的来源
调节服务	气候调节	调整大气中二氧化碳浓度
	缓和自然灾害	减轻台风、洪水造成的灾害
	水质净化	通过微生物净化污水
	生物控制	抵御农业病虫害
文化服务	娱乐	登山、垂钓
	教育	生态旅游
	审美美学与精神享受	自然之美
基础服务	初级生产力、营养盐循环、土壤形成、授粉过程、水循环、分解作用	

尽管人类社会受各种各样生态系统服务的支持，但近年来人类活动所引发的生境改变、气候变化、资源过度利用及污染等干扰行为，使生态系统功能发生了巨大的变化（概念扩展 1-2）。这种干扰不仅可通过气候和土壤营养盐等非生物环境的变化直接影响生态系统功能［图 1-1（c）］，也可通过对构成生态系统的生物群落的间接作用而实现［图 1-1 中由（a）至（b）途径］。但是，生物群落对于环境变化的响应非常复杂，很难预测生物群落所介导的间接影响（Díaz et al. 2007）。为了对受干扰的生态系统功能的变化做出精准的预测，首先必须明确生物群落对于干扰的响应模式、生物群落与生态系统功能之间的关系。

基于韧性的概念，可阐明生态系统结构和多样性（广义的生物多样性）是如何对干扰进行响应的［图 1-1（a）］。对生物多样性和生态系统功能的研究，可阐明干扰造成的生物多样性变化是如何影响生态系统功能及其稳定性的（在某些情况下，包括干扰对生态系统功能的直接影响）［图 1-1（b），（c）］。

生态系统原本就具有对于某种程度的干扰能够维持其不被损害的能力，也就是生态系统所持有的"适应性"（绪论）。但是，生境改变和资源过度利用的人为干扰使生态系统的适应性减弱，以前可承受的干扰对如今的生态系统功能也会造成无法承受的损害。反之，对适应性进行适当的管理，可能会缓和未来产生的干扰对生态系统功能的影响。当前，气候变化等干扰对生态系统所产生的直接影响已无法避免。因此，更好地利用生态系统的适应性以持久获得生态系统服务已变得越发重要。

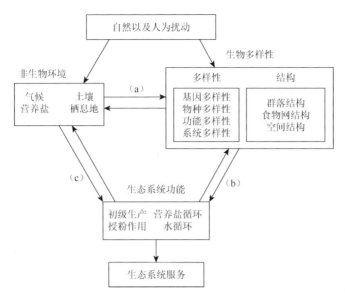

图 1-1 干扰影响生态系统功能的途径。

　　为阐明适应性的作用机制，下述两个生态学研究所涉及的概念非常重要：一个是关于"生物多样性与生态系统功能"的研究，另一个是关于"生态系统韧性"的研究。

　　一旦生态系统的生物多样性降低，人类所依存的生态系统功能将会发生怎样的变化呢？在当前全球发展规模持续扩张、生物多样性每况愈下的危机背景下，关于生物多样性和生态系统功能（biodiversity and ecosystem functioning）的研究自 20 世纪 90 年代以后便快速发展（Vitousek et al. 1997；Loreau et al. 2002；Díaz et al. 2006；Cardinale 2012），详细的研究将在下节展开论述。从总体上讲，迄今为止的研究揭示了物种多样性对生态系统功能的数量、资源利用速率及生态系统稳定性的促进作用（Balvanera et al. 2006；Cardinale et al. 2012）。换言之，物种多样性低下会使生态系统服务退化，从而对生态系统服务的持续利用会变得愈发困难。如果仅仅是为了高效的木材生产或者为了增大碳素存储的话，选择具有更高经济价值且生长快速的树种进行单一种植可能会更好。但是，这种多样性极端低下的单一种植，面对突发的大规模病虫害和气候变化，很可能会变得异常脆弱（本章第二节、第四章）。

　　在此情形下，虽然短期内较低的物种多样性也可获得较好的生态系统服务，但是从生态系统服务的长远利用看，需要进行物种多样性保护的情形可能也变多了。包括物种多样性在内，生态系统的哪些要素涉及生态系统功能的改善和维护？而这些要素之间又是如何发生作用的？这些都是对生态系统服务充分利用所不可或缺的知识基础。

近年来，对于各种各样的生态系统，由于干扰所带来的变化往往非线性且不可逆，生态系统功能和服务可能会发生显著的退化（MA 2005）。对生态系统韧性的研究可阐明生态系统对这种干扰的反应机制。

在大多数情况下，生态系统的变化是持续而缓慢的。但是，一旦发生突发或者远超预期的扰动干扰，超过生态系统的临界点，就会产生急剧的变化。这种生态系统发生的非线性变化，不仅包括台风、山火、干旱这样的自然扰动引起的变化，也包括资源的过度利用、土地开发以及扰动方式的改变等人为干扰（Gunderson 2000；Folke et al. 2004；Groffman et al. 2006；Suding & Hobbs 2009）所产生的变化。生态系统发生了非线性变化之后，就很难甚至无法恢复到原本的状态（尽管有时要花费大量的费用和时间）。因此，为了避免因干扰引起的生态系统非线性变化以及由此引发的生态系统功能的退化，了解生态系统中重要的生态系统功能对干扰的响应并预测这种非线性变化就变得至关重要（Groffman et al. 2006；Suding & Hobbs 2009）。为保持生态系统原有的状态和功能，可接受的干扰程度称为"韧性"，本章将阐述维持生态系统韧性的关键因素。

本章所涉及的适应性机制的基本概念是生态适应性科学的基础。通过两个相关研究主题的介绍，系统阐释非生物环境、生物多样性和生态系统功能之间的关系。最后，本章还将阐述如何将基础研究的结果应用于生态系统功能和服务的保护及可持续利用。

概念扩展 1-1：生态系统服务分类及各类服务间的关系

由联合国主持编制的《千年生态系统评估报告》将生态系统服务分为四类（MA 2005；表 1-1）。"供给服务"是生态系统自我生产和供给的物质，包括食物、水、燃料、纤维、生化物质和基因资源等。"调节服务"是生态系统对内在过程的自我调节所获得的结果，包括极端气候的减缓、生物控制、防洪和水质净化等。"文化服务"是从生态系统中所获得的非物质部分，包括娱乐、教育、审美美学和精神享受。"基础服务"支撑上述生态系统服务，包括初级生产力、营养盐循环、土壤形成、水循环、授粉过程等。

各种生态系统服务之间可能相互依赖，也可能仅是权衡关系。例如，粮食生产离不开营养盐循环和授粉过程。在加拿大魁北克省开展的一项研究表明：归类为供给服务的生态系统服务，尽管与许多归类为调节服务和文化服务的生态系统服务处于权衡关系，但调节服务中的各种生态系统服务之间却存在正相关关系（Raudsepp-Hearne et al. 2010）。

生态系统服务的协同效应与权衡关系产生的原因是多种生态系统服务同样受到环境因素的影响，或者多种生态系统服务之间可能存在直接的相互作用（Bennett et al. 2009）。这种协同效应和权衡关系取决于生态系统、目标尺度(规模)和生态系统服务的类型(Lavorel & Grigulis 2012)。如何弄清使生态系统功能得以实现的各种生态系统服务的作用机制,以及明确生态系统服务之间的关系,都是制定生态系统保护和管理政策的重要问题。

概念扩展 1-2:干扰的种类

实际上,自然界中存在的各种各样的干扰(disturbance),会对生物个体和生态系统产生重大影响(Ives & Carpenter 2007)。下面我们将探讨干扰的存在种类以及如何对干扰进行分类。在干扰的分类中,目前被广泛接受的干扰种类是脉冲型/冲压型。这种分类是在给定的观察期间,基于环境因子波动的时间尺度来划分的(Bender et al. 1984; Glasby & Underwood 1996)。

脉冲型干扰意味着环境因素在短时间内发生变化,常见的事例如洪水和寒潮、有毒化学物质所造成的暂时性环境污染、天敌减少而导致捕食压力的暂时降低[图 1-2(a)]。而冲压型干扰能长期或永久性维持环境状态的变化[图 1-2(b)],如水环境的富营养化、外来物种入侵所导致的捕食压力变化、病毒感染长期的传播蔓延等。此外,冲压型干扰也包括干扰所引起的沿某一方向、长期缓慢的环境变化(Lake 2000, 2003),全球变暖就是一个很好的例子。

需要注意的是,一些干扰可以被解释为脉冲型也可以划分为冲压型,这取决于对干扰的观察视角。基于目标生物的寿命和生态系统的空间尺度,即使相同的干扰也可能被解释成不同的类型。换言之,必须注意生态系统的规模以及观察其响应时间的长短。

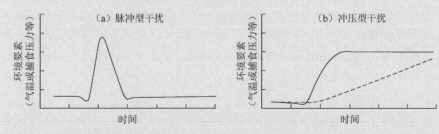

图 1-2 按时间尺度分类干扰。(a)脉冲型干扰是指洪水和寒潮等引起的环境因素的暂时波动。(b)在冲压型干扰中,环境因素的变化长时间保持或恒定(实线)。例如,土地利用变化导致地下水位下降以及引入外来物种导致的捕食压力变化。还存在全球变暖这样的干扰,导致环境因素沿着某个方向逐渐变化(虚线)。

自然环境中很少出现单一的干扰。例如,湖泊富营养化导致的蓝藻暴发，而气候变化所引发的水温上升可能会加速这一过程。此外，某一干扰可能会对另一干扰的生态适应性造成影响。例如，将小溪改造为农业灌渠的冲压型干扰，使生物栖息地单一化且减少了生物的躲避场所，从而使洪水期（脉冲扰动）的小龙虾种群稳定性降低（Parkyn & Collier 2004）。

为了使生态系统服务得以维持、免受干扰，除按时间尺度对干扰进行分类外，干扰的可预测性具有重要意义。尽管可以在一定程度上预判某一地区的洪水和山火的发生频率，但很难预测发生的时间和规模。此外，还可以在一定程度上预测土地开发所致的森林砍伐、环境因素的季节性波动、海洋资源中的鱼种交替等长期波动。干扰的可预测性是选择适应型技术的基础。一般来说，自然干扰很难把握其周期性或者可能本身就不存在周期性，因此自然干扰往往是不确定且不可预测的。但是，除了诸如油轮事故所引发的原油泄漏之类的情形外，人为干扰的特征在于它是伴随着人类活动产生的干扰，通常是可预测的。

综上所述，基于时空尺度对各种干扰和生态系统响应进行分类，对生态系统服务的可持续利用和生态系统的有效管理及保护具有重要意义。

第二节　生物多样性和生态系统功能

在生物多样性和生态系统功能的研究中，大多关注的是物种数量的效应。然而，生物多样性不仅是指物种的数量，还包括了所有时间、空间尺度上生物和生态系统的多样性及结构的复杂性（Naeem et al. 2002）。换言之，生物多样性不仅意味着物种多样性、遗传多样性、功能多样性、系统发育多样性，还包括构成生态系统的生物群落结构（物种组成、优势度、群落全体的生物量等）和相互作用网络（食物网、植物与传粉媒介间的相互作用等）。此外，它还是一个包含空间结构（景观等）复杂性的概念（图 1-3；Díaz et al. 2006）。这种广义的"生物多样性"提高了生态系统功能的数量、速率和稳定性，从而有助于提升生态系统的适应性。本节将对当前的生物多样性和生态系统功能研究进行介绍，并总结为揭示适应性机制今后需进行的必要研究课题。

一、生态系统功能的数量和速度

生物多样性和生态系统功能的研究主要以环境控制实验生态系统和草地实验系统为实验和理论研究的中心。很多研究以草地为对象开展实验，主要对"物种

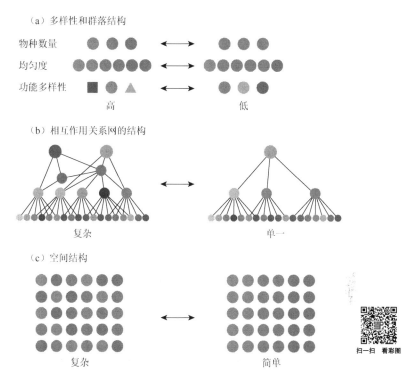

（a）多样性和群落结构

物种数量

均匀度

功能多样性

高　　　　　　　　　　　低

（b）相互作用关系网的结构

复杂　　　　　　　　　　单一

（c）空间结构

扫一扫　看彩图

复杂　　　　　　　　　　简单

图1-3　广义的生物多样性要素包括（a）多样性和群落结构，（b）相互作用关系网的结构，（c）空间结构（Díaz et al. 2006）。（a）不同颜色代表不同物种，不同形状代表不同功能群。物种多样性由群落中物种的数量和均匀度表示。左侧物种数量、均匀度和功能多样性较高。（b）相互作用关系网的复杂性取决于相互作用关系网中涉及的物种数量和物种之间相互作用关系的数量。左边有更多的物种和更多、更复杂的相互作用。（c）空间结构的复杂性取决于物种和景观类型的不均匀程度。左边的更复杂。

数量"进行处理，阐明了物种数量差异对初级生产力和物质循环速率所表征的生态系统功能"数量"和"速率"的影响（Naeem et al. 1994；Tilman et al. 1997；Hector & Schmid 1999；Hector et al. 2002；Loreau et al. 2001）。绝大多数研究在草地上开展的原因是初级生产力和物质循环是支撑生态系统的重要功能；另外，对草本植物种数的实验处理以及测定收割的植物生物量（初级生产的指标）相对容易。截至2010年，在各种类群中进行了600多次控制实验，并且在许多实验中发现物种的多样性提高了生态系统功能的数量和速度（Cardinale et al. 2012）。典型的例子是在美国明尼苏达州CedarCreek开展的多样性控制实验（Tilman et al. 1997，2001，2002）。在这个实验中，在数平方米的正方形区域中播种的植物种数不同［图1-4（a）］。生长一定时间后，测定区域内植物的覆盖度和生物量，物种数量多的区域植物的生物量也大［图1-4（b）］。此外，当测定土壤的氮浓度时，表层土壤中的氮浓度随着物种数量的增加而降低 [图 1-4（c）]。根据植物的生活类型和功能，将该实验中使用的植物分成 5 个功能群（C$_4$植物、C$_3$植物、阔叶草本植物、豆科植物和木本植物）。上述结果表明，不同功能群物种混种能有效地利用根际周围的营养盐，从而提高区域内整体的生产力（概念扩展 1-3）。

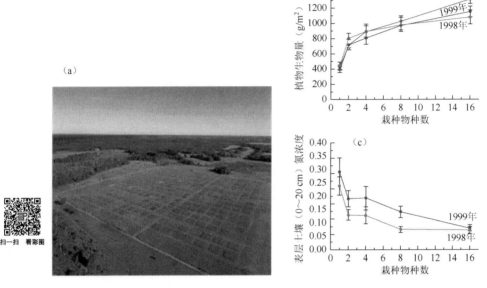

图 1-4 美国明尼苏达州 CedarCreek 进行的物种多样性控制实验（Tilman et al. 2002）。（a）在每个部分种植不同种类（主要是草本植物）的植物，并长期观察（http://www.cedarcreek.umn.edu/）。（b）每年播种的物种数量越多，单元内的植物生物量就越大。（c）此外，播种的种类越多，表层土壤氮浓度越低。误差条表示±1 标准偏差。经 Oxford University Press 许可转载。

产生这种物种多样性效应的机制，大致可分为两种。一种称为互补效应（complementarity effect）：群落内物种种类数量多，含有许多具有不同资源利用特性的物种；通过资源的互补利用（生态位分化），群落整体的资源利用效率增加，生产力得以提高（Tilman et al. 1997；Loreau 1998）。另一种称为选择效应（selection effect）：群落中物种数量越多，则含有高产物种的概率就越高（取样效应）；如果这些物种在群落的竞争中占据优势，那么整个群落的生产力就会提高（Loreau & Hector 2001）。在一定的时空尺度上，如果物种多样性在一定程度上增加，则具有相似生活史特征和对生态系统具有相似影响的物种也会增加[功能冗余（functional redundancy）]；此时，即使多样性进一步增加，生产力也不会有显著提高 [图 1-5（a）]。这意味着在物种多样性高的地方，某些物种的丧失对生态系统功能的影响会很小。然而，随着时空尺度的增大、环境异质性的增加，物种可利用的生态位也将增加。在这种情况下，生态系统功能饱和所需的物种数量增加；在足够大的时空尺度上，生态系统功能与物种数量成比例增加［图1-5（b），（c）］。事实上，物种多样性效应对生态系统功能的影响随着时间的推移而增大，其影响主要是由于互补效应（Cardinale et al. 2007；Reich et al. 2012）。与小型实验系统相比，时空尺度大的真实生态系统即使物种的轻微损失也可能极大地损害生态系统功能。

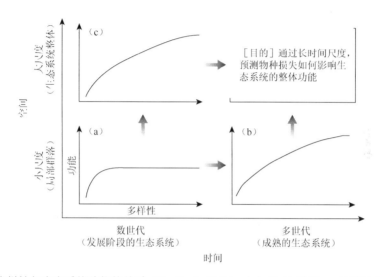

图1-5 多样性与生态系统功能的关系（Cardinale 2012）。（a）自20世纪90年代以来，在小尺度试验中，尽管生态系统功能随着多样性的增加而增加，但增加的趋势则是在相对较低的水平上饱和。（b）然而，最近的分析表明，在经过足够长的时间后，多样性和功能之间的关系呈现单调增加的趋势。简而言之，短期试验可能会低估维持生态系统功能所需的物种数量。（c）同样，随着实验对象空间尺度的扩大，如果明确多样性和功能之间的关系如何变化，就能知道维持生态系统功能所需的多样性水平，这种多样性和功能更接近现实。经 The American Association for the Advancement of Science 许可转载。

此外，由于环境的空间异质性存在差异，互补效应和选择效应的相对重要性可能会不同。Cardinale（2011）使用微宇宙装置（人工流动通道系统）来模拟河流，研究硅藻和绿藻多样性对水质的影响。在这套模拟系统中，进行两组处理：一组是通过控制流速和扰动频率来创造异质环境，另一组则是构建一个均质的环境。在每个操控藻类物种数量的微宇宙装置中，随着藻类物种个数的增加，硝酸盐会被更快地吸收，水质得以改善［图1-6（a），（c）］。

通过流速和扰动构建的异质环境系统中，物种数量对氮吸收的贡献,有约80%是由于互补效应的作用［图1-6（b）］。每种藻类随流速条件和干扰环境的变化，存在着显著的生态位分化；并且在异质环境中，每种藻类通过各自的生态位互补地利用资源，从而使系统内整体的氮吸收速率上升。然而，在均一环境系统中，物种数量的影响几乎都源于选择效应［图1-6（d）］。均一环境的生态位较单一，竞争优势物种（特定环境中快速生长的物种）的占优使整个群落的氮吸收速率增加。

因此，时空尺度和与之相关的环境异质性，会引起决定生态系统功能改善的生态系统要素，如"物种数量"和"优势物种的性状"及其机制发生变化。在实际生态系统管理中，必须明确重要的生态系统要素并了解它们对生态系统功能的影响机制。

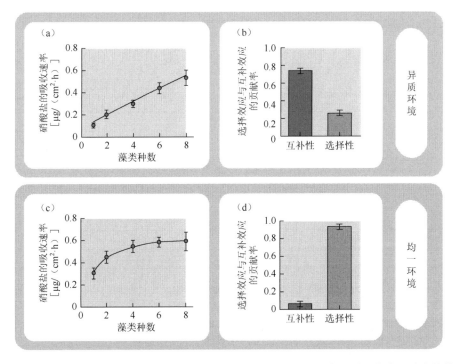

图1-6 藻类数量对硝态盐吸收速率的影响（Cardinale 2011）。（a）在异质环境中，硝态盐的吸收速率随物种数量的增加而增加。（b）大部分效应是由于互补效应。（c）在均一环境中，硝态盐的吸收速率随物种数量的增加而增加。（d）大部分效应是由于选择效应。误差条表示±1标准偏差。经 Nature Publishing 许可转载。

概念扩展 1-3：功能多样性

从多样性对生态系统功能的正面影响机制来说，构成群落的物种所具有的特征更为重要，而不仅仅是"物种数量"效应。例如，Hooper 和 Vitousek（1997）在描述植物的初级生产力时，依据植物特征而划分出的"功能群"（C_3植物、C_4植物、豆科植物等）数量就比物种数量更为重要。

近年来更趋向于使用各种功能性状[①]的值来计算"功能多样性",而不是功能群的个数(Petchey & Gaston 2002;Villeger et al. 2008;Laliberte & Legendre 2010)。在草地开展的研究表明,在解释初级生产力和凋落物分解速率方面,功能多样性和优势种的功能性状比物种多样性更为重要(Petchey et al. 2004;Mokany et al. 2008)。

此外,还有研究表明,系统发育多样性(进化分叉的时间)具有等于或大于功能多样性(对生态系统功能)的解释能力(Cadotte et al. 2009;Flynn et al. 2011)。多样化的进化过程导致多样化的性状,因此系统发育多样性可被视为功能多样性的近似。但应注意的是,系统发育多样性和功能多样性之间是否存在联系,取决于使用哪种功能性状来计算功能多样性。如果某些情况下系统发育多样性能够比功能多样性更好地解释生态系统功能的话,那么系统发育多样性可能反映出了研究中某些未测量的功能性状的变异(Flynn et al. 2011)。

二、生态系统功能的稳定性

生物多样性效应的另一个重要方面是对生态系统功能"稳定性"的影响,物种多样性不仅可提高生态系统功能的数量和速率,而且被认为有助于增加它的稳定性(Cardinale et al. 2012)。

稳定性的指标主要有三个,分别是"变异性"(variability)、"抗性"(resistance)和"恢复速度"(resilience)。在相对长的时间尺度(几年到十年或以上),生态系统功能的"时间变异性"和"空间变异性"可由生态系统功能的量和速度的变异系数[②]表示,其倒数被视为"稳定性"(Lehman & Tilman 2000;Fukami et al. 2001;Valone & Hoffman 2003;Morin & McGrady-Steed 2004;Weigelt et al. 2008;Isbell et al. 2009)。此外,对干旱、热浪、降水波动等突发性干扰的响应(脉冲干扰;概念扩展 1-2),则以"抗性"和"恢复速度"为表征。"抗性"被量化为干扰前后生态系统功能的变化,"恢复速度"被量化为生态系统功能从受干扰后的状态恢复到原本状态的速度。

Isbell 等(2009)在美国得克萨斯州的草地实验系统中操纵植物的种数,记录了实验 8 年间初级生产力的变化。研究发现,随着植物种数的增加,初级生产力随时间的稳定性更高。这种"物种数量增加、稳定性提高"源于投资组合效应(或统计平均效应)和负协方差效应(Doak et al. 1998;Tilman et al. 1998;Yachi &

---

① 生物在其与环境相作用下的响应特征。换句话说,能影响生物的生态位分化、种间竞争等过程的特征(Lavorel & Garnier 2002)。例如,在植物中,通常根据研究目的测量单个叶子的面积和重量、碳/氮含量、木材密度、种子大小等。

② 标准差除以平均值。

Loreau 1999；Cottingham et al. 2001）。在投资组合效应中，当物种的个体数独立变化时，包含各物种的整个群落，其物种个体总数则很难发生变化（图 1-7）。在负协方差效应中，当物种间存在竞争或者对环境变化的响应存在差异时，个体数的变化在物种之间变得互补，整个群落的个数变得稳定。

关于干扰抗性以及扰动后恢复速度的研究，结果尚存在一定争议。例如，在某些草本植物群落中，有研究表明物种数量越多，对干旱的抗性则越好（植物生物量的变化量越小）（Tilman & Downing 1994）。然而，又有研究报道了与之相反的结果：物种数越少，对干旱的抗性越高且干扰后的恢复速度越快（Pfisterer & Schmid 2002）。这种响应的差异可通过干扰前种群的生物量来解释（Wang et al. 2007；van Ruijven & Berendse 2010）。也就是说，干扰前的生物量越大，由干扰导致的生物量减少则越多（van Ruijven & Berendse 2010）。此外，无论干扰前的

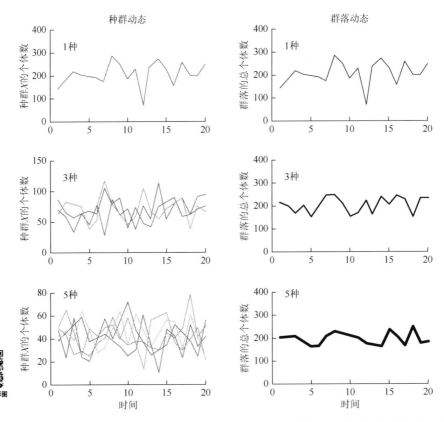

图 1-7 说明投资组合效应的示意图（Cottingham et al. 2001）。模拟各个种群的个体数量变动（左栏）和将它们相加后的群落总个体数变动（右栏）。由于物种之间的差异，随着物种数量的增加，整个群落变得更加稳定。经 John Wiley & Sons 许可转载。

生物量如何，恢复速度往往对多样性产生积极影响（van Ruijven & Berendse 2010）。如上所述，生态系统功能的稳定性存在各个层面，理解它们与多样性之间的关系对于阐明生态系统功能稳定性具有重要意义。

三、多个营养级的多样性效应

在生物多样性和生态系统功能的研究中，大多数只关注单一营养级，如植物。然而，植食性昆虫离开了植物便失去了食物来源而无法生存；与此同时，虫媒授粉植物通过向昆虫提供花蜜换来了花粉的传播，使其后代得以延续。因此，生态系统中的生物通过捕食-被捕食关系、共生关系、寄生关系等复杂的方式，在多个营养级水平上相互作用；某一营养级的变化会以各种方式波及其他营养级。例如，植食者的多样性和种群密度将对植物资源的多样性产生影响（下行效应；Scherber et al. 2010），而捕食者的多样性和种群密度同样也会受其影响（上行效应；Haddad et al. 2009）。顶级捕食者的灭绝，可能会通过较低营养级的生物，最终影响植物的生物量（营养级联；Shurin et al. 2002；Duffy 2003）。这些发现对于病害虫控制、授粉服务的维持以及关键物种（对生态系统具有极大影响的物种）的确定和保护等具有重要作用。下面我们将介绍植物多样性对昆虫群落动态的影响以及授粉昆虫多样性对植物传粉的影响，作为营养级的多样性效应的重要案例。

病虫害防治是农业和森林管理的一个重要问题。在前述 CedarCreek 的实验中，对包括植食者和捕食者在内的各营养级昆虫的数量和种类，开展了为期 11 年的调查研究。在此期间，共记录到了 733 种昆虫，超过 11 万只个体。Haddad 等（2009）对这些数据的分析表明：植物种类越多，则昆虫中的植食者和捕食者种类就越多[图 1-8（a），（b）]。这可能是因为植物多样性越高，植食者的饵料和捕食者的栖息地就会变得越发多样化。但就种群的个体数量而言，植食者和捕食者却表现出相反的变化趋势。随着植物种类数量的增加，捕食者的个体数增加，而植食性昆虫的数量却减少[图 1-8（c），（d）]。随着植物种类数量增加，生产力随之提高（本章第二节中的"一"），所形成的各种栖息环境有助于增加捕食者的数量，但它对植食者的个体数几乎没有影响。反而在植物种数多的实验区域，捕食者个体数增加带来较强的下行效应，可能使植食性昆虫的数量维持在较低的水平。事实上，在植物种类数量最少的实验区域，植食性昆虫的数量高达 43%，其中包括蚜虫等农业害虫。Haddad 等（2011）在后续的研究中发现：在植物种数多的实验区域，投资组合效应增强了植食性昆虫群落的稳定性[图 1-8（e），（f）]。从上述结果可以看出，植物多样性的增加可以防止病虫害的暴发。

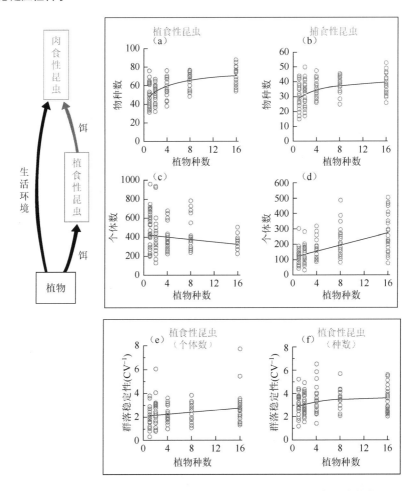

图 1-8　对植物物种数进行控制的 CedarCreek 实验中昆虫群落的物种数和个体数，以及各群落的稳定性（Haddad et al. 2009，2011）。随着植物种数的增加，植食（a）和捕食（b）性昆虫的种类增加，植食性昆虫的个体数减少（c），但捕食性昆虫的个体数增加（d）。随着植物种数的增加，植食性昆虫的个体数（e）和种数（f）的变异系数的倒数增大，表明植食性昆虫个体数和种群的波动减小，群落趋于稳定。CV^{-1} 为变异系数的倒数。经 John Wiley & Sons 许可转载。

　　携带花粉的授粉昆虫的多样性，在维持植物多样性方面究竟发挥了什么作用？对英国和荷兰的现有数据库的分析表明：授粉昆虫和植物多样性的减少存在关联（Biesmeijer et al. 2006）。比较 1980 年前后授粉昆虫蜜蜂和食蚜蝇的种数，蜜蜂的种数普遍减少，而食蚜蝇类物种数量并无明显的变化趋势。研究还发现，两种类群的移动性均降低，并且可利用特殊栖息地和资源的物种（特有种）更易减少。对植物变化进行类似的分析，在通过异花授粉产生种子的植物中也发现了这种趋势：通过风和水授粉的植物正在增加，而昆虫（尤其是蜜蜂）授粉的植物却在减少。尽管对授粉昆虫和植物的减少之间是否存在直接的因果关系还不得而知，但是授粉昆虫与对其依赖的植物减少之间的联系表明：授粉昆虫群落的多样性有助于维持植物群落的多样性。

从其他实验研究中我们可以预测并解释这种模式的机制。Fontaine 等（2006）将两种功能群（管状花和开放花）的植物和两种功能群（短口器的食蚜蝇和长口器的大黄蜂）的授粉昆虫混合并用笼子围住，考察植物的繁殖状况。结果，在同时包含两个植物的功能群和两个授粉昆虫的功能群的笼子中，次年生长出了更多的幼苗而且幼苗的多样性更高。大黄蜂相对于管状花而食蚜蝇对于已绽开的花的特异授粉，可能引起了植物的高效繁殖（图 1-9）。

授粉昆虫和植物之间特定的相互作用，维持了整个植物群落的成功繁殖和多样性，揭示了确保授粉昆虫群落功能多样性的重要作用。在英国和荷兰还发现了以下现象：随着授粉昆虫数量的减少，许多作为泛化种（generalist species）的植物与授粉昆虫相互作用的丧失，可能导致植物群落多样性的降低。这些研究结果可为依赖花粉传授服务的农业生态系统提供有用的建议。

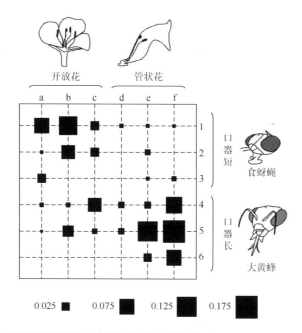

图 1-9　具有不同功能群的授粉昆虫与特异性的访花传粉（Fontaine et al. 2006）。在笼子中分别放置两个功能群的植物和两个功能群的授粉昆虫。黑色方块的大小表示昆虫访花的频率。具有短口器的食蚜蝇倾向于访问开放花，具有长口器的大黄蜂倾向于管状花。植物的种类：a. *Matricaria officinalis*；b. *Erodium cicutarium*；c. *Raphanus raphanistrum*；d. *Mimulus guttatus*；e. *Medicago sativa*；f. *Lotus corniculatus*。授粉昆虫种类：1. *Saephoria* sp.；2. *Episyrphus balteatus*；3. *Eristalis tenax*；4. *Bombus terrestris*；5. *B. pascuorum*；6. *B. lapidaries*。

四、食物网结构和群落稳定性

自然界中的食物网结构非常复杂并且涉及多种生物物种［图1-10（a）］，对其进行实验操作非常困难。因此，关于食物网结构和稳定性的研究多是理论研究。而食物网自身的稳定性与生态系统功能的直接联系尚不清楚。就初级生产力取决于食物网的营养盐循环而言，其对于各种生态系统功能可能具有重要作用。

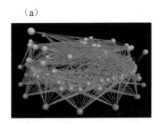
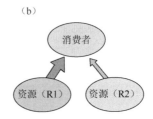

图1-10 （a）美国科罗拉多州东河谷的真实食物网结构（http://www.foodwebs.org/）。节点（种类）的颜色表示营养阶段。红色是植物和枯枝落叶（有机沉积物）等基础生物，橙色是中间物种，黄色是顶级物种或捕食者。节点（种类）之间的线表明存在相互作用。（b）作为食物网模块的资源-消费者相互作用。箭头的粗细表示相互作用的强度。它表明强的资源-消费者相互作用（C-R1）与弱的资源-消费者相互作用（C-R2）。

"越复杂的群落就越稳定吗？"这是一个古老的命题。例如，外来物种的入侵极易在群落非常单一的耕地上发生。在北方森林中植食昆虫更易大暴发，但在高度多样化的热带雨林则极少发生。从这些实证观察中，人们认为复杂群落更加稳定（MacArthur 1955；Elton 1958）。但是 May（1973）从理论上提出群落的稳定性[①]取决于物种数量及物种间相互作用的存在与否（任何两个物种之间相互作用的概率），物种数量越多且越复杂的群落，稳定性就越低。但鉴于多样性对实际复杂生态系统的维持，这个结论是令人费解的。事实上，该理论是以"生态系统内种间相互作用的存在与否和强度是随机的[②]"作为前提。然而，在现实的食物网中，物种间的相互作用有强有弱，即一些物种对其他物种有很大影响，对另一些物种却只有很小的影响。一般来说，物种间弱的相互作用更为常见（Paine 1992）。随着对现实的食物网结构的深入理解，人们现在普遍认为：复杂的群落更加稳定（Yodzis 1981；McCann et al. 1998）。

当物种间相互作用较弱时，为什么食物网稳定？我们以食物网模块中资源-消费者相互作用为例探讨这一问题［图 1-10（b）］。某消费者使用两种物质（R1

---

① 取决于构成群落的物种密度即使在受到小的干扰时是否也可以恢复到原始状态，不考虑物种的灭绝和移入。

② 也就是说，种群动态只受多样性的影响，物种特征等不予考虑。

和 R2）作为资源，并且强烈依赖于 R1 而对 R2 仅有弱依赖性。此外，R2 的密度受到 R1 的竞争限制。当消费者的密度增加时，与消费者具有强相互作用的 R1 密度降低，但仅具有弱相互作用的 R2 密度却不受消费者密度的影响。相反，R1 的减少将使 R2 摆脱竞争限制，并可能增加其密度。换句话说，如果物种间相互作用存在强弱，那么资源的种群变动将不再同步，群落的动态整体上将会稳定（McCann 2000；本章第二节中的"二"）。多数理论研究将种间相互作用的存在以及强度无变化作为前提，但在实际的生态系统中，不但被捕食者（资源）会依据捕食者（消费者）的存在改变其防御策略，而且捕食者也会根据被捕食者的密度等改变它们的食物需求，这时种间相互作用的存在与否和强度就会发生变化。综合考虑这些因素，那么从理论上可得出：复杂的食物网更加稳定（Kondoh 2003，2006，2007）。从上述研究结果可以推测，通过或强或弱的被捕食者-捕食者相互作用以维持更高营养级的捕食者，以及通过捕食者对食物需求的变化以维持被捕食者的多样性，将对群落的稳定性具有重要作用。

如果某种物种消失，群落稳定性将如何维持？也就是说，明确不发生二次灭绝（secondary extinction）的条件，从生物保护的观点来看，这也是很重要的。虽然通过模拟和数学模型进行分析，获得了多种多样的结果，但并未获得一致的结论。现已发现：在食物网中，种间相互作用的分布会影响群落的稳定性。换句话说，种间相互作用的分布是有偏差的[①]，并且由于随机物种的消失而导致的次生灭绝不太可能发生（Sole & Montoya 2001；Dunne et al. 2002）。由于物种的消失是随机的，有许多物种的种间相互作用很少，它们比一些种间相互作用多的物种更容易从群落中消失。即使这些与其他物种没有太多联系的物种丢失，也不太可能引发二次灭绝。随着群落中物种数的增加，物种间相互作用的分布往往会更加偏移（Montoya & Sole 2003）。换句话说，具有大量物种的群落，包含与其他物种相互作用较少的物种也更多；就物种的随机消失而言，与具有少数物种的群落相比，其更稳定。

另外，如果具有多种种间相互作用的物种消失，则容易发生二次灭绝（Sole & Montoya 2001；Dunne et al. 2002）。因此，为了防止二次灭绝，不仅需要保护群落的物种数量，还需要考虑消失物种的特征。

五、空间结构复杂性与生态系统功能

如前所述，生物多样性并不仅仅意味着物种的数量，更是一个包含空间结构复杂性的概念。空间结构复杂性也可能通过类似于物种多样性的预测机制，促进

---

① 与其他物种相互作用集中在特定物种中的状态。也就是说，在群落内，一些物种具有许多种间相互作用，但许多物种只有一些种间相互作用。

生态系统功能及其稳定性。具有复杂空间结构的生态系统，包含各种生物的栖息地，其群落的稳定性可能更高（Pickett & White 1985）。

Brown（2003）在河流中布置了大量不同沉积物剖面的小尺度试验地块（1 m × 2 m），调查各地块中沉积物空间结构复杂性与河流昆虫群落结构随时间的波动性的关系。研究发现：沉积物的空间结构越复杂，群落结构随时间的波动性越低，即稳定性越高（图1-11）。在空间结构复杂的地方，有小型栖息地可用以逃避洪水和捕食，即有较多可作为避难所（refuge）的空间。在河流等淡水生态系统中，人们担心大坝建设等人类活动会导致空间结构的简化（Dobson et al. 1997；Rahel 2000）。这项研究指出，在恢复河流生态系统时，最大限度地提高栖息地的空间结构复杂性是有益处的。

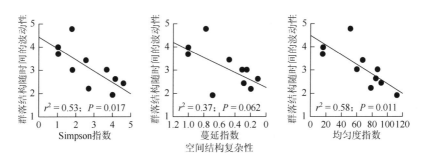

图1-11　在美国新罕布什尔州进行的控制实验，河流沉积物空间结构复杂性和水生昆虫群落结构随时间波动性（基于多元统计分析指数）的关系（Brown 2003）。沉积物空间结构复杂性使用辛普森（Simpson）指数、蔓延（contagion）指数和均匀度（evenness）指数这三个指数，复杂性从轴的左侧向右侧增加。经 John Wiley & Sons 许可转载。

在以维持生态系统功能和服务为目的的空间结构管理中，考虑管理空间的特性可能也很重要。Grill（2010）调查了景观元素对玉米田间害虫（稻飞虱所介导的玉米纹枯病病原体）个体数的影响。研究显示，稻飞虱在距离冬季麦田和冬季草地（全部都是初秋播种，早春收获）越近的地方越容易繁殖；并且繁殖地周围的玉米地在整个景观地块中所占的面积越大，则个体数越多。一旦玉米收获后，稻飞虱就更容易在繁殖地之间移动，玉米收获后的田地总面积促进了稻飞虱的迁移和分散。因此，有人指出可通过适当地配置草地和麦田来阻隔害虫发生源，而不是增加繁殖区周围的玉米田面积，这种景观管理对于害虫防治是必要的。

六、需要阐明的问题

到目前为止，多数操控实验在对物种数进行控制时，都是随机选择并组合物种，这意味着没有考虑到多样性减少的关键因素。然而，在实际野外生物群落中，物种消失的顺序并不是随机的，而是取决于物种对干扰响应的差异（Larsen et al.

2005；Zavaleta et al. 2009）。最近的研究表明，与假设物种随机消失相比，选择性物种的丧失会使生态系统功能迅速降低（Zavaleta & Hulvey 2004；Larsen et al. 2005）。另外，如果个体数少的物种消失，则优势种的大量存活可能也会使生态系统功能得以保护（Smith & Knapp 2003）。在应用于实际生态系统的管理时，应考虑从观测数据推测出物种的消失模式，并把握其对生态系统功能的影响，这些都是重要的研究课题。

在预测生态系统功能变化和稳定性时，考虑生物多样性介导的间接影响[图 1-1（b）]、干扰对生态系统功能的直接影响[图 1-1（c）]以及两者的相对重要性，十分必要。然而，很难阐明在哪种情况下会使直接或间接影响增加。Srivastava 和 Vellend（2005）提出：两者的相对重要性需要根据不同的干扰类型进行预测。例如，过度采伐和过度捕捞等干扰，将直接作用于生态系统功能，而不是通过生态系统多样性变化所介导的间接影响。另外，由于初级生产和物质循环等生态系统功能强烈依赖于温度和湿度，全球变暖等干扰将对生态系统功能产生巨大的直接影响。虽然全球变暖的直接影响难以避免，但通过对生物多样性间接影响的管理可能会减轻直接影响。以往关于生态系统功能稳定性的研究，多数都与脉冲干扰的稳定性有关（概念扩展 1-2），但从现在开始，我们也应考虑全球变暖等冲压型干扰对稳定性的影响。

七、保护生物多样性的意义

综上所述，生物多样性可极大地提升生态系统功能、服务和稳定性。一些研究表明，强烈的干扰会减少物种多样性，使群落愈发脆弱（Griffiths et al. 2000；Tilman & Downing 1994）。因此，对生物多样性的积极管理和保护可成为缓解不确定性干扰影响的"保险"，即保险假说（insurance hypothesis）（Naeem & Li 1997；Yachi & Loreau 1999）。

这种预测在每个时空尺度都是如此。例如，个体的进化响应对于物种种群的维持是重要的，但遗传多样性却可能对保护物种种群更为关键（概念扩展 1-4）。此外，景观层次的空间结构复杂性可能有助于在广泛的空间尺度上稳定生态系统功能，即空间保险假说（spatial insurance hypothesis）（Loreau et al. 2003；Leibold et al. 2004）。

为了了解生态系统功能如何在景观层次得以维持，对于集合种群和集合群落动态的解析则是一个重要的突破口。集合种群/群落是由当地种群/群落之间的空间相互作用所连接起来的局域种群/群落的集合，近年来对此课题的研究得到迅猛发展（Hanski 1999；Leibold et al. 2004）。在集合群落内，生物的移动速度会对集合群落的物种、功能和遗传多样性产生强烈的影响。而且由人类活动引起的栖息地连通性变化也会对当地层次的生态系统功能产生影响。

因此，景观层次的各种生物多样性可以影响当地区域的生物多样性和生态系统功能，反之亦然。为了全面了解生物系统功能及其稳定性在生态多样性功能中的作用，考虑尺度之间的相互作用也很重要。揭示稳定维持生态系统功能和服务所必需的生态系统要素和机制，并将其适当地用于保护和管理规划，将有助于生态系统服务免受难以预测的干扰，这些都是对生态系统服务可持续利用的重要问题。

概念扩展 1-4：物种在维持生态系统功能中的进化响应性

当原始栖息地由于扰动而变得不再适合生息时，为了使种群得以稳定维持，一是栖息的地域需根据环境而变化，二是个体需在新环境中生存，因此个体特征就必须做出以上相应的变化。除了物种的移动和扩散能力外，前者还涉及生态位的保守性。生态位的保守性是对生态位相关性质的进化保留，如保持祖先种对资源利用的相关性质及其对环境的耐受能力等（Wiens & Graham 2005）。因此，草原生的物种就算经历一定的进化过程也不能在森林中轻易地生存，反之亦然。

在过去的 2000 万年间，尽管一些植物物种的分布区域得以大大地扩展并实现多样化，但人们认为这并不是因为它们适应了新环境，而是因为环境变化增加了可利用的栖息地（Crisp et al. 2009；图 1-12）。由于气候变化导致的近期全球暖化，栖息在加利福尼亚州的 53 种鸟类中，有91%的物种正迁移到适应气候变化的繁殖地（Tingley et al. 2009）。但是，有些案例并不支持生态位的保守性（Knouft et al. 2006）。或许由于目标生物及其属性的不同，或者由于遗传性状基础的不同，很难找到一般的规律。

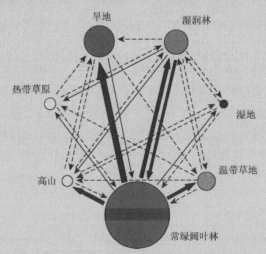

图1-12　属于7种生态位的约10 000 种植物中，通过箭头表示由于进化过程导致的生态位变化（只有356种物种发生了生态位的改变）（Crisp et al. 2009）。箭头的大小表示生态位变化的程度，虚线表示有生态位的变化但变化很小。经 Nature Publishing 许可转载。

移动扩散能力低的生物或者由于栖息地分隔等造成移动分散的障碍，该生物为使其种群得以维持，则必须适应性地进化出能够在新环境中生存的个体性状。尽管生物体的性状由遗传信息决定，但生物体可通过突变、遗传漂变、自然选择等方式得以进化。在干旱或温暖化等干扰下，生物被认为在其不适应的环境中减少了个体数。然而，如果通过突变种群内产生适应干旱或高温的突变体，并且此个体通过自然选择而固定在种群内，则即使在环境变化的条件下，种群也不会灭绝并得以维系。

Willis 等（2008）在美国马萨诸塞州的康科德镇，针对过去 150 年间温度上升的状况，对 473 种植物开花时间的响应情况进行了调查。近缘种的开花时间响应是相通的，对近年来气候变化进行响应而开花时间并未改变的分类群，往往具有个体数减少的趋势。换言之，随着温度的升高而改变开花时间的物种，可能易于适应性进化。因此，尽管物种间对新环境适应能力的差异被认为是造成适应性进化的难易性和潜力产生差异的原因之一，但是决定进化可能性的因素大多还都是未知的。

然而，据近年的报道，果蝇的生息分布与遗传因素之间存在着关联。越耐寒冷和干旱的果蝇物种，分布范围也越广泛（图 1-13）。Kellermann 等（2009）调查了与耐寒和耐旱相关的基因，以及与不决定其分布范围的翼长的相关基因，以研究其遗传多样性。研究显示，涉及翅膀长度基

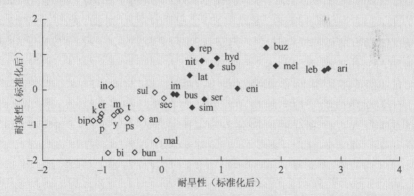

图 1-13　果蝇属耐寒性与耐旱性的关系（Kellermann et al. 2009）。黑色菱形和白色菱形分别表示分布域宽和狭窄（或仅在热带地区分布）的物种。种名的缩写：an. *ananassae*；ari. *arizonensis*；bip. *bipectinata*；bi. *birchii*；bus. *busckii*；bun. *bunnanda*；buz. *buzzatii*；er. *erecta*；eni. *enigma*；hyd. *hydei*；im. *immigrans*；in. *inornata*；k. *kikkawai*；lat. *lativittata*；leb. *lebanonensis*；mal. *malerkotliana*；m. *mauritiana*；mel. *melanogaster*；nit. *nitidithorax*；p. *paulistorum*；ps. *pseudoananassae*；rep. *repleta*；sec. *sechellia*；ser. *serrata*；sim. *simulans*；sub. *subobscura*；t. *teisseri*；y. *yakuba*；sul. *sulfurigaster*。经 The American Association for the Advancement of Science 许可转载。

因的遗传多样性,在区域中分布广泛物种和分布狭窄物种之间没有差异;与耐寒性和耐旱性相关基因的遗传多样性,在分布狭窄的物种中较低。它表明遗传多样性可通过进化的可能性限制物种的栖息地。研究还表明,在果蝇属中,由突变而重复引起的具有越多基因的物种,栖息在越多样的环境中。产生基因越多的物种,栖息的环境也越多样(Makino & Kawata 2012)。这是因为基因的重复会提高遗传多样性。

因此,遗传多样性缺乏的物种可能无法应对未来的环境变化,导致栖息范围缩小以及个体数减少。为使物种在不确定的干扰和环境变化下得以维系,需保持种群内多样的遗传变异,而不是拥有受惠于特定扰动的突变。虽然物种的进化潜力对生态系统功能和服务稳定性的贡献仍未得以解决,但物种的进化和灭绝极大地影响了当地和区域群落的多样性,在考虑维持生态系统功能和服务以应对干扰时,这可能是一个重要的发现。

第三节 生态系统的韧性

一、韧性

生态系统对干扰的变化通常是逐渐发展的,但是当突发的或超出预期的大扰动发生时,生态系统会超过临界点,发生急剧的变化。例如,在低于一定水平的干扰下,生物的个体数不会改变,但是扰动超过该水平,个体的数量就会急剧增加或减少。

一旦生态系统发生这种非线性变化,就很难甚至不可能恢复至原始状态。因此,在生态系统的管理和保护过程中,必须考虑生态系统对干扰的非线性响应,以及对气候变化和偶然事件等不确定干扰的反应。此外,避免生态系统的非线性变化,应对不确定干扰所带来的环境变化,就需要认识到积极管理生态系统韧性以应对非线性变化的必要性(Folke et al. 2004;Suding & Hobbs 2009;Mori 2011)。

生态系统的韧性大致可分为两个方面(Peterson et al. 1998;Gunderson 2000;Folke et al. 2004)。其中之一是向生态系统施加某些干扰后,生态系统恢复到受干扰前状态的速度[图1-14(b)],即上一节中所提到的生态系统稳定性的指标之一。图中的小球代表某个时间点的生态系统的状态,杯子代表生态系统的稳定区域。当干扰施加到生态系统中时,小球会移动,而负的反馈作用会使小球返回到干扰前的状态。

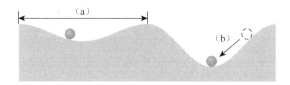

图 1-14　表示生态系统状态的变化的"球-杯"示意图。小球代表生态系统在某个时间点的状态，杯子代表生态系统的稳定区域。韧性大致分为两个方面：（a）是生态系统在受到干扰之前能够容忍干扰以维持其结构和功能的程度。（b）是在生态系统中添加了一些干扰后，生态系统状态恢复到初始平衡或稳定状态的速率。

　　最初，生态系统的结构和功能得以稳定维持的机制正是这种负反馈作用。负反馈是一种生态学机制，可抑制干扰所造成的生态系统的变化。受干扰后的恢复时间越短，生态系统对干扰的韧性就越大。这种韧性定义是假设生态系统变化发生在一个稳定的区域内。换句话说，当大的扰动可能导致小球移出杯子时，这个定义则是不合适的。但是，对于稳定区域内，由相对小的扰动而引发的状态变化，这个定义则是有效的（Folke 2006；van Nes & Scheffer 2007）。

　　韧性的另一个方面则是，在能够保持其受干扰前的结构和功能的前提下，生态系统所能承受的干扰程度［图 1-14（a）］。在图中，当小球在同一杯子内时，则意味着保持了生态系统的结构和功能。如果向生态系统施加大的干扰，并且预计小球会移动到另一个杯子里，则杯子的宽度就是生态系统能够保持其结构和功能时所能容忍的干扰程度。与负反馈相反，可促进由干扰引起的生态系统变化的生态学机制称为正反馈。如果这种正反馈作用占主导，那么小球将移动到另一个杯子，生态系统的功能和结构将发生显著的变化。这种变化就被称为稳态转换（regime shift）。

二、生态系统非线性变化的模式及其机制

　　当前关于韧性的研究主要集中在稳态转换和多重稳态[①]（multiple stable states）等生态系统对干扰响应的非线性模式上，并且验证了导致这种非线性变化的过程和机制（Scheffer & Carpenter 2003；Folke et al. 2004；Suding & Hobbs 2009）。

　　为了对生态系统进行有效管理，首先应了解生态系统对所关注的干扰的响应模式到底是线性的还是非线性的。如果生态系统对某种干扰做出线性反应，未来就有可能预测和管理生态系统的状态变化。当生态系统对干扰做出非线性响应并且响应存在阈值时，就可以识别出避免超阈值变化的条件或指标，并将其应用于管理。

---

　　① 它是指生态系统中存在多个稳定状态。这样的生态系统即使受到相同程度的干扰，通常也具有多个群落，并且所有群落都保持稳定。

该阈值通常称为"生态阈值"(ecological threshold)、"临界点"(tipping point)等，它被定义为干扰引发生态系统从一种状态急剧变化到另一种状态的点或区域（Groffman et al. 2006）。到目前为止，生态阈值被定义为各种空间尺度扰动，临界点则多用于气候变化等全球规模的扰动，但现在可以互换使用（Andersen et al. 2009；Leadley et al. 2010；Laurance et al. 2011）。

关于生态系统非线性变化的研究最初仅限于湖泊、（半）干旱草原以及珊瑚礁等生态系统。但是，随着近年来人类活动影响的加剧，过去被认为沿自然干扰下的演替系列仅发生缓慢变化的森林生态系统，也有了越来越多的研究报道（Folke et al. 2004；Mayer & Rietkerk 2004；Groffman et al. 2006）。

在荷兰的费尔维湖，即使磷负荷增加，在一定的负荷范围内，仍可保持沉水植物（轮藻）占优势而浮游植物数量稀少的状态。然而，当负荷超过某一水平时，沉水植物不复存在，湖泊急剧向蓝藻等浮游植物大量积累且水质浑浊的状态发生变化（图 1-15；Scheffer et al. 2001；Scheffer & Carpenter 2003）。这种稳态转换是由具有多种功能［水中营养盐类的吸收和反硝化作用的促进、向枝角类水蚤（*Daphnia* spp.）等浮游动物提供逃避捕食的庇护所等］的沉水植物急剧丧失造成的。另外，这种急剧的突变存在迟滞现象[①]（hysteresis）（图 1-15；Scheffer et al. 2001；Scheffer & Carpenter 2003）。在这个例子中，透明度指标可作为轮藻湖面覆盖率开始急剧下降时磷浓度的表征，是预防生态系统非线性变化的管理基础。其他生态系统中稳态转换的例子可参考 Threshold Database（Meyers & Walker 2003）和 CBD Technical Series No. 50（Leadley et al. 2010）等。

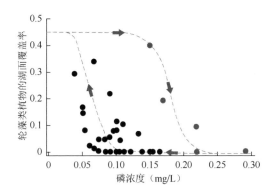

扫一扫 看彩图

图 1-15　荷兰费尔维湖磷浓度以及作为湖透明度指标轮藻（charophyte）的湖面覆盖率（以 1 作为最大值）的关系（Scheffer et al. 2001）。随着磷浓度的增加，湖面覆盖率迅速下降（红点）。之后，虽然通过去除磷（黑点）恢复了湖面覆盖，但可以理解，退化过程（水污染）和恢复过程（透明度的恢复）是不同的，并且存在迟滞现象。经 Nature Publishing 许可转载。

[①] 在稳定状态之间，一个方向上的变化轨迹和相反方向上的变化是不同的现象。

　　此外，阐明生态系统非线性变化背后的过程和机制，可有效地将生态系统从非线性变化后的状态恢复到其原来状态。例如，在风蚀频发的干旱草原上，当植被覆盖度因牲畜放牧而下降到一定程度时，植被覆盖度与风蚀之间会发生正反馈，风蚀过程将进一步加快（Davenport et al. 1998）。这种正反馈导致土壤被严重侵蚀，土壤会变得完全不适合植物生长，最终会转变成裸地。裸地一旦形成，就会在植物的着生和由风蚀造成的土壤侵蚀之间形成负反馈。当破坏持续且没有人为干预（如种植等）时，植被就会很难恢复。生物因子和非生物因子之间的这种反馈机制的转换（从负反馈到正反馈），是生态系统结构和组成对干扰的非线性变化背后的某种作用机制（Scheffer & Carpenter 2003；Suding et al. 2004；Suding & Hobbs 2009）。

　　Martin 和 Kirkman（2009）的研究位于美国佐治亚州，在长叶松（*Pinus palustris*）占优势且地势低洼的湿地生态系统中，尝试重建林下草本植被与火灾引发的干扰之间的负反馈机制。该研究成功地恢复了由于长期火灾控制（fire suppression）而失去的林下草本植被。这片湿地历史上通过定期的控制性放火燃烧，已经形成稀疏的大黄松冠层和含有多种珍贵物种的林下草本植被。但是，随着近年来对火灾的控制，阔叶树（栎属）已成为湿地的优势物种（由于未发生引火燃烧的干扰，植被发生了演替）。一旦阔叶树占主导地位，作为燃烧燃料的草本植物群落几乎消失，而相对难以燃烧的阔叶树树叶堆积。根据经验，仅靠重新引火燃烧不能使林下草本植被得以长期恢复。通过移除阔叶树同时控制放火燃烧，重建生态系统固有的负反馈机制，可恢复被认为难以凭经验恢复的受损生态系统。

三、对各种干扰的韧性管理

　　基于上述预防原则的管理和恢复，可用于由人类直接管理的冲压型干扰，如营养盐负荷的增加、放牧强度的增大等。另外，生态系统也会受到，如台风、山火和干旱等不确定性高的脉冲型干扰（概念扩展 1-2）的影响。因此，除了理解生态系统对相对易于预测的冲压型干扰的非线性行为之外，对生态系统韧性的积极管理还必须为不确定干扰做好准备。

　　生态系统的韧性受各种生态系统因素的支持，而具体取决于干扰的类型。特别是近年来，响应多样性和功能冗余的重要性已开始被认为是韧性增强的因素（Lawton & Brown 1993；Elmqvist et al. 2003；Folke et al. 2004；Laliberte et al. 2010）。响应多样性（response diversity）意味着即使对生态系统功能具有相同贡献的功能群，对干扰的响应也因物种而异（Elmqvist et al. 2003），并且被认为与生态系统韧性密切相关（图 1-16）。在图 1-16 中，当发生干扰使得黑色标记的物种丢失时，（a）的群落仍有三个功能群，但（b）的群体仅剩余一个功能群。响应的多样性越高，生态系统可承受干扰的程度就越大。换句话说，响应的多样性被认为是在发生任何干扰时，维持数量不定的生态系统功能的保障（safeguard）；并且在受到干扰后，对生态系统的更新或重新配置至关重要（Elmqvist et al. 2003；Folke et al. 2004；Laliberte et al. 2010）。

（a）　　　　　　　　（b）

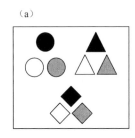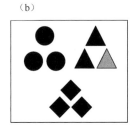

图 1-16　响应多样性的概念图［根据 Elmqvist 等（2003）绘制］。形状的差异代表了功能群的差异。功能群种类越多，功能多样性越高。不同的颜色代表对干扰的不同响应。对响应干扰的多样性越高，干扰条件下群落功能的维持越容易。

此外，功能冗余（本章第二节）是一个重要的概念，它将生态系统功能的变化与物种的丧失联系起来（Lawton & Brown 1993；Rosenfeld 2002）。这个概念在功能上与群落中的某些物种相似，前提是丧失功能多余的物种对生态系统功能和群落可持续性几乎没有影响。功能冗余也被认为对生态系统的韧性有重大贡献（Walker 1992，1995）。

Sasaki 等（2008）提出在蒙古草原，植物群落对家畜放牧的响应存在阈值。像蒙古草原那样的（半）干旱地区的生态系统，除了家畜放牧外，降水量的变化也被视为影响生态系统状态的干扰（Sasaki et al. 2011）。换句话说，有必要通过保持物种多样性和功能多样性（概念扩展 1-3）的机制来确保韧性，同时避免由放牧造成的植物群落的非线性变化。在蒙古草原，通过一定的放牧强度来维持物种多样性已被证明有助于功能冗余（Sasaki et al. 2009）。因此，对生态系统进行全面管理时，通过对可预测干扰的适当管理，同时允许一定的干扰以维持功能冗余，最后针对不确定干扰做好准备，这些都是很重要的。

对生态系统的可持续管理，韧性的概念是非常有效的。随着干扰对生态系统的破坏，管理和恢复的成本和所需人力将会增加。为了避免这种情况，需要预测由干扰引起的生物多样性的变化，并且在预防性管理的前提下保护生态系统。同时，还需要积极恢复已经退化的生态系统。然而，由于生态系统管理和恢复领域的最终决策由人类社会做出，因此必须同时进行关于如何将生态学知识纳入人类社会的讨论。应对可预测的干扰而进行生物多样性管理，通过允许一定程度的干扰来管理韧性，从而保护生物多样性并维持各种生态系统功能和服务的可持续利用，并且有必要探索生态系统和人类社会的可持续性。

第四节　生态系统功能和生态系统服务的保护和可持续利用

一、生态适应性科学的学科框架

生物多样性和生态系统功能的研究及生态系统韧性的研究都有助于了解生态系统的适应性。图 1-1 所示的框架表示出了干扰影响生态系统功能和服务过程中的三个关键要素（非生物环境、生物多样性和生态系统功能）之间的相互作用。干扰可分为两种类型：自然干扰，如全球变暖、台风、山火、干旱等；人为干扰，如资源过度使用、与土地利用相关的栖息地改变、富营养化造成的环境污染等。此外，这些干扰也可划分为通过改变非生物环境而间接改变生态系统的非生物干扰，以及直接改变生态系统的生物干扰。

生物多样性和生态系统功能的研究方法主要集中在干扰对生物多样性、生态系统功能及其稳定性的影响 [图 1-1（b）]。而非生物环境的变化可直接影响生态系统的功能 [图 1-1（c）]。另外，韧性研究方法关注的是生物多样性对干扰是如何响应的 [图 1-1（a）]。换句话说，需要灵活地应用这两种方法，以了解该框架的全貌；以便在应对各种干扰时，实现对生态系统的保护和对生态系统服务的可持续利用。在以下部分，详细阐述可以考虑哪些应用，并且对本章内容做一总结。

二、应用的展望

（一）生态系统功能和服务的保障

随着干扰的幅度和频率及预测不确定性的增加，开发能有效维护生态系统功能和服务的生态系统管理方法，未来将会变得越来越重要。本章第二节表明，通过对生物多样性的管理可以改善并维持生态系统的功能和服务。这些发现不仅可用于提高农业和林业生产，还可应用于在各种环境变化下的产量稳定化。

许多基础研究都特别关注生物多样性中的物种多样性。然而，从农业和林业的实际应用上考虑，使用多种类型的作物和树种来提高多样性，从操作难度和所涉及的成本来看，可能是不好实现的。相反，使用相同物种但具有不同性状的基因型，如抗旱基因型、抗虫基因型来增加多样性可能会更加有效（第三章）。此外，如果注重农田周围景观要素的空间布局，保持昆虫的授粉服务（Ricketts

2004；Taki et al. 2010），就可能在不依赖杀虫剂的情况下减少害虫对作物造成的损害（第三章）。

在林业中，不是在一定面积内种植和采收多个物种，而是通过构建小面积的人工林甚至是单一物种的人工林，以马赛克的形式镶嵌在景观中，以此来防止病害虫的暴发。在生物多样性中，遗传多样性和景观要素多样性及其配置是如何影响生态系统功能和服务的，这一课题将在未来变得更加重要。

因此，要实现对生态系统功能和服务的改善与可持续利用，不能只考虑物种数量，而需要考虑从基因到景观所有尺度上的生物多样性。随干扰种类、生态系统功能/服务和对象的时空尺度而异，需要管理和保护的生物多样性要素会有所不同。因此，明确了它们的关系，将实现对生态系统的有效管理和保护以及对生态系统服务的可持续利用。

（二）生态系统非线性变化的规避及其在生态系统恢复中的应用

关于生态系统对干扰的非线性变化的研究，许多都集中在人类社会和自然间错综复杂的相互作用，即所谓的社会-生态系统（social-ecological system）（Berkes et al. 2003；Meyers & Walker 2003；Briske et al. 2010）。在社会-生态系统中，预测并规避生态系统的非线性变化非常重要，因为对生态系统服务的可持续利用直接关系到人类社会的维系。

例如，在（半）干旱地区，主要以牲畜放牧为中心来利用生态系统。由过度放牧所导致的生态系统退化，威胁着畜牧生产的可持续性。因此，需要明确在多大程度上允许通过放牧来利用生态系统，并且是否可以防止这种非线性变化。此外，牲畜放牧这样的人为干扰，通常很容易超过生态系统可以承受的干扰水平，对其引发的生态系统非线性变化往往不能防止。如果生态系统已经退化，就必须通过人为干预来重建生态系统的稳定机制以恢复适应当下条件的生态系统。许多对生态系统管理和恢复的决定，最终都会反馈给人类社会。为了使有关生态系统非线性变化的知识成为支持决策的工具，有必要在管理和恢复领域开发易于使用的指标和指南，并收集各种生态系统中非线性变化的证据建立数据库，如Threshold Database 等（Meyers & Walker 2003）。此外，基于上述结果，评估实际实施管理和恢复前后的成本和收益，将会进一步支撑人类的决策。

（三）面向生态系统功能和生态系统服务的保护与可持续利用

基于本章所介绍的生态学概念，表 1-2 总结了如何将适应力应用于生态系统管理和保护。以生态系统为对象，以干扰为问题，以管理和保护为主要目的，与之相应的应用则可能获得期望的效果。

表 1-2　生态学概念在生态系统功能和生态系统服务的保护与可持续利用中的应用。

管理和维护的目的	相关概念	目标干扰	关键生态系统机制[*2]	预期效果
生态系统功能和服务的保障	生物多样性 生态系统功能 生态系统韧性	自然干扰/人为干扰（主要是脉冲型，但包括冲压型[*1]）	互补效应 选择效应 保险假说	改善生态系统功能和服务，实现应对未来的环境变化的生态系统管理
规避生态系统的非线性变化并恢复退化的生态系统	生态系统韧性	人为干扰（冲压型）	反馈	基于预防原则，实现生态系统管理，成功恢复生态系统

*1. 全球变暖等长期影响包括冲压型干扰，这使得难以预测当前调查和观测时间尺度对生态系统功能和服务的影响。

*2. 参照本章第一节、第二节。

关于生物多样性和生态系统功能及生态系统韧性的研究，学术上的知识积累仍然不足。因此，将其应用于管理和保护也正处于尝试的过程中，而且实际的场所也总是有不确定性。例如，在局部尺度上获得的生态系统非线性变化的知识，并不总是适用于景观尺度那样的较大空间尺度。在较大空间尺度上，除了在局部尺度上显著的干扰，各种其他类型的干扰及其相互作用也会对生态系统产生影响，生态系统比在局部尺度上所预期的更容易超过临界点。因此，基于将局部尺度的研究结果应用于更大空间尺度的生态系统管理和恢复的结果，则是有必要将反复试验（管理指南的重新调整、对学术界的反馈）的错误纳入适应性管理之中。

随着近来气候变化和人类活动的增加，生态系统面临着现实中各种各样的干扰，其行为的不确定性正在增加。平衡生物多样性与保护并可持续利用各种生态系统功能和服务之间的关系，为生态系统同时也为人类社会的可持续性建立科学的知识体系，这是生态适应性科学最重要的课题。

参 考 文 献

Andersen, T., Carstensen, J., Hernandez-Garcia, E. et al. (2009) Ecological thresholds and regime shifts: approaches to identification. Trends in Ecology and Evolution, 24, 49-57.

Balvanera, P., Pfisterer, A. B., Buchmann, N. et al. (2006) Quantifying the evidence for biodiversity effects on ecosystem functioning and services. Ecology Letters, 9, 1146-1156.

Bender, E. A., Case, T. J. & Gilpin, M. E. (1984) Perturbation experiments in community ecology: theory and practice. Ecology, 65, 1-13.

Bennett, E. M., Peterson, G. D. & Gordon, L. J. (2009) Understanding relationships among multiple ecosystem services. Ecology Letters, 12, 1394-1404.

Berkes, F., Colding, J. & Folke, C. (2003) Navigating Social-Ecological Systems. Building Resilience for Complexity and Change. Cambridge University Press，New York.

Biesmeijer，J. C.，Roberts，S. P. M.，Reemer，M. et al.（2006）Parallel declines in pollinators and insect-pollinated plants in Britain and the Netherlands. Science，313，347-351.

Briske，D. D.，Washington-Allen，R. A.，Johnson，C. R. et al.（2010）Catastrophic thresholds: a synthesis of concepts， perspectives，and applications. Ecology and Society，15，37.

Brown，B. L.（2003）Spatial heterogeneity reduces temporal variability in stream insect communities. Ecology Letters， 6，316-325.

Cadotte，M. W.，Cavender-Bares，J.，Tilman，D. et al.（2009）Using phylogenetic，functional and trait diversity to understand patterns of plant community productivity. PLoS ONE，4，e5695.

Cardinale，B. J.（2011）Biodiversity improves water quality through niche partitioning. Nature，472，86-91.

Cardinale，B. J.（2012）Impacts of biodiversity loss. Science，336，552-553.

Cardinale，B. J.，Emmett，D.，Gonzalez，A. et al.（2012）Biodiversity loss and its impact on human. Nature，486， 59-67.

Cardinale，B. J.，Wright，J. P.，Cadotte，M. W. et al.（2007）Impacts of plant diversity on biomass production increase through time because of species coplementarity. Proceedings of the National Academy of Sciences USA，104， 18123-18128.

Costanza，R.，Darge，R.，De Groot，R. et al.（1997）The value of the world's ecosystems and services and natural capital. Nature，387，253-260.

Cottingham，K. L.，Brown，B. L. & Lennon，J. T.（2001）Biodiversity may regulate the temporal variability of ecological systems. Ecology Letters，4，72-85.

Crisp，M. D.，Arroyo，M. T. K.，Cook，L. G. et al.（2009）Phylogenetic biome conservatism on a global scale. Nature， 458，754-756.

Davenport，D. W.，Breshears，D. D.，Wilcox，B. P. et al.（1998）Viewpoint: sustainability of pinon-juniper ecosystems-a unifying perspective of soil erosion thresholds. Journal of Range Management，51，231-240.

Díaz，S.，Fargione，J.，Chapin，F. S. et al.（2006）Biodiversity loss threatens human wellbeing. PLoS Biology，4， 1300-1305.

Díaz，S.，Lavorel，F.，de Bello，F. et al.（2007）Incorporating plant functional diversity effects in ecosystem service assessments. Proceedings of the National Academy of Sciences USA，104，20684-20689.

Doak，D. F.，Bigger，D.，Harding，E. K. et al.（1998）The statistical inevitability of stability-diversity relationships in community ecology. American Naturalist，151，264-276.

Dobson，A. P.，Bradshaw，A. D. & Baker，A. J. M.（1997）Hopes for the future: restoration ecology and conservation biology. Science，277，515-522.

Duffy，J. E.（2003）Biodiversity loss，trophic skew and ecosystem functioning. Ecology Letters，6，680-687.

Dunne，J. A.，Williams，R. J. & Martinez，N. D.（2002）Network structure and biodiversity loss in food webs: robustness increases with connectance. Ecology Letters，5，558-567.

Elmqvist，T.，Folke，C.，Nystrom，M. et al.（2003）Response diversity，ecosystem change，and resilience. Frontiers in Ecology and the Environment，1，488-494.

Elton，C. S.（1958）The Ecology of Invasion by Plants and Animals. Methuen，London.

Flynn，D. F. B.，Mirotchnick，N.，Jain，M. et al.（2011）Functional and phylogenetic diversity as predictors of biodiversity-ecosystem-function relationships. Ecology，92，1573-1581.

Folke，C.（2006）Resilience: the emergence of a perspective for social-ecological systems analyses. Global Environmental

Change，16，253-267.

Folke，C.，Carpenter，S.，Walker，B. et al.（2004）Regime shifts，resilience，and biodiversity in ecosystem management. Annual Review of Ecology，Evolution，and Systematics，35，557-581.

Fontaine，C.，Dajoz，I.，Meriguet，J. et al.（2006）Functional diversity of plant-pollinator interaction webs enhances the persistence of plant communities. PLoS Biology，4，e1.

Fukami，T.，Naeem，S. & Wardle，D. A.（2001）On similarity among local communities in biodiversity experiments. Oikos，95，340-348.

Glasby，T. M. & Underwood，A. J.（1996）Sampling to differentiate between pulse and press perturbations. Environmental Monitoring and Assessment，42，241-252.

Griffiths，B. S.，Ritz，K.，Bardgett，R. D. et al.（2000）Ecosystem response of pasture soil communities to fumigation-induced microbial diversity reductions：an examination of the biodiversity-ecosystem function relationship. Oikos，90，279-294.

Grilli，M. P.（2010）The role of landscape structure on the abundance of a disease vector planthopper：a quantitative approach. Landscape Ecology，25，383-394.

Groffman，P.，Baron，J.，Blett，T. et al.（2006）Ecological thresholds：The key to successful environmental management or an important concept with no practical application? Ecosystems，9，1-13.

Gunderson，L. H.（2000）Ecological resilience - in theory and application. Annual Review of Ecology and Systematics，31，425-439.

Haddad，N. M.，Crutsinger，G. M.，Gross，K. et al.（2009）Plant species loss decreases arthropod diversity and shifts trophic structure. Ecology Letters，12，1029-1039.

Haddad，N. M.，Crutsinger，G. M.，Gross，K. et al.（2011）Plant diversity and the stability of food webs. Ecology Letters，14，42-46.

Hanski，I.（1999）Habitat connectivity，habitat continuity，and metapopulations in dynamic landscapes. Oikos，87，209-219.

Hector，A. & Schmid，B.（1999）Plant diversity and productivity experiments in European grasslands. Science，286，1123-1127.

Hector，A.，Bazeley-White，E.，Loreau，M. et al.（2002）Overyielding in grassland communities：testing the sampling effect hypothesis with replicated biodiversity experiments. Ecology Letters，5，502-511.

Hooper，D. U. & Vitousek，P. M.（1997）The effects of plant composition and diversity on ecosystem processes. Science，277，1302-1305.

Isbell，F. I.，Polley，H. W. & Wilsey，B. J.（2009）Biodiversity，productivity and the temporal stability of productivity：patterns and processes. Ecology Letters，12，443-451.

Ives，A. R. & Carpenter，S. R.（2007）Stability and diversity of ecosystems. Science，317，58-62.

Kellermann，V.，van Heerwaarden，B.，Sgro，C. M. et al.（2009）Fundamental evolutionary limits in ecological traits drive *Drosophila* species distributions. Science，325，1244-1246.

Knouft，J. H.，Losos，J. B.，Glor，R. E. et al.（2006）Phylogenetic analysis of the evolution of the niche in lizards of the *Anolis sagrei* group. Ecology，87，S29-S38.

Kondoh，M.（2003）Foraging adaptation and the relationship between food-web complexity and stability. Science，299，1388-1391.

Kondoh，M.（2006）Does foraging adaptation create the positive complexity-stability relationship in realistic food-web structure? Journal of Theoretical Biology，238，646-651.

Kondoh，M.（2007）Anti-predator defence and the complexity-stability relationship of food webs. Proceedings of the Royal Society B，274，1617-1624.

Lake，P. S.（2000）Disturbance，patchiness，and diversity in streams. Journal of the North American Benthological Society，19，573-592.

Lake，P. S.（2003）Ecological effects of perturbation by drought in flowing waters. Freshwater Biology，48，1161-1172.

Laliberte，E. & Legendre，P.（2010）A distance-based framework for measuring functional diversity from multiple traits. Ecology，91，299-305.

Laliberte, E., Wells, J. A., DeClerck, F. et al.（2010）Land-use intensification reduces functional redundancy and response diversity in plant communities. Ecology Letters，13，76-86.

Larsen，T. H.，Williams，N. M. & Kremen，C.（2005）Extinction order and altered community structure rapidly disrupt ecosystem functioning. Ecology Letters，8，538-547.

Laurance，W. F.，Dell，B.，Turton，S. M. et al.（2011）The 10 Australian ecosystems most vulnerable to tipping points. Biological Conservation，144，1472-1480.

Lavorel，S. & Garnier，E.（2002）Predicting changes in community composition and ecosystem functioning from plant traits：revisiting the Holy Grail. Functional Ecology，16，545-556.

Lavorel, S. & Grigulis, K.（2012）How fundamental plant functional trait relationships scale-up to trade-offs and synergies in ecosystem services. Journal of Ecology，100，128-140.

Lawton, J. H. & Brown, V. K.（1993）Redundancy in ecosystems. *In*: Biodiversity and Ecosystem Function（E. D. Schulze & H. A. Mooney，eds.），pp. 255-270. Springer-Verlag，Berlin.

Leadley，P.，Pereira，H. M.，Alkemade，R. et al.（2010）Biodiversity Scenarios：Projections of 21st century change in biodiversity and associated ecosystem services. Secretariat of the Convention on Biological Diversity，Montreal. Technical Series no. 50.

Lehman，C. L. & Tilman，D.（2000）Biodiversity，stability，and productivity in competitive communities. American Naturalist，156，534-552.

Leibold，M. A.，Holyoak，M.，Mouquet，N. et al.（2004）The metacommunity concept：a framework for multi-scale community ecology. Ecology Letters，7，601-613.

Loreau，M. & Hector，A.（2001）Partitioning selection and complementarity in biodiversity experiments. Nature，413，548.

Loreau，M.（1998）Separating sampling and other effects in biodiversity experiments. Oikos，82，600-602.

Loreau，M.，Monquest，N. & Gonzalez，A.（2003）Biodiversity as spatial insurance in heterogeneous landscape. Proceedings of the National Academy of Sciences USA，100，12765-12779.

Loreau，M.，Naeem，S. & Inchausti，P.（2002）Biodiversity and Ecosystem Functioning. Synthesis and Perspectives. Oxford University Press，Oxford.

Loreau，M.，Naeem，S.，Inchausti，P. et al.（2001）Biodiversity and ecosystem functioning：current knowledge and future challenges. Science，294，804-808.

MA（Millennium Ecosystem Assessment）（2005）Ecosystems and Human Wellbeing：Biodiversity Synthesis. World Resources Institute，Washington，DC.

MacArthur，R.（1955）Fluctuations of animal populayions，and a measure of community stability. Ecology，36，533-536.

Makino，T. & Kawata，M.（2012）Habitat variability correlates with duplicate content of *Drosophila* genomes. Molecular Biology and Evolution，29，3169-3179.

Martin，K. L. & Kirkman，L. K.（2009）Management of ecological thresholds to reestablish disturbance-maintained herbaceous wetlands of the south-eastern USA. Journal of Applied Ecology，46，906-914.

May，R. M.（1973）Complexity and Stabillity in Model Ecosystems. Princeton University Press，Princeton.

Mayer，A. L. & Rietkerk，M.（2004）The dynamic regime concept for ecosystem management and restoration. Bioscience，54，1013-1020.

McCann，K. S.（2000）The diversity-stability debate. Nature，405，228-233.

McCann，K. S.，Hastings，A. & Huxel，G. R.（1998）Weak trophic interactions and the balance of nature. Nature，395，794-798.

Meyers，J. & Walker，B. H.（2003）Thresholds and alternate states in ecological and social-ecological systems: threshold database（online），Resilience Alliance，URL: http://www.resalliance.org.au.

Mokany，K.，Ash，J. & Roxburgh，S.（2008）Functional identity is more important than diversity in influencing ecosystem processes in a temperate native grassland. Journal of Ecology，96，884-893.

Montoya，J. M. & Sole，R. V.（2003）Topological properties of food webs: from real data to community assembly models. Oikos，102，614-622.

Mori，A. S.（2011）Ecosystem management based on natural disturbances: hierarchical context and non-equilibrium paradigm. Journal of Applied Ecology，48，280-292.

Morin，P. J. & McGrady-Steed，J.（2004）Biodiversity and ecosystem functioning in aquatic microbial systems: a new analysis of temporal variation and species richness-predictability relations. Oikos，104，458-466.

Naeem，S. & Li，S. B.（1997）Biodiversity enhances ecosystem reliability. Nature，390，507-509.

Naeem，S.，Loreau，M. & Inchausti，P.（2002）Biodiversity and ecosystem functioning: the emergence of a synthetic ecological framework. In: Biodiversity and Ecosystem Functioning. Synthesis and Perspectives（M. Loreau，Naeem，S. & Inchausti，P. eds.），pp. 3-11. Oxford University Press，Oxford.

Naeem，S.，Thompson，L. J.，Lawler，S. P. et al.（1994）Declining biodiversity can alter the performance of ecosystems. Nature，368，734-737.

Paine，R. T.（1992）Food-web analysis through field measurement of per capita interaction strength. Nature，355，73-75.

Parkyn，S. M. & Collier，K. J.（2004）Interaction of press and pulse disturbance on crayfish populations: flood impacts in pasture and forest streams. Hydrobiologia，527，113-124.

Petchey，O. L. & Gaston，K. J.（2002）Functional diversity（FD），species richness and community composition. Ecology Letters，5，402-411.

Petchey，O. L.，Hector，A. & Gaston，K. J.（2004）How do different measures of functional diversity perform? Ecology，85，847-857.

Peterson，G.，Allen，C. R. & Holling，C. S.（1998）Ecological resilience，biodiversity，and scale. Ecosystems，1，6-18.

Pfisterer，A. B. & Schmid，B.（2002）Diversity-dependent production can decrease the stability of ecosystem functioning. Nature，416，84-86.

Pickett，S. T. A. & White，P. S.（1985）The Ecology of Natural Disturbance and Patch Dynamics. Academic Press，New York.

Rahel，F. J.（2000）Homogenization of fish faunas across the United States. Science，288，854-856.

Raudsepp-Hearne，C.，Peterson，G. D. & Bennett，E. M.（2010）Ecosystem service bundles for analyzing tradeoffs in diverse landscapes. Proceedings of the National Academy of Sciences USA，107，5242-5247.

Reich，P. B.，Tilman，D.，Isbell，F. et al.（2012）Impacts of biodiversity loss escalate through time as redundance fades. Science，336，589-592.

Ricketts，T. H.（2004）Tropical forest fragments enhance pollinator activity in nearby coffee crops. Conservation Biology，18，1262-1271.

Rosenfeld，J. S.（2002）Functional redundancy in ecology and conservation. Oikos，98，156-162.

Sasaki，T.，Okayasu，T.，Jamsran，U. et al.（2008）Threshold changes in vegetation along a grazing gradient in Mongolian rangelands. Journal of Ecology，96，145-154.

Sasaki，T.，Okubo，S.，Okayasu，T. et al.（2009）Two-phase functional redundancy in plant communities along a grazing gradient in Mongolian rangelands. Ecology，90，2598-2608.

Sasaki，T.，Okubo，S.，Okayasu，T. et al.（2011）Indicator species and functional groups as predictors of proximity to ecological thresholds in Mongolian rangelands. Plant Ecology，212，327-342.

Scheffer，M. & Carpenter，S. R.（2003）Catastrophic regime shifts in ecosystems: linking theory to observation. Trends in Ecology and Evolution，18，648-656.

Scheffer，M.，Carpenter，S.，Foley，J. A. et al.（2001）Catastrophic shifts in ecosystems. Nature，413，591-596.

Scherber，C.，Eisenhauer，N.，Weisser，W. W. et al.（2010）Bottom-up effects of plant diversity on multitrophic interactions in a biodiversity experiment. Nature，468，553-556.

Shurin，J. B.，Borer，E. T.，Seabloom，E. W. et al.（2002）A cross-ecosystem comparison of the strength of trophic cascades. Ecology Letters，5，785-791.

Smith，M. D. & Knapp，A. K.（2003）Dominant species maintain ecosystem function with non-random species loss. Ecology Letters，6，509-517.

Sole，R. V. & Montoya，J. M.（2001）Complexity and fragility in ecological networks. Proceedings of the Royal Society B，268，2039-2045.

Srivastava，D. S. & Vellend，M.（2005）Biodiversity-ecosystem function research: Is it relevant to conservation? Annual Review of Ecology，Evolution，and Systematics，36，267-294.

Suding，K. N. & Hobbs，R. J.（2009）Threshold models in restoration and conservation: a developing framework. Trends in Ecology and Evolution，24，271-279.

Suding，K. N.，Gross，K. L. & Houseman，G. R.（2004）Alternative states and positive feedbacks in restoration ecology. Trends in Ecology and Evolution，19，46-53.

Taki，H.，Okabe，K.，Yamaura，Y. et al.（2010）Effects of landscape metrics on *Apis* and non-*Apis* pollinators and seed set in common buckwheat. Basic and Applied Ecology，11，594-602.

Tilman，D. & Downing，J. A.（1994）Biodiversity and stability in grasslands. Nature，367，363-365.

Tilman，D.，Knops，J.，Wedin，D. et al.（2002）Plant diversity and composition: effects on productivity and nutrient dynamics of experimental grasslands. *In*: Biodiversity and Ecosystem Functioning. Synthesis and Perspectives（M. Loreau，Naeem，S. & Inchausti，P. eds.），pp. 3-11. Oxford University Press，Oxford.

Tilman，D.，Lehman，C. L. & Bristow，C. E.（1998）Diversity-stability relationships: Statistical inevitability or ecological consequence? American Naturalist，151，277-282.

Tilman，D.，Naeem，S.，Knops，J. et al.（1997）Biodiversity and ecosystem properties. Science，278，1866-1867.

Tilman，D.，Reich，P. B.，Knops，J. et al.（2001）Diversity and productivity in a long-term grassland experiment. Science，294，843-845.

Tingley，M. W.，Monahan，W. B.，Beissinger，S. R. et al.（2009）Birds track their Grinnellian niche through a century of climate change. Proceedings of the National Academy of Sciences USA，106，19637-19643.

Valone，T. J. & Hoffman，C. D.（2003）Population stability is higher in more diverse annual plant communities. Ecology Letters，6，90-95.

van Nes, E. H. & Scheffer, M. (2007) Slow recovery from perturbations as a generic indicator of a nearby catastrophic shift. American Naturalist, 169, 738-747.

van Ruijven, J. & Berendse, F. (2010) Diversity enhances community recovery, but not resistance, after drought. Journal of Ecology, 98, 81-86.

Villeger, S., Mason, N. W. H. & Mouillot, D. (2008) New multidimensional functional diversity indices for a multifaceted framework in functional ecology. Ecology, 89, 2290-2301.

Vitousek, P. M., Mooney, H. A., Lubchenco, J. et al. (1997) Human domination of Earth's ecosystems. Science, 277, 494-499.

Walker, B. H. (1992) Biodiversity and ecological redundancy. Conservation Biology, 6, 18-23.

Walker, B. (1995) Conserving biological diversity through ecosystem resilience. Conservation Biology, 9, 747-752.

Wang, Y., Yu, S. & Wang, J. (2007) Biomass-dependent susceptibility to drought in experimental grassland communities. Ecology Letters, 10, 401-410.

Weigelt, A., Schumacher, J., Roscher, C. et al. (2008) Does biodiversity increase spatial stability in plant community biomass? Ecology Letters, 11, 338-347.

Wiens, J. J. & Graham, C. H. (2005) Niche conservatism: Integrating evolution, ecology, and conservation biology. Annual Review of Ecology Evolution and Systematics, 36, 519-539.

Willis, C. G., Ruhfel, B., Primack, R. B. et al. (2008) Phylogenetic patterns of species loss in Thoreau's woods are driven by climate change. Proceedings of the National Academy of Sciences USA, 105, 17029-17033.

Yachi, S. & Loreau, M. (1999) Biodiversity and ecosystem productivity in a fluctuating environment: The insurance hypothesis. Proceedings of the National Academy of Sciences USA, 96, 1463-1468.

Yodzis, P. (1981) The stability of real ecosystems. Nature, 289, 674-676.

Zavaleta, E. S. & Hulvey, K. B. (2004) Realistic species losses disproportionately reduce grassland resistance to biological invaders. Science, 306, 1175-1177.

Zavaleta, E., Pasari, J., Moore, J. et al. (2009) Ecosystem responses to community disassembly. Annals of the New York Academy of Sciences, 1162, 311-333.

第二部分

适应型技术的必要性

第二章

适应型技术在海洋资源保护与利用中的现状

| 原著：菅野 愛美；译者：李伟·杨永川 |

海洋在过去被认为是可充分满足人类需求的水产资源，也是具有自然净化能力的广阔环境。然而，近期人口增长所带来的环境破坏和资源过度开采，使这些被认为是"取之不尽，用之不竭"的惠益正陷于危机。本章针对：①海洋中利用最多、破坏最为严重的沿海地区的保护；②过度捕捞而枯竭的渔业资源的管理；③解决迫切需求的水产养殖 3 个重要问题，介绍海洋资源可持续利用的新方法和新技术。

第一节 海洋资源利用中存在的问题

占地球表面 70% 面积的海洋，为人类提供食物、水、矿物和能源等直接利益，在全球物质循环和气候变化中也发挥着极其重要的作用。然而，随着近来人类海洋活动的全球化，各种丰饶的生态系统正在退化，需求不断扩大的渔业资源显著枯竭。

在这种情况下，2010 年《生物多样性公约》第十次缔约方大会（COP 10）通过了"爱知目标"：渔业资源的可持续捕捞和恢复计划及其实施措施（目标 6）、对珊瑚礁等脆弱生态系统复合破坏的人为干扰最小化及健全性和功能维持（目标 10）、至少 10% 的沿海地区和海域作为保护区保护（目标 11）等，已经启动了对未来海洋管理的明确愿景。

为了实现这些目标，必须开发和引入不同于传统方法的适应型技术。换句话说，对于渔业资源的可持续捕捞，从当前基于短期经济原则的捕捞管理转向未来基于预测和明确资源波动机制的管理；对于脆弱沿海生态系统的保护和恢复，有必要从依赖土木建设转变为明确沿海生态系统中生物的相互作用，并在此基础上开发保护和修复技术。此外，即使在水产养殖等生产效率高的沿海等地区，也可以从目前依靠高密度养殖和药物投加的大规模生产转变为考虑复合养殖等生态系统过程的水产养殖系统，在减小环境负荷的同时实现可持续利用。

然而，由于海洋中物理方法的应用困难和被利用的物种数量多（仅日本各地作为食物利用的物种已经约有 350 种），研究历史比陆地短；对于维护管理措施，也还处于开始讨论的阶段。本章重点介绍以海洋环境保护和恢复、自然资源的管理和水产养殖相关的适应型技术为重点的新举措和未来前景。

第二节　萎缩海岸的自然环境保护与恢复技术

沿海地区具有连接海洋和陆地群落的过渡带作用，由于其所拥有的便利性，全世界一半以上的人口集中在沿海地区。沿海有各种各样的生态系统，如海藻床、珊瑚礁、潮滩和红树林等。虽然沿海生态系统的生物多样性可能是全球最大的，但由于海岸线使用范围的扩大和人类活动产生的各种环境胁迫，它正在世界各地急速退化并消失。由于受陆地营养盐供应和上升流等的影响，沿海也是生产力最高的海域。它还可作为孕育海洋资源的区域，如沿海渔业和海水养殖、外洋性物种幼体的生长等。因此，无论从多样性保护的角度，还是从海洋生物资源可持续利用的角度，保护海洋环境都是极其重要的。

然而，尽管沿海自然环境保护和恢复的重要性早已被认识，但由于缺乏科学支持，恢复项目和民间活动已有许多失败的案例，因此有必要正确认识沿海生态系统，并在此基础上开发保护和恢复技术。其中生物方面的研究案例相对较多，以下介绍目前海藻床和珊瑚礁正在实施的措施。

一、海藻床

大型褐藻或海藻在海岸形成优势群落的地方称为"海藻床"。根据构成物种的不同，海藻床具有不同的名称。在日本分为：①潮间带到潮下带岩礁区。由墨角目藻构成的马尾藻床（*Sargassum* bed）、由海带目藻构成的被称为海洋森林的羽叶藻/腔昆布藻床（*Eisenia/Ecklonia* bed）和昆布藻床（*Laminaria* bed）、褐藻类床和海带床。②潮滩和沙滩。由眼子菜科海草构成的大叶藻床（*Zostera marina* bed）。

这些海藻床既是基本生产者，支撑着沿海生物群落，也是幼鱼的繁殖地，支持着邻海域的渔业资源，还能净化水质来抑制富营养化及吸收二氧化碳等，具有多种生态系统功能。海藻床的衰退涉及沿海变化等人为影响和海洋环境变化的影响，其生态系统功能的恢复需要甄别其中的原因及根据海藻床特征而量身定制修复技术。

由羽叶藻、腔昆布构成的海洋森林和海带床，其群落已缩小到浅水处；被称为无节珊瑚礁的红藻从深处迁移到浅处并占据优势，这种称为"海岸荒漠化"的现象在各国都已有报道。对于此现象，主要在日本积累了从发生到持续机制和修复措施的信息。海岸荒漠化的成因分为无机环境变化为起因的生态学因素和人类活动造成的环境破坏（谷口等 2008），其影响因素随海域不同而异，如由暖流增加而导致的高水温和低营养盐、淤泥沉积、陆地铁离子供应的减少、海胆和海螺等食草动物蚕食等。

构建海藻床的修复技术，除了基底基质的养护、海藻幼苗的生产和供应，以及海藻幼苗的保护和繁殖作为对抗草食动物摄食压力的措施之外，还有在高水温、低营养盐海域中添加营养盐（谷口等 2008）和使用低水温、高营养盐的深层海水（藤田·高桥 2006）。而且铁（铁离子）是植物光合作用必不可少的元素，但其在海水中的溶解度很低。近年来，通过铁的喷洒实验发现，铁是浮游植物初级生产力的限制因素（Boyd et al. 2007）。据报道，在海藻床的构建中，投加铁渣、钢渣和腐殖质（富里酸、腐殖酸）的混合物也可改善海岸荒漠化现象（山本等 2006）。

在动物摄食危害中，海胆是影响最为普遍的问题。据报道，在阿拉斯加的阿留申群岛，捕食者海獭减少而海胆数量增加，导致海带（褐藻）床毁灭（图 2-1；Estes et al. 1998）。在加拿大新斯科舍省，高水温使海胆浮游期缩短、海胆数量增加，可能导致海岸荒漠化（Hart & Scheibling 1988）。在日本，海胆被认为是海岸荒漠化持续发生的因素。海胆的高摄食压力阻止了海洋森林的恢复，荒漠化海域中占优的无节珊瑚释放的挥发物强烈促进了海胆幼体的沉降和变态发育，从而使海胆数量进一步增加（Taniguchi et al. 1994）。珊瑚礁中大规模的海星暴发已成为严重问题，海胆和海星等棘皮类动物具有应对环境变化使自身种群密度发生剧烈变化的性质（Uthicke et al. 2009），阐明这种增减的机制也是海藻床恢复和保护的关键之一。

另外，由于渔港的开发和填埋、水质恶化等原因，在沙滩和潮滩上形成的大叶藻床迅速消失（Waycott 2009），各国政府和非营利组织都在积极对其开展恢复再生项目。恢复再生大多以移栽和播种为主，选择的地点应具备适宜眼子菜科海草生长的波浪、光和沉积物条件，移植单位和种植方法等按照建立的技术框架执行（Campbell 2002；Short et al. 2002）。在大叶藻床遗传多样性的野外控制试验中，种内的遗传多样性越高，海草生物量和附着生物的密度就越大，对捕食的抵抗力及异常天气（热浪）的抵抗力也越大（Williams 2001；Hughes & Stachowicz 2004；Reusch et al. 2005）。此外，就物种多样性而言，由多个物种构成的大叶藻床具有较高的生态系统功能，如初级生产力和碳固定能力等（图 2-2；Duarte 2000）。这表明了基于多样性的修复技术的重要性。

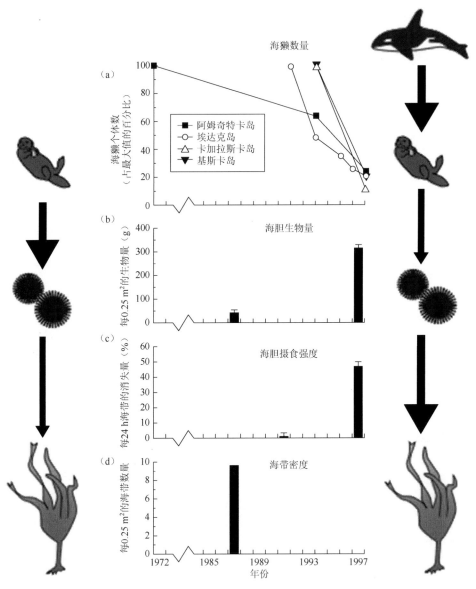

图 2-1　海獭、海胆和海带生物量之间的关系（Estes et al. 1998）。在阿留申群岛，人类活动的影响已将虎鲸的捕猎对象从海豹和海狮变为海獭，导致每个岛屿的海獭数量急剧减少（a），而作为海獭捕食对象的海胆的数量相应增加（b）。由于海胆增加，对海带的摄食压力增加（c），导致海带床退化或消失（d）。（b）和（c）中的误差条显示 +1 标准偏差。经 The American Association for the Advance of Science 许可转载。

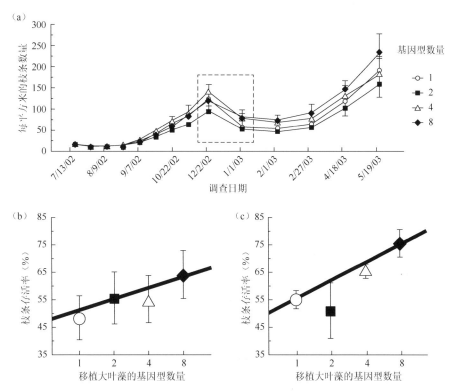

图 2-2　大叶藻群落遗传多样性对鹅（黑雁）捕食的抵抗力及对大叶藻群落韧性的影响（Hughes & Stachowicz 2004）。在该实验中，通过控制种植的大叶藻基因型数量来研究遗传多样性的影响。（a）调查期间枝条密度的变化。单茎和其上的叶片统称为"枝条"。由虚线包围的部分表示观察到由于鹅（黑雁）捕食所导致大叶藻数量减少的时期。（b）以 12 月数量作为 100% 存活时，1 月枝条的存活率（捕食影响）。（c）移植两周后，枝条的存活率（移植引起的应激响应）。可以看出，构成大叶藻群落的遗传多样性越高，捕食损害的影响就越小，同时对移植的抵抗力也越大。误差条表示±1 标准偏差。经 The National Academy of Science USA 许可转载。

　　与陆生植物相比，藻类在生态学和生理功能方面还有许多未知部分，即使对藻类床的构建，也仅处在通过反复试错来寻找修复方法的摸索阶段。阐明藻类生态与其周围生物群落之间的关系，不仅对海藻床构建技术的开发具有重要意义，而且对于开发效果的准确评估及施工后的维护和管理也具有重要作用。

二、珊瑚礁

　　珊瑚礁是生物多样性极为丰富的生态系统，有 1/4 的海洋生物生活在其中。珊瑚礁还提供了各种各样的生态系统服务，如商业化的海产品、旅游和娱乐、海岸侵蚀的防护等。然而，珊瑚礁也是地球上最脆弱、衰退最剧烈的生态系统之一。

据估计，在 20 世纪的最后几十年中，全球大约 20%的珊瑚礁已经消失，还有 20%的珊瑚礁已经退化（MA 2005）。

导致珊瑚礁减少的因素是海水温度升高、海洋酸化、过度捕捞、使用炸药和化学品（如氰化物）捕捞、富营养化导致的有毒藻类的暴发、从陆地流出的土壤在珊瑚礁中沉积、沿海开发、船舶停靠的机械打击、海星和非本地物种入侵对珊瑚礁的摄食破坏等。多数情况下，上述因素的复合作用会对珊瑚礁的更新产生负面反馈（Mumby & Steneck 2008；Buddemeier et al. 2004）。

其中，被认为影响范围最大、最严重的是全球海面水温上升而引起的珊瑚白化现象（共生虫黄藻的丧失）。白化现象自 20 世纪 80 年代以来就一直在增加；1998 年，估计世界上 16%的珊瑚已经消亡，主要在太平洋和印度洋。虽然大规模白化对珊瑚礁群落具有破坏性打击，但有研究指出从上一次白化中恢复的个体在下一次应对高水温来袭时具有抗白化性，同时其对高温胁迫的适应性也有所增强（Guzman & Cortes 2001）。

珊瑚的热适应机制可能是"symbiont shuffling"（共生改组），也被称为"适应白化假说"，即与珊瑚共生的虫黄藻被某个耐热型进化枝（遗传型）[1]所取代（Buddemeier & Fautin 1993）。近年来，一些研究所报道的数据也验证了"共生改组"（Mieog et al. 2007；Jones et al. 2008；Oliver & Palumbi 2009）：珊瑚和共生藻类之间的关系比以前所认识的更具灵活性。因此，需要开发耐高温珊瑚幼苗并将其用于移植等项目，也需要其遗传适应范围和适应性状的信息。

目前，最有效的措施是通过建立海洋保护区（marine protection area，MPA）来规范沿海区域的使用。MPA 是一个栖息于其中的动植物受法律保护的海域。虽然名称、定义和用途因国家而异，但世界上 0.8%的海洋，主要是珊瑚礁和潮滩，被指定为 MPA。COP 10 将"海岸线 10%划为保护区"作为 2020 年目标，国际上对海洋保护区重要性的认识也在不断提高。然而，在建立 MPA 时，很难兼顾包括渔业在内的各种经济活动，并且在目标达成的过程中也存在多方面的困难。此外，由于 MPA 本身没有国际所公认的唯一定义，有些国家没有法律效力，有些国家则由于缺乏人力资源和资金而无法得到有效管理或评估，因此很多情况下它就是所谓的"纸上公园"。设置保护区还存在的一个问题是缺乏仅用于生态系统自我维持的面积和适宜的空间。目前，世界上有 980 座珊瑚礁被指定为 MPA（占总面积的18.7%），但仅有 1.6%的 MPA 在有效运作（Mora et al. 2006）。

澳大利亚的大堡礁（GBR）是功能最完备的海洋保护区，也是效果得以证实的先进案例。在 GBR 中，沿海综合管理（integrated coastal management，ICM）通过 7 个阶段分区域推进。在禁止渔业活动的珊瑚礁"禁区"中，珊瑚鳟鱼和鲨

---

① 共生的虫黄藻由遗传上不同的进化枝 A～I 组成（Pochon & Gates 2010）。

鱼等捕获对象的数量已经翻倍，并且棘冠海星的暴发得以抑制（图 2-3；McCook et al. 2010）。此外，禁捕区是允许渔业活动的"捕获区"的幼鱼来源，设置禁捕区使周围整个海域的资源量得以增加。

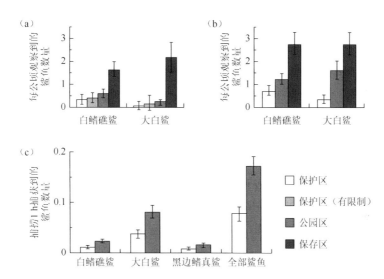

图 2-3　栖息在大堡礁（GBR）上的每个 MPA 区域的鲨鱼（白鳍礁鲨、大白鲨和黑边鳍真鲨）数量（McCook et al. 2010）。（a）和（b）表示在 GBR 北部和中部通过水肺潜水观察到的鲨鱼数量；（c）为单次捕捞所捕获的头数。误差条表示±1 标准偏差。经 The National Academy of Science USA 许可转载。

另外，在 MPA 的运作中，社会经济和文化因素也有很大的影响，如从完全禁捕到多功能利用区域设置的利益问题、政府或社区为主的运营单位等。这些因素与生物、物理因素相整合，建立一个可使 MPA 效果最大化的社会-生态系统（social-ecological system）（Lebel et al. 2006）。此外，为了更全面地保护沿海资源，有人认为 MPA 之间的合作比单独管理 MPA 更为重要，因此 2002 年世界首脑会议（约翰内斯堡首脑会议：可持续发展世界首脑会议）确定的国际目标是：到 2012 年，建立起代表性 MPA 的合作网。在这种背景下，对于有效 MPA 网络的研究也正在推进，并且对能抵抗气候变化的 MPA 网络模型也有报道（Baskett et al. 2010）。

第三节　天然渔业资源可持续生产的管理技术

根据联合国粮食及农业组织（Food and Agriculture Organization，FAO）的估计，世界上 53%的鱼类资源目前已处于满负荷利用，32%的鱼类资源已过度捕捞或枯竭（FAO 2010）。与农业和畜牧业不同，渔业是直接使用自然资源的所谓"狩猎活动"。这种恩惠取决于自然界的生产力，超过自然恢复能力和致使恢复能力减弱的捕捞方法将直接导致渔业的崩溃。因此，实现渔业资源的可持续生产，可以概括为：解决捕获多少和如何捕获的问题，以兼顾保护的目标。

渔业资源科学是一门独立于海洋生物学的学科，一直在研究作为"独立资源"捕获的个体物种的动态。然而，各个物种建立的生态系统平衡是决定资源数量及其转变的重要因素，基于这种共识而提出的资源分析和多物种管理措施，已将目标物种视为"由多个物种组成的生态系统中的一员"。

传统的渔业资源科学的一个标志是 20 世纪 50 年代建立的最大可持续产量（maximum sustainable yield，MSY）理论。MSY 是使资源剩余产量最大化的捕捞量，其建立在渔业资源因自然死亡和捕捞而减少、因现存个体生长和新个体加入（繁殖）而增加的假设上。和《联合国海洋法公约》所倡导的"MSY 水平的维持、恢复和最佳利用"一样，MSY 一直是迄今为止渔业资源管理的基本原则。然而，就其实用性而言，难以准确地估计 MSY 所需的实际资源量，并且尽管已经尝试开发考虑采样不确定性的捕捞配额确定算法，但是它在抗变换性上存在很多问题。

MSY 的另一个不足是它没有考虑资源的非稳定状态和种间关系等复杂性问题。Kawasaki（1983）发现在远离太平洋生活的 3 个物种（远东沙丁鱼、加州沙丁鱼、智利沙丁鱼）的捕获量在几十年间同步波动并与其他鱼种交替出现的现象（图 2-4 和图 2-5）。同时指出这种资源变化与海面温度的不连续变化密切相关；由

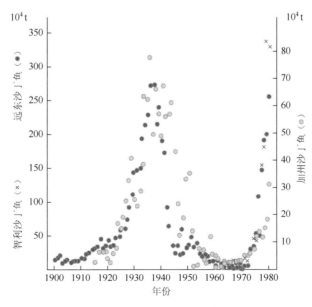

图 2-4　3 种太平洋沙丁鱼（远东沙丁鱼、加州沙丁鱼和智利沙丁鱼）捕捞量的变化（川崎 2010）。可以看出，3 种栖息于太平洋不同海域的沙丁鱼资源的同步变化。经东京地学协会许可转载。

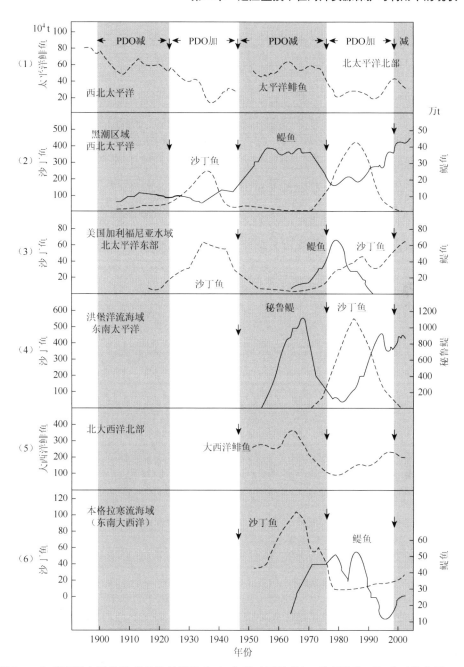

图 2-5　全球海洋中鲱鱼捕获量的长期波动（5 年移动平均值）。垂直箭头（↓）表示发生了 PDO
（Pacific decadal oscillation）变化（川崎 2010）。PDO 被称为"太平洋年代际振荡"，指太平洋
海水温度和大气压以 10 年为单位的周期性波动现象。PDO 指数是 PDO 状态的客观指标。当指
数为正（负）时，北太平洋中部的海面温度往往较低（高）。从该图可以看出，每种鱼类种群
的数量波动模式与 PDO 同步。经东京地学协会许可转载。

此一个被称为"海洋资源的稳态转换"的新概念诞生了。这里的术语"稳态转换"是指"由大气-海洋-海洋生态系统构成的地球系统的基本结构,在数十年的时间尺度上、在全球范围内的转换";这一发现证明了:由于全球气候变化和种间关系的作用,渔业资源会在巨大的尺度上波动。稳态转换引发的资源波动,在沙丁鱼、鲭鱼、秋刀鱼、鳀鱼、竹荚鱼等食浮游生物鱼类,比目鱼等底栖鱼类,甚至乌贼都有相应的报道(川崎等 2007),这使人们认识到在资源管理中考虑不可预测灾难的重要性。

此外,作为扰乱这种变化节奏的因素,全球变暖的影响依旧未知。例如,由于全球变暖,过去 25 年来,生活在大西洋北海的多种鱼类已向北迁移(Perry et al. 2005)。对 1066 种目标捕捞生物分布变化的研究预测:在亚北极地区、热带地区和封闭海域,正发生物种的局部灭绝;在北冰洋和南大洋,生物还在继续迁入;地球60%以上的生态系统发生大规模的物种重组,最终影响生态系统服务(Cheung et al. 2009)。海洋中的未知影响不仅是水温上升,还包括由海水分层导致的氧浓度和营养盐供应量下降、由大气中的 CO_2 浓度增加导致的海洋酸化。特别是由于分层的影响,大西洋的温盐海洋环流终止会使北大西洋浮游生物的生物量减半(Schmittner 2005)。此外,预计碳酸根离子浓度的下降将使构成碳酸钙骨架的造礁珊瑚和浮游生物减少,进而影响以其为食的鱼类和鲸类(Orr et al. 2005)。

对于稳态转换和全球变暖导致的资源变化,虽然利用海洋生态系统模型 NEMURO(North Pacific Ecosystem Model Used for Regional Oceanography)和海洋环流模型 COCO(CCSR Ocean Component Model)进行了大规模模拟,但是尚未阐明诸如鱼类演替等生物学机制,并且还需要了解鱼类对海洋变化的生理和生态响应。此外,为应对气候变化,已经提出一些对栖息于高 CO_2 天然海域中的生物功能利用以及在变化条件下资源利用和管理的模型(Walters & Parma 1996;MacCall 2002;Katsukawa & Matsuda 2003),但是对该领域的研究才刚刚开始。

近年来,对捕获进化响应的研究已取得进展。目前,在世界各地的渔场中,随着资源的减少,鱼类成熟的幼龄化和小型化得到证实,如鲸类、大西洋鳕鱼、大西洋鲱鱼、美洲拟庸鲽等。其中的原因是:资源密度的降低导致单位个体的食物数量增加、幼年时即可成熟的补偿响应(compesatory response);同时,选择性捕捞而持续去除大的个体,进化响应(evolutionary response)使成熟个体的尺寸向小型化的方向进化(概念扩展 2-1)。从以上事例可以看出,不仅需要消除和防止过度捕捞,而且需要避免对特定性状和栖息地等有针对性的捕捞,这对于渔业资源的可持续生产极为重要。

由于渔业资源的波动具有较大的时空尺度和较高的不确定性,因此在管理中需要强烈地认识到预防原则和适应性管理的重要性。此外,海洋管理也涉及公共管理的问题,因此对自然渔业资源的可持续利用中也必须建立一种基于科学数据、反映科学意识的管理机制。

概念扩展 2-1: 对捕获进化响应的检测

　　随着资源的减少,鱼类成熟幼龄化和小型化的现象可能是补偿响应和进化响应,而概率成熟反应标准(probabilistic maturation reaction norm)可作为区分这两个因素的方法(Heino 2002)。

　　反应标准(reaction norm)是在任何环境条件下可以发生某种基因表现型的变异宽度,并且如果该反应标准中存在时间序列变化,则这种进化响应是与生活密度和生活史无关的。

　　在该反应标准中,某一时期内个体成熟的概率通过体型和年龄之间的关系来表示,概率成熟反应标准是成熟特征变化的指标;该分析证实了,进化响应导致许多鱼类成熟特征发生改变(Dieckmann & Heino 2007)。有关实验也证明了进化响应的发生:在大西洋美洲原银汉鱼的培养实验中,由于强烈的选择性捕捞,物种世代的生活史特征已发生改变(Conover & Munch 2002)。此外,无论是基于体型还是成熟等特定性状而进行捕获的“直接选择”,还是捕获方法差异对性状的“间接选择”,这其中都发生了进化响应。对大西洋鳕鱼,仅在浅水区捕获导致了频繁的基因变化(图 2-6; Árnason et al. 2009)。

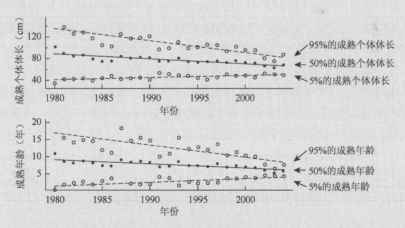

图 2-6　大西洋鳕鱼概率成熟反应标准的年际变化(Árnason et al. 2009)。群体中 50% 个体的成熟长度和年龄(黑圈)都随时间减少,表明成熟个体体型变得越来越小。同时,5%成熟个体体长(年龄)与95%成熟个体体长(年龄)之间的相差幅度变窄,意味着个体表现型的反应标准(reaction norm)发生了改变,即发生了由选择(进化响应)引起的变化。

第四节　低环境负荷型水产养殖技术

世界水产养殖量逐年增加，现在约占鱼类总产量的 1/3（FAO 2010）。海洋水产养殖正如其英语表述 "mariculture" 一样，即培育目标生物的 "海洋中的农业"。水产养殖弥补了人们对海产品的迫切需求，且不受资源波动的影响而能够稳定提供海产品，预计未来的水产养殖将会变得愈发重要。另外，目前的水产养殖生产对自然界有很大的负担，需要从传统的对症措施中进行技术上的转变。水产养殖生产中的典型问题包括：饲育鱼苗及其生物饵料的过度捕捞、饵料和排泄物导致的水质恶化、集约化生产引起的鱼类疾病以及建立水产养殖场而造成的环境破坏。

对还没有建立采卵技术的鱼类，如鳗鱼和油甘鱼等，种苗依靠捕获自然幼苗，这会导致强烈的捕捞压力。目前，正在推广 "完全水产养殖"，即对从采卵到子代繁殖的整个过程进行人工控制；蓝鳍金枪鱼已进入批量生产的阶段（熊井等 2011）。此外，在 2010 年成功实现了鳗苗（白鳗）的完全水产养殖，该鳗苗被称为白色钻石并且价格不断攀升。但是，还需要进一步的技术创新和大幅降低成本，以实现大规模生产（日本农林水产省 2009）。

此外，秘鲁沙丁鱼和智利沙丁鱼等小型食浮游生物鱼被用作鱼粉和鱼油等养殖饵料的原料，由于饵料价格飙升和过度捕捞已造成上述鱼类枯竭。针对这种养殖饵料，正尝试通过使用鱼和鱿鱼的内脏等水产加工残渣及海莴苣和紫菜等多余的海藻来开发饲料。此举不仅可以防止对生物饵料的过度捕捞，还可以实现加工过程的零排放（坂口•平田 2005；三浦 2009）。养殖包括饲料养殖（鱼和虾）和非饲料养殖（贝类和海藻），前者是引起海洋污染的主要问题。水产养殖是在风浪平静、易于管理的内湾进行的，而内湾的物质循环往往不畅，超过水体自净能力的大规模养殖会使剩余的饵料和排泄物沉积在海底，导致海湾水体富营养化和缺氧水团的形成。针对这种自身的污染，在提高饵料利用效率的同时，正开发利用自然生态系统循环的低环境负荷型水产养殖技术。

其中一项尝试是多营养级水产养殖（integrated multi-trophic aquaculture，IMTA），即同时培养不同营养水平的多种生物，如海藻、食草动物和鱼类。IMTA以前被称为混养（polyculture），在日本还试验了鱼和海藻、鲍鱼和海藻等的混合养殖。

IMTA 旨在通过更接近自然界物质循环的复合养殖，来高效利用生态系统功能（Chopin 2006）。例如，在加拿大芬迪湾，通过产学研合作项目，已有 4 种类型的 IMTA 投入运营。该系统沿潮汐上游到下游的方向，按顺序设置鲑鱼网桶、双壳贝（贻贝和半边蚶）悬挂区和海带悬挂区；在鲑鱼网桶下方养殖海参，鲑鱼残留饵料和排泄物等大颗粒的沉积物被用作海参的食物，小颗粒的悬浮有机物是双壳类的饵料，而溶解性有机物质则成为海带的营养物质；最后4种生物被全部收获、贩卖（图2-7）。

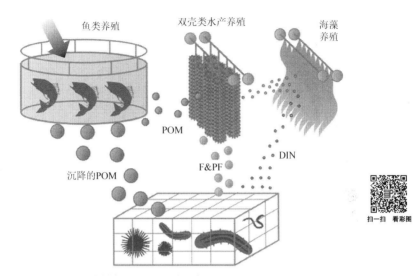

图2-7 IMTA的概念图（Chopin et al. 2010）。在海洋中，双壳软体动物（shellfish）以养殖鱼类（finfish）在下游残留的饲料和排泄物颗粒物质（small particulate organic matter, POM）为食；并在下游放置海藻养殖设施，用于吸收溶解性无机营养盐（dissolved inorganic nutrients, DIN）。此外，在这些水产养殖设施底部养殖海参、海胆、鲷鱼等，沉积在海床上的POM也可作为其食物。图中的F&PF表示双壳类排出的粪便和伪粪便（双壳类不能经口中摄取的或者通过分泌黏液包裹而排出的颗粒性物质），这些作为POM也可用于海洋底栖生物养殖。此外，底栖生物养殖产生的沉积物也可以向海藻供给DIN。经OECD许可转载。

IMTA除恢复生态系统健康外，还可增加生物个体的产量、降低成本、通过产品多样化来降低风险和减轻维护压力等，预计其也具有各种经济优势。在淡水鱼的养殖中，也有同样的农业水产复合系统（integrated agriculture-aquaculture systems, IAAS）。这是一个氮循环系统，即从畜禽排泄物生产的肥料用作淡水鱼饵料，沉积在鱼塘中的有机底泥用作谷物种植的肥料，而谷物作为人类的粮食和畜禽产品的饲料等。这种中国的传统方法已被东南亚的发展中国家引入，正在扩大生产规模。

另外，作为被污染渔场修复的新技术，现在正研究通过生物修复（利用微生物分解能力的环境修复）来净化养殖场并防止和消除赤潮。其中，就赤潮而言，包括利用竞争营养盐的硅藻以防止密度快速增加的方法，以及使用溶藻细菌和病毒控制赤潮藻类的方法；这些方法都利用了如自然界花开花谢等生态系统动态平衡的维持机制，被认为对环境的影响较小（杉田2011）。

由集约化生产导致的鱼病发生问题，过去是将抗生素等药物与饵料混合后投饵来抑制其发生。但是，残留药物对人体的影响以及损害渔场自净能力和生产力已成为问题，而鱼病疫苗的商业化得以发展，近年来利用益生菌预防鱼病也引起了人们的关注。尽管对鱼类肠道菌群的研究才刚刚开始，但益生菌对鱼类疾病的影响可能包括增强免疫力和通过产生抗菌物质抑制外来病原体。在口服实验中，乳酸菌提高了虹鳟鱼和金鱼的免疫力，并确认了其对感染的控制效果（杉田2008）。

关于建立水产养殖场对环境的破坏方面，在东南亚和南亚，红树林的破坏正成为一个问题。在红树林中，落入海里的叶子和种子作为食物链的能源，有助于提高周围海域的生产力（Jennerjahn & Ittekkot 2002）。红树林也具有很高的储碳能力，每年通过红树林采伐损失的碳吸收量，相当于全球森林砍伐造成的碳吸收量损失的10%（Donato et al. 2011）。红树林的保护措施，可通过多样的水产养殖和IAAS 降低环境负荷及通过造林活动缓解红树林的破坏等；引入海洋管理委员会（MSC）和世界自然基金会（WWF）倡导的海洋生态标签（田村 2010），作为对这种可持续水产养殖方法所生产制品的认证，这也是对红树林保护的支持和鼓励。

此外，在未来的水产养殖中，需要开发适合水产养殖的品种。目前，大多数都是对野生物种的养殖，但是生产具有快速生长和高抗病性等有用性状的品系，对于高效养殖和保证品质是必不可少的。除了诸如杂交和物种选择等常规育种方法外，近年来还开发了利用基因组信息对有用性状和链接 DNA 标记物进行筛选的 DNA 标记选择（标记辅助选择）技术，并已应用于虹鳟鱼、比目鱼、罗非鱼等多种鱼类。为了在渔业中引入这种育种技术，必须开发新的风险管理技术，以防止这些人为繁育的水产养殖品种扩散到开放的生态系统中。

第五节　结　　语

自古以来，人类就享受着海洋的各种生态系统功能。据估计，海洋给我们带来的生态系统服务约占全球生态系统服务的 2/3（Costanza et al. 1997）。海洋提供各种各样的服务，如水产品等的供给服务、空气和水的调节服务、教育和娱乐等的文化服务、营养盐循环等的基本服务。但是，海洋生态系统服务的价值尚未得到充分讨论。据 2010 年 TEEB（《生态系统和生物多样性的经济学》）的最终报告估计，就与海洋相关的经济价值而言，珊瑚礁每年的经济价值为 30 亿～172 亿美元，如果过度捕捞而使渔业不可持续，则每年所减少的经济价值将达 500 亿美元。

另外，我们向海洋寻求的服务种类和数量也逐年增加。即使是提供的直接利益（供给服务），也不仅限于食物和水资源，海洋还是可提供功能性物质的未利用遗传资源的宝库，也是液态甲烷、海藻生物乙醇、海洋微生物产氢等新能源的宝库，因此海洋的利用价值还会继续扩大。同时，开发利用与维护管理必须同时进行，以实现可持续利用而不仅仅是榨取式的利用。而且，当前在过度捕捞、环境破坏和新资源开发浪潮继续侵蚀生态系统的情况下，人们关心的是从技术开发到社会应用的体系能否迅速构建起来。

参 考 文 献

三浦汀介（2009）ゼロエミッションと新しい水産科学. 北海道大学出版会，北海道.

山本光夫・濱砂信之・福嶋正巳・沖田伸介・堀家茂一・木曽英滋・渋谷正信・定方正毅（2006）スラグと腐植物質による磯焼け回復技術に関する研究. 日本エネルギー学会誌，85，971-978.

川崎健・花輪公雄・谷口旭・二平章（2007）レジーム・シフト：気候変動と生物資源管理. 成山堂書店，東京. 川崎健（2010）レジーム・シフト論. 地学雑誌，119，482-488.

田村典江（2010）水産エコラベル：その役割と影響.『水産の 21 世紀：海から拓く食料自給』（田中克・川合真一郎・谷口順彦・坂田泰造 編）京都大学学術出版会，京都，pp. 469-486.

坂口守彦・平田孝（2005）水産資源の先進的有効利用法：ゼロエミッションをめざして. エヌ・ティー・エス，東京.

坂田泰造・今井一郎・北口博隆・長崎慶三・外丸裕司・川合真一郎・大和田紘一・深見公雄・杉田治男（2011）6 章 海洋環境の保全のための微生物による環境修復.『海の環境微生物学』（石田祐三郎・杉田治男編）恒星社厚生閣，東京，pp. 192-218.

杉田治男（2008）腸内細菌とプロバイオティクス.『養殖の餌と水：陰の主役達』（杉田治男編）恒星社厚生閣，東京.

谷口和也・成田美智子・中林信康・吾妻行雄（2008）磯焼けの原因と修復技術.『磯焼けの科学と修復技術』（谷口和也・吾妻行雄・嵯峨直恒編）恒星社厚生閣，東京，pp. 123-134.

農林水産省 農林水産技術会議（2009）広域回遊魚類（ウナギ・マグロ）の完全養殖技術開発. 農林水産研究開発レポート No. 26. 農林水産技術会議事務局，東京.

熊井英水・有元操・小野征一郎（2011）クロマグロ養殖業：技術開発と事業展開. 恒星社厚生閣，東京.

藤田大介・高橋正征（2006）海洋深層水利用学：基礎から応用・実践まで. 成山堂書店，東京.

Árnason, E., Hernandez, U. B. & Kristinsson, K.（2009）Intense habitat-specific fisheries-induced selection at the molecular Pan I locus predicts imminent collapse of a major cod fishery. PLoS ONE，4，e5529.

Baskett, M. L., Nisbet, R. M., Kappel, C. V. et al.（2010）Conservation management approaches to protecting the capacity for corals to respond to climate change：a theoretical comparison. Global Change Biology，16，1229-1246.

Boyd, P. W., Jickells, T., Law, C. S. et al.（2007）Mesoscale iron enrichment experiments 1993-2005：Synthesis and future directions. Science，315，612-617.

Buddemeier, R. W. & Fautin, D. G.（1993）Coral bleaching as an adaptive mechanism. BioScience，43，320-326.

Buddemeier, R. W., Kleypas, J. A. & Aronson, B.（2004）Coral Reefs & Global Climate Change: Potential Contributions of Climate Change to Stresses on Coral Reef Ecosystems. The Pew Center on Global Climate Change，Arlington，VA.

Campbell, M. L.（2002）Getting the foundation right: A scientifically based management framework to aid in the planning and implementation of seagrass transplant efforts. Bulletin of Marine Science，71，1405-1414.

Cheung, W. W. L., Lam, V. W. Y., Sarmiento, J. L. et al.（2009）Projecting global marine biodiversity impacts under climate change scenarios. Fish and Fisheries，10，235-251.

Chopin, T.（2006）Integrated multi-trophic aquaculture. Northern Aquaculture，12，4.

Chopin, T. (2010) Integrated multi-trophic aquaculture. *In*: Advancing the Aquaculture Agenda: Workshop Proceedings (OECD, ed.), pp. 195-217. OECD Publishing.

Conover, D. O. & Munch, S. B. (2002) Sustaining fisheries yields over evolutionary time scales. Science, 297, 94-96.

Costanza, R., d'Arge, R., de Groot, R. et al. (1997) The value of the world's ecosystem services and natural capital. Nature, 387, 253-260.

Dieckmann, U. & Heino, M. (2007) Probabilistic maturation reaction norms: Their history, strengths, and limitations. Marine Ecology Progress Series, 335, 253-269.

Donato, D. C., Kauffman, J. B., Murdiyarso, D. et al. (2011) Mangroves among the most carbon-rich forests in the tropics. Nature Geoscience, 4, 293-297.

Duarte, C. M. (2000) Marine biodiversity and ecosystem services: an elusive link. Journal of Experimental Marine Biology and Ecology, 250, 117-131.

Estes, J. A., Tinker, M. T., Williams, T. M. et al. (1998) Killer whale predation on sea otters linking oceanic and nearshore ecosystems. Science, 282, 473-476.

FAO Fisheries Department (2010) The State of the World Fisheries and Aquaculture 2010. FAO, Rome.

Guzman, H. M. & Cortes, J. (2001) Changes in reef community structure after fifteen years of natural disturbances in the eastern Pacific (Costa Rica) . Bulletin of Marine Science, 69, 133-149.

Hart, M. W. & Scheibling, R. E. (1988) Heat waves, baby booms, and the destruction of kelp beds by sea urchins. Marine Biology, 99, 167-176.

Heino, M., Dieckmann, U. & Godø, O. R. (2002) Measuring probabilistic reaction norms for age and size and maturation. Evolution, 56, 669-678.

Hughes, A. R. & Stachowicz, J. J. (2004) Genetic diversity enhances the resistance of a seagrass ecosystem to disturbance. Proceedings of the National Academy of Sciences USA, 101, 8998-9002.

Jennerjahn, T. C. & Ittekkot, V. (2002) Relevance of mangroves for the production and deposition of organic matter along tropical continental margins. Naturwissenschaften, 89, 23-30.

Jones, A. M., Berkelmans, R., van Oppen, M. J. H. et al. (2008) A community change in the algal endosymbionts of a scleractinian coral following a natural bleaching event: field evidence of acclimatization. Proceedings of the Royal Society B, 275, 1359-1365.

Katsukawa, T. & Matsuda, H. (2003) Simulated effects of target switching on yield and sustainability of fish stocks. Fisheries Research, 60, 515-525.

Kawasaki, T. (1983) Why do some pelagic fishes have wide fluctuations in their numbers? FAO Fisheries Report, 291, 1065-1080.

Lebel, L., Anderies, J. M., Campbell, B. et al. (2006) Governance and the capacity to manage resilience in regional social-ecological systems. Ecology and Society, 11, 19.

MA (Millennium Ecosystem Assessment) (2005) Ecosystems and Human Well-being: Synthesis. Island Press, Washington DC.

MacCall, A. D. (2002) Fishery-management and stock-rebuilding prospects under conditions of low-frequency environmental variability and species interactions. Bulletin of Marine Science, 70, 613-628.

McCook, L. J., Ayling, T., Cappo, M. et al. (2010) Adaptive management of the Great Barrier Reef: a globally significant demonstration of the benefits of a network of marine reserves. Proceedings of the National Academy of Sciences USA, 107, 18278-18285.

Mieog, J. C., van Oppen, M. J. H., Cantin, N. E. et al. (2007) Real-time PCR reveals a high incidence of Symbiodinium clade D at low levels in four scleractinian corals across the Great Barrier Reef: implications for symbiont shuffling.

Coral Reefs，26，449-457.

Mora，C.，Andrefouet，S.，Costello M. J. et al. (2006) Coral reefs and the global network of marine protected areas. Science，312，1750-1751.

Mumby，P. J. & Steneck，R. S. (2008) Coral reef management and conservation in light of rapidly evolving ecological paradigms. Trends in Ecology and Evolution，23，555-563.

Oliver，T. A. & Palumbi，S. R. (2009) Distributions of stress-resistant coral symbionts match environmental patterns at local but not regional scales. Marine Ecology Progress Series，378，93-103.

Orr，J. C.，Fabry，B. J.，Aumont，O. et al. (2005) Anthropogenic ocean acidification over the twenty-first century and its impact on calcifying organisms. Nature，437，681-686.

Perry，A. L.，Low，P. J.，Ellis，J. R. et al. (2005) Climate change and distribution shifts in marine fishes. Science，308，1912-1915.

Pochon，X. & Gates，R. D. (2010) A new *Symbiodinium clade* (Dinophyceae) from soritid foraminifera in Hawaii. Molecular Phylogenetics and Evolution，56，492-497.

Reusch，T. B. H.，Ehlers，A.，Hämmerli，A. et al. (2005) Ecosystem recovery after climatic extremes enhanced by genotypic diversity. Proceedings of the National Academy of Sciences USA，102，2826-2831.

Schmittner，A. (2005) Decline of the marine ecosystem caused by a reduction in the Atlantic overturning circulation. Nature，434，628-633.

Short，F. T.，Davis，R. C.，Kopp，B. S. et al. (2002) Site-selection model for optimal transplantation of eelgrass *Zostera marina* in the northeastern US. Marine Ecology Progress Series，227，253-267.

TEEB (2010) The Economics of Ecosystems and Biodiversity: Mainstreaming the Economics of Nature: A synthesis of the Approach，Conclusions and Recommendations of TEEB.

Taniguchi，K.，Kurata，K.，Maruzoi，T. et al. (1994) Dibromomethane，a chemical inducer of larval settlement and metamorphosis of the sea urchin *Strongylocentrotus nudus*. Fisheries Science，60，795-796.

Uthicke，S.，Schaffelke，B. & Byrne，M. (2009) A boom-bust phylum? Ecological and evolutionary consequences of density variations in echinoderms. Ecological Monographs，79，3-24.

Walters，C. J. & Parma，A. M. (1996) Fixed exploitation rate strategies for coping with effects of climate change. Canadian Journal of Fisheries and Aquatic Sciences，53，148-158.

Waycott，M.，Duarte，C. M.，Carruthers，T. J. B. et al. (2009) Accelerating loss of seagrasses across the globe threatens coastal ecosystems. Proceedings of the National Academy of Sciences USA，106，12377-12381.

Williams，S. L. (2001) Reduced genetic diversity in eelgrass transplantations affects both population growth and individual fitness. Ecological Applications，11，1472-1488.

第三章

适应型技术应用于可持续农业的可能性

| 原著：富松 裕；译者：李伟·杨永川 |

传统农业基本上是通过种植品种单一农作物并施加化学农药和化学肥料以维持高生产力。然而，传统农业除消耗大量能源外，还可能导致部分资源枯竭，并且大规模的农田开发对害虫天敌及授粉昆虫都会产生影响。气候变化还可能威胁未来粮食生产。本章从混种多种作物以减少疾病灾害；管理周边景观以防治虫害和促进授粉；促进以磷为重点的营养盐循环；转变种植作物及品种以应对气候变化等方面，阐述以适应型技术为核心的农业发展新方向。

第一节 引 言

现代农业严重依赖农药和化肥，通过发展单一栽培（单种栽培，monoculture）集约农业，维持高生产力。但如果不使用农药和化肥，就无法实现所谓的"绿色革命"。然而，农药和化肥的化学合成需要消耗大量化石燃料。此外，作为原料的一种矿产资源——磷，在不久的将来可能被耗尽。选择高产作物和品种，通过简便化种植和机械化耕作，发展规模化生产，在粮食增产中发挥了重要作用。目前，小麦、玉米、水稻、大豆和大麦这5种作物耕种面积占全世界农业总面积的45%以上（FAO 2011），并且某些作物品种已被广泛用于单一栽培。

在单一栽培中，高密度种植同一作物和品种容易导致虫害暴发（Elton 1958；Andow 1991）。施用农药可有效防治害虫和病原体；但如果害虫获得了药物抗性，害虫天敌也会被农药消灭，施用农药往往会使问题变得更加严重。此外，如果大量施用农药，大规模开发农田，将会导致生物多样性降低，阻碍昆虫授粉和微生物介导的土壤形成，损害农业生态系统的基本功能和调整功能（Tilman 1999）。

此外，近来的气候变化，不仅导致平均气温上升，而且大大增加了暴雨和热浪频发的不确定性，对粮食生产的影响令人忧虑（IPCC 2007）。为了农业的长期可持续发展，有必要采取减少能源消耗、停止不可持续资源的投入以及应对气候变化等相关重点措施。本章将从害虫防治、花粉传播、营养盐循环、气候变化 4 个方面，阐述当前农业面临的问题，并以适应型技术为重点阐述实施新措施的可能性。

第二节　病害和作物品种的多样性

根据流行病学理论，病原体越容易遇到宿主（host），病害传播就越快。也就是说，在单一栽培中高密度种植同一作物品种时，一旦其中某部分被病原体感染，就会导致病害的快速暴发。不同作物品种具有不同的抗病能力，人类在古代就已开发出抗病作物品种。然而，自 1950 年以来，谷物即便引入新品种，不久之后耐性菌也会出现，从而不断地进行这种"猫鼠游戏"。1960 年左右，香蕉的大部分出口贸易都是单一品种，但香蕉巴拿马病的暴发迫使其转变为新的抗病品种（Ploetz 2000）。

已经广泛种植的许多作物尽管都是单一遗传系谱，但是通过混种具有不同抗病性的多个品种，可以抑制病害的发生。如果混种多个品种的小麦，可以提高产量，这是自达尔文时代起就已知的事实（Darwin 1872；Kiær et al. 2009）。随后，人们发现混种对锈病和白粉病敏感性不同的品种时，病害会受到抑制并且产量大大提高（Mundt 2002）。

稻瘟病易在夏季气温低和长时间连续降雨时暴发，经常导致水稻歉收。在中国云南，将易感稻瘟病的粳米品种（敏感品种）与抗病性的糯稻品种（抗性品种）混种，在超过 3000 hm² 的土地上进行了大规模的试验（Zhu et al. 2000）。结果表明，与不混种的相比，敏感品种的病害被抑制了 94%；与每个品种的单一栽培相比，总产量增加了 17%（图 3-1）。而且该种植方法无须使用杀菌剂；数年后，其应用规模已经扩大到 100 万 hm²（Zhu et al. 2005）。

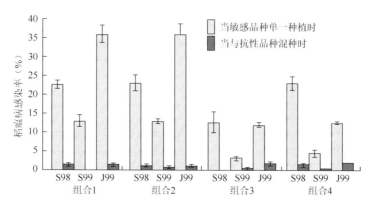

图 3-1　中国云南三县（S98、S99 和 J99）水稻混作试验（Zhu et al. 2000）。敏感品种单独种植时及与抗性品种混种时，稻瘟病的感染率。当与抗性品种混种时，稻瘟病被极大抑制。实验包括不同品种的 4 种组合方式。误差条表示±1 标准偏差。经 Nature Publishing 许可转载。

　　混种可以抑制病害，原因可能有以下几种（Mundt 2002；Keesing et al. 2010）：一是与抗性品种混种时，敏感品种的密度降低，抗性品种成为物理的"墙"，阻止病害扩散［稀释效应（dilution effect）］。二是植物在与非致病性病菌接触时，会引起细胞的急速破裂，产生植物抗毒素和活性氧等抗菌物质，具有抵抗致病病原体的特性［诱导抗性（induced resistance）］。因此，对于抗性品种，与非致病菌预先接触会增强其免疫力。三是混种可能使病原体在不断变化的环境条件下难以传播。在前述云南省的稻田中，混种稻田的湿度较低，被认为是稻瘟病难以传播的原因之一（Zhu et al. 2005）。四是病原体进化如此之快，以至于一旦种植了特定的抗性品种，致病的病原体就会很快出现。道理就如同当连续使用相同的抗生素（如甲氧西林）时，很容易出现对该药物具有抗药性的耐性菌（如耐甲氧西林金黄色葡萄球菌）。植物和病原体之间的关系，取决于植物抗性基因和病原体病原基因之间的组合［基因对基因学说（gene-for-gene theory）；图 3-2］。尽管病原体不能感染抗性作物品种，但通常可以通过突变而具备感染能力，即出现耐性菌。如果仅种植抗性品种，耐性菌将具备较大相对优势，进化速度大大加快（Mundt 2002）。此外，如果仅种植具有多个抗性基因位点的品种（多重抗性品种），由于可感染任何抗性品种的病原菌（超级物种）的普遍存在，之前有效的抗性品种将失效。因此，有必要进行特定抗性品种和多重抗性品种的低比例混种（Ohtsuki & Sasaki 2006；大槻 2008）。

		植物基因型	
		RR或Rr	rr
病原体基因型	AA或Aa	不致病（非亲和性）	致病（亲和性）
	aa	致病（亲和性）	致病（亲和性）

图 3-2　基因对基因学说（gene-for-gene theory）解释植物与病原体之间的关系。当植物获得抗性基因（RR 或 Rr）时，它们不会被无毒力的病原体（AA 或 Aa）感染。然而，当病原体获得毒力（aa）后，植物就会被感染。植物抗性基因（R）是显性的，并且纯合子（RR）和杂合子（Rr）对病原体有相同反应。相反，病原体的毒性基因（a）是隐性的，除非是纯合的（aa），否则不会感染抗性植物。在植物病害田间管理中，显示致病性的基因（a）不会得以传播。

　　在中国云南省，将不同品种的糯米和粳米混种，由于收获采用人工收割，很容易对它们进行分类。但是，在高度机械化和老龄化的日本，难以采用相同的水稻栽培方法，而种植抗性基因不同而其他性状相同的水稻品种［多线品种（multiline）］，已经投入实际应用。在日本新潟县，以传统的越光水稻为母本、抗性品种为父本，开发了一系列与越光水稻味道和花期等相同的多线品种；基于每年病原体的暴发情况，可采用不同多线品种的比例混合栽培（新潟县 2008）。对于其他作物，也可通过多品种混种来抑制病害发生。

近来通过拟南芥等模式植物和野生植物实验研究，表明即使不涉及病害，作物遗传多样性越高，则产量也越高（Kotowska et al. 2010）。关于多品种混种的优点，还有很多问题尚待解决。

第三节　虫害、授粉和景观管理

利用害虫的天敌来减少害虫对农作物的损害，该技术称作生物控制法（biological control）。在自然环境中，蚜虫等害虫的捕食昆虫（如瓢虫）和寄生昆虫（如寄生蜂）可充当天敌，而害虫的数量，受其与天敌间种群关系的控制。基于此，引入天敌昆虫代替杀虫剂使用的害虫控制方法正被广泛应用，主要应用于温室园艺。即使在户外农田，也可以通过增强土著天敌（天然存在的天敌昆虫）控害能力来进行虫害防治。然而，许多农田环境并不适合害虫天敌生活（Landis et al. 2000）。为了维持天敌群体，当作为食饵的害虫减少时，需要添加替代性的食饵。此外，一些食蚜蝇科昆虫，在幼虫期以蚜虫为食，但成熟以后需要花粉和花蜜。

近年来，农田周围的自然植被向害虫天敌提供栖息地和食饵资源，显著提高害虫天敌的活动能力。一些重要的害虫天敌，当从农田无法获取食饵时会从周边自然植被中获取食饵，且喜好将森林等自然环境作为栖息地或休眠地。此外，农田耕作时，非农业土地将成为害虫天敌的一个避难所（隐藏地）。从 1998 年左右开始，日本的宫城县和山形县就将水稻与培育的大豆作物一起轮作种植。然而，随着种植面积的迅速增加，茄无网蚜（*Aulachothum solani*）虫害大范围暴发（小野·城所 2009）。这种害虫在大豆生长后期的个体数量增加，从而降低了大豆的产量和质量。在产生茄无网蚜的田地中，中心区域的受损程度大于周边区域。可能是周围天然植被的蚜虫天敌移动，使得蚜虫的数量受到抑制（小野·城所 2009）。

如果自然植被丧失，变成仅由农田构成的简单景观（土地利用），预计虫害将会增加［图 3-3（a）和（b）］。在德国进行的甘蓝型油菜（*Brassica napus*）试验中，农田占地面积越大，天敌寄生引起的害虫死亡率就越低，害虫对甘蓝型油菜的啃噬也越严重［图 3-3（c）和（d）；Thies et al. 2003］。对美国中西部 7 个州的分析结果表明，农田占比大的简单景观地区，蚜虫有高密度为害的趋势，杀虫剂的使用量也有增加趋势［图 3-3（e）和（f）；Meehan et al. 2011］。因此，通过适当的自然植被配置来进行景观管理，可有效地防治虫害（Bianchi et al. 2006）。

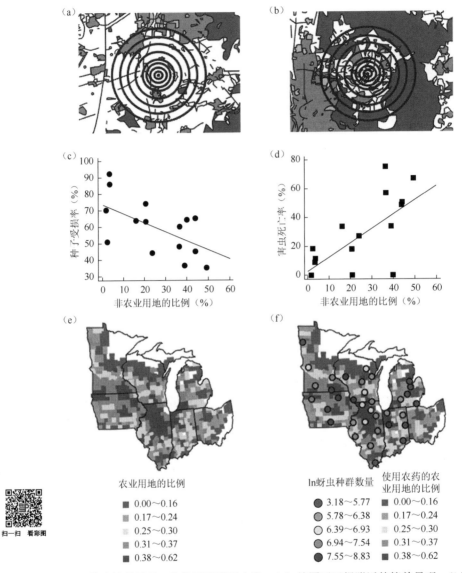

图 3-3　农田作为简单景观，往往更易遭受虫害。（a）德国哥廷根附近的简单景观；（b）复杂景观（Tscharntke et al. 2007）。白色部分为农田，黑色和灰色部分为非农田。（c）、（d）在德国 15 个地区的甘蓝型油菜实验中，1.5 km 范围内非农业用地占比越低，甘蓝型油菜的种子受损率就越高，天敌寄生所导致的害虫死亡率就越低（Thies et al. 2003）。这里的害虫是叶甲科甲虫（*Meligethes aeneus*）；姬蜂科的寄生蜂作为其天敌，在寄主（害虫）的幼虫中产卵，并在其体内生长，最终杀死宿主。（e）、（f）对美国中西部七个州的分析表明，农业用地占比越大的地区，蚜虫的密度越高，杀虫剂使用量就越大（Meehan et al. 2011）。（f）中观察到的蚜虫种群数量以自然对数表示。（a）、（b）经 Elsevier，（c）、（d）经 The Royal Society，（e）、（f）经 The National Academy of Sciences USA 许可转载。

　　然而，很少有研究检验这些景观特征对虫害和作物产量的影响，其效果尚不明确。在德国北部的麦田，周围的自然植被同时增强了天敌和害虫的活动性，无论是简单的还是复杂的景观，都没有改变害虫的密度（Thies et al. 2005）。水稻害虫中的椿象类，会吮吸米粒（稻谷）汁液导致米粒变色（斑点米），降低稻米的商业价值。在日本宫城县有机稻田的周围，休耕地越多，椿象的种群密度就越高（Takada et al. 2012）。换言之，椿象可能来源于休耕地上生长的禾本科杂草。如上所述，天敌昆虫乃至害虫都受到周围景观的影响，有必要从害虫和天敌两方面验证景观管理的有效性。

　　周围的自然植被不仅是害虫天敌昆虫也是作物授粉昆虫的栖息地。目前，世界上人类消耗粮食的35%来自被动物授粉的农作物（Klein et al. 2007）。同许多苹果和梨一样，很少有作物在无授粉昆虫（polinator）授粉情况下，完全不产生果实和种子。但是很多作物在昆虫授粉作用不足时，产量和质量会受到影响，如茄子、番茄、甜瓜、草莓、咖啡等。受昆虫授粉影响的物种数约占总作物种数的70%。在日本，西洋蜜蜂、大黄蜂和角额壁蜂被广泛应用于作物授粉。但近年来，不仅野生授粉昆虫，甚至人工饲养的蜜蜂都在不断减少，引发的授粉质量下降可能会影响作物生产。蜜蜂是主要的授粉昆虫，通常在非农业土地上筑巢，并依赖多样化的花卉资源生存。

　　与害虫天敌一样，野生授粉昆虫的授粉往往受与自然植被距离的影响。在哥斯达黎加的咖啡农场，靠近森林的区域蜜蜂种类更多，产量比距离森林 1 km 以上的区域高20%（Ricketts et al. 2004）。在美国加利福尼亚州的西瓜田，自然植被占周围环境面积的比例越高，蜜蜂的种数就越多，西瓜的授粉效率也就越高（Kremen et al. 2004；Winfree & Kremen 2009）。对日本茨城县荞麦田日本蜜蜂的调查研究表明，在天然落叶阔叶林附近有很多日本蜜蜂，而在雪松和柏树的人造林中则无此现象（Taki et al. 2011）。阔叶林或许可以提供更多的筑巢地和食物（花）资源。相似结果也多有报道，利用 16 种作物进行 23 次验证后的分析结果表明，授粉昆虫种群数量和访花频率随着其与自然植被距离的增加而急剧减少（图 3-4；Ricketts et al. 2008）。

　　适当配置自然植被增强天敌昆虫和授粉昆虫活动，此种景观管理可应用于多种空间尺度。景观管理的效果取决于其应用的空间尺度。Griffths 等（2008）针对实施的新管理方法的成本和收益，提出了三种情景。第一，收益的大小不依赖于适用规模［图 3-5（a）］。在这种情况下，农民引入某种普及性高的新型管理方法的意愿比较强烈。第二，随着适用规模的增加，收益会达到饱和［图 3-5（b）］。例如，在实施管理的区域，本地天敌昆虫聚集，预计产生较好的害虫防治效果。当少数农民小范围实施这样的防治措施时，由于天敌昆虫高度聚集，害虫防治效果也十分可观。但是，如果实施地域较大，由于天敌昆虫有限，无法覆盖整个区域，虫害的防治效果将会减弱。第三，随着适用规模的增加，收益急剧上升 [图 3-5（c）]。具有来说，就是新的管理方法应用于小范围区域时，效果不佳；但随着规模的扩大，天敌昆虫呈现出明显增势并开始呈现防治效果。在这种情况下，若无相关制度或鼓励措施促进大规模应用，新型管理方法难以推广应用。因此，有必要探讨栖息地和景观管理有效运作的空间尺度。

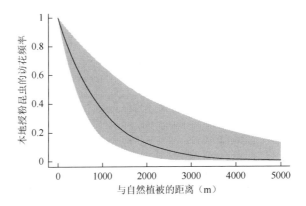

图 3-4　自然植被距离与授粉昆虫对花访问频率之间的关系（Ricketts et al. 2008）。分析结果基于现有文献（$n = 22$）估算，灰色部分表示 90% 置信区间。如果与自然植被的距离为 668 m，则访花频率将减半。经 John Wiley & Sons 许可转载。

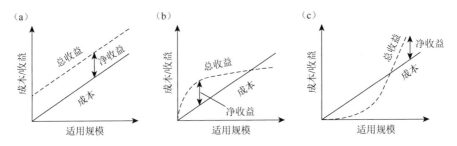

图 3-5　生物防治方法的适用空间尺度及其成本和收益的三种情景模式（Griffths et al. 2008）。（a）当生物防治的净收益恒定时，与该方法的适用规模无关；（b）尺度较小，净收益为正；（c）与之相反，尺度较大时，净收益为正。在（c）的情景下，对个体农民小规模引入生物防治方法的激励力度较小。经 Elsevier 许可转载。

第四节　营养盐循环的恢复

　　为了增加农作物产量，必须施加化肥以提供土壤中通常不足的氮、磷、钾等营养盐。在自然生态系统中，枯枝落叶、动物尸体等在土壤动物和细菌作用下分解，营养物质再度被植物吸收，这一过程使得营养盐在相对狭窄的空间范围内循环。同样，在农业生态系统中，人类和动物的粪尿等有机废物长期以来一直被用作肥料，实现了该区域的营养盐循环。但是，自工业革命以来，由于城市化和下水道的普及，以及食品的长距离输移，粪尿中所含营养物质大部分被释放到周围河流湖泊中而不再返回农田。在现代农业中，农耕地中损失的营养物质通过施加化肥进行补充，以维持生产力。但是，肥料的化学合成需要消耗大量能源。氮肥的工业合成方法——哈柏法的反应条件需要高温高压。日本的水稻种植中，总能源消耗的约30%与化肥的生产和使用有关（Pimentel & Pimentel 2008）。此外，肥料的过量使用会引起湖泊和海域的富营养化，引发严重的环境问题，如蓝藻（蓝细菌）的大量增殖等。

与此同时，世界磷酸盐资源可能在不久的将来枯竭。作为磷肥原料的磷酸盐矿石，预计最快会在50~100年耗尽，磷酸盐产量将在2030年左右减少（Cordell et al. 2009；Gilbert 2009）。拥有世界最大磷矿石储量的中国，多次对磷肥征收高出口关税以满足国内需求，预计今后的化肥价格将会持续上涨。此外，世界上约有30%的农业用地仍缺乏磷（MacDonald et al. 2011），这也是撒哈拉以南的非洲地区一直严重贫困的原因之一（Vitousek et al. 2009）。全球人口预计将继续增长，毫无疑问，磷的需求将进一步增加。磷是生命中不可或缺的元素，即便其他元素充足，仅缺乏磷元素也会阻碍植物的生长（李比希的"最小养分律"）。磷是一种难以替代的资源，其作用无法通过其他元素来弥补。因此，减少化肥使用的重要性不言而喻；若不加强营养盐特别是磷的再利用，粮食生产就无法长久维持下去。

图3-6表示了以人类为中心的磷资源循环周期（Childers et al. 2011）。虽然农业用磷的一部分可通过堆肥等得以再利用，但大部分磷被释放到了自然环境中。而且，磷在各个过程中存在损失。例如，在很多地区，磷肥的施用量超过了需求量，农田径流是造成损失的元素之一［图3-6（d）］。近年来，发达国家认识到过去滥用化肥的错误，并削减施肥量；但中国等发展中国家化肥施用量很大（Ju et al. 2009）。作物收获后，在加工和流通过程中损失了将近一半的磷［图3-6（e）和（f）；Cordell et al. 2009］。因此，为了实现高效营养盐循环，需要采取多方面的措施：①减少肥料使用，防止磷从农田中流失；②减少食品加工和流通过程中的损失；③回收和再利用人和牲畜的粪尿及餐厨废弃物中的磷。此外，世界上有75%的农业用地用于牲畜养殖（Foley et al. 2011），以肉类为中心的饮食结构比以蔬菜为中心的饮食结构需要更多的磷。可以通过重构饮食习惯，来减少对营养盐的需求（Cordell et al. 2009；Childers et al. 2011）。

如果多年持续施肥导致营养盐在土壤中积累，或许可以采取控制施肥量的措施。日本常见的腐殖火山灰土中，磷易被火山灰中的铝固定，施加的大部分磷肥无法被作物吸收而是积累在土壤中。与植物根系共生的真菌及其制造的"菌根"能够利用土壤中的这部分磷，有研究尝试借助这一方式降低肥料的使用（斋藤

2011)。产生菌根的菌类称为菌根真菌（mycorrhizal fungi；图 3-7），它在植物生长尤其是磷的吸收中发挥着重要作用。菌根真菌可分解植物难以利用的复杂有机磷，而且可借助其在土壤中伸展的菌丝体促进磷的吸收（山下·大园 2011）。基于此，与植物具有最广泛共生关系的丛枝菌根真菌的孢子常被用作农业和园艺材料。

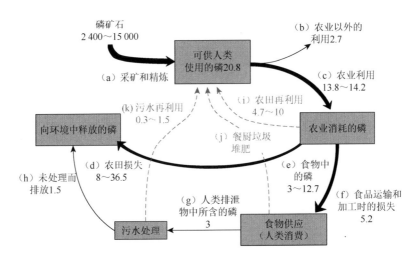

图 3-6　人类利用磷资源的循环（根据 Childers et al. 2011 绘制）。红色虚线代表磷资源可持续利用的主要过程。由于文献中报道的差异很大，数字仅代表磷资源的估算值。"农田再利用"包括作物残渣和牲畜粪尿的回收利用。单位为兆吨/年。

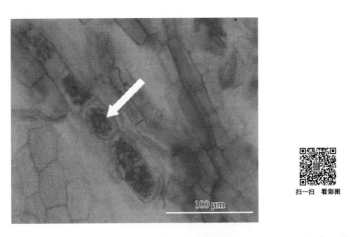

图 3-7　丛枝菌根真菌。菌丝体在土壤中扩散并渗透到植物根部的细胞中，形成名为"丛枝"（arbuscule；箭头部分）的结构（照片由九石太树氏提供）。

但是，菌根真菌具有遗传多样性，同一菌种的接种效率显著不同，取决于菌株和目标植物的组合（Koch et al. 2006）。Angelard 等（2010）发现，一种丛枝菌

根真菌 *Glomus intraradices* 杂交培育出的（遗传学上新的）菌株，使水稻生长增加了 5 倍。尽管机理尚不明晰，通过杂交产生的其他菌株对水稻没有影响，却促进了其他植物的生长。直到最近，人们才认为菌根真菌是无性繁殖且不发生基因交换。Angelard 等的研究表明，为特定作物寻找合适的菌株，可能会节省大量磷酸盐类肥料。此外，近年来报道了丛枝菌根真菌分泌的脂壳寡糖能够诱导形成菌根，有望应用于农业生产（Maillet et al. 2011）。

磷酸盐再利用主要有三种方法：餐余垃圾堆肥、农田（包括可收获以外部分的废弃物和畜禽粪尿）再利用及污水再利用 [图 3-6（i）～（k）]。其中，从污水中回收磷，当前备受人们关注。日本岐阜市与私营公司（Metawater）合作开发了一种从污泥焚烧灰中回收磷酸盐的技术[①]。在美国，50%以上的生活污水厂污泥被重新用作肥料，但由于污水中混入了工业废水，有人指出其中含有的病菌和化学物质会对人体健康造成危害（George 2008）。因此，近年来瑞士和荷兰已禁止污泥扩散。由于人体排泄的大部分磷酸盐都存于尿液中，而尿液是无菌的，如果单独收集尿液，就可以避免病菌污染的问题。在瑞典，至少有 135 000 个可分别收集尿液和粪便的分离型厕所已投入使用（Kvarnström et al. 2006）。有两个城市规定市政部门有义务安装分离型厕所，将收集的尿液储存于家庭或社区的污水罐中，用于液体肥料。

第五节　气候变化下的作物生产

联合国政府间气候变化专门委员会（IPCC）根据温室气体等的具体排放情景，推算 1990～2100 年全球平均气温将上升 1.4～6.4℃（IPCC 2007）。如果温度上升 1～2℃，全球粮食产量可能会增加；但如果超过 3℃，预计产量会减少（图 3-8）。

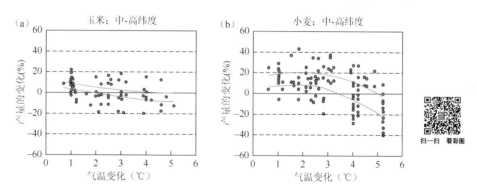

图 3-8　气候变化引起粮食产量变化（IPCC 2007）。红色圆圈代表无适应策略，绿色圆圈代表有适应策略。相对应的，红线代表无适应策略时的趋势，绿线代表有适应策略时的趋势。经 IPCC 许可转载。

---

① （日本）土地、基础设施、运输和旅游部：污水处理技术开发项目。

而很多地区的降水会增加，而中亚等一些地区干旱会进一步加剧。此外，温度和降水的年际波动会增加，洪水、干旱和热浪等极端天气也会增加，这都可能影响粮食生产的稳定性（Schmidhuber & Tubiello 2007）。例如，全球变暖伴随的高温会引起水稻不育，可能会影响水稻的产量（松井 2009）。喜好凉爽气候的露地蔬菜如莴苣等，会出现抽薹增加（通过花茎拉伸而损害品质）等各种不良症状（杉浦等 2006）。

应对气候变化的措施包括：削减温室气体排放以减缓气候变化的缓解策略（mitigation），以及采用适应型农业生态系统以减轻气候变化影响的适应策略（adaptation）[1]。世界温室气体排放量的 13.5% 源自农业活动，尽管有必要尽可能地采取气候变化缓解策略，但其效果反映到气候系统则需要相当长的时间（McIntyre et al. 2009）。由于气候的变化进程已无可避免，因此气候变化适应策略也须一同实施。植物在环境变化中，通过发芽和生长时间自身调节或通过适应进化而存活。再者，通过其他适应生长的物种替换现有物种，来维持群落的生产力。当然，由于农场中作物从种植到收获都受到管理，人类不得不采取同样的应对措施。换言之，有必要根据气候变化条件调整种植和收获时间，并转向其他品种和作物的种植（McIntyre et al. 2009）。

遗传多样性是改良育种之"源"，因为它是适应进化的"源"。但是，由于传统育种是作物品种杂交优选的结果，目前种植的主要作物仅占该物种固有遗传多样性的一小部分。例如，在北美洲，以玉米根为食的一种叶甲虫已发展成严重的虫害。当玉米被甲虫啃食时，玉米会从根部释放出某种挥发性物质（倍半萜烯）来吸引甲虫的天敌——线虫。但是，在北美洲种植的很多玉米品种却没有合成此种物质（Rasmann et al. 2005）。由于在野生近缘种中检测到了该挥发性物质，因此在长期的育种过程中玉米对该物质的合成能力可能已经丧失。

自古开始栽培的品种和野生近缘种的多样性，近年来已作为遗传资源引起了人们的关注（Hajjar & Hodgkin 2007；Feuillet et al. 2008）。迄今为止，已不断从野生近缘种中引入了有用农艺性状，其中许多与害虫抗性有关（Hajjar & Hodgkin 2007）。今后有必要培育新的品种，重点应对高温、干燥和洪水等环境压力的响应。

例如，主要用作意大利面原料的硬粒小麦（*Triticum durum*），通过与起源中东的祖先种（*T. tauschii*）杂交，培育出了比先前更耐旱的新品种（Reynolds et al. 2007）。干旱时，该品种根部能向土壤深处延伸，从而能够保持产量。此外，对迄今为止在墨西哥种植的小麦品种进行研究，发现其中许多品种也同样具有较高的

---

① "减缓策略"和"适应策略"主要是用作应对气候变化措施的术语。请注意与本书所使用的"适应型技术"的区别。

耐旱性。小麦是大约 500 年前由西班牙拓荒者引入墨西哥的，可能从那时起小麦就已具备耐旱性。

　　已发现东南亚和南美洲种植的水稻对洪水具有适应能力（Hattori et al. 2011）。在暴雨引发突发性洪水的许多地区，水稻通过抑制生长和减少能量消耗来抵抗淹水。此外，在一些洪水肆虐地区，几个月雨季使得水位可达数米，而水稻在洪水消退时间节点间快速生长，使叶子伸出水面以获得耐淹性。耐水淹的稻米产量较低，将耐淹遗传性状引入高产品种中，即使在洪水泛滥的地区，也可能获得高产量。为了可持续地利用那些未被开发的基因资源[①]，应尽力收集和保存栽培物种及其近缘种，加强野生物种的就地保护（*in-situ* conservation），尽可能地保护遗传资源。

　　杂交育种就是将具有有用性状的近缘种与常规种植品种（亲本品种）进行杂交。具有有用性状的近缘种，通常在产量和质量上表现较差，而且杂交后也会遗传一些不是人们所期望的性状。因此，必须将杂交产生的后代再次与亲本品种杂交（称为"回交"），来去除这些不利性状。换言之，即仅将有用基因集中到新品种上。然而，回交必须进行大规模培养且与亲本品种反复杂交，需要耗费大量精力和时间（5～10 年）才能从产生的后代中筛选出那些具有有用性状的物种（Collard & Mackill 2008）。

　　为了解决上述问题，通过使用与目标性状基因连锁的碱基序列作为标记，可以缩短育种时间并节省劳动力（Collard & Mackill 2008）。这种 DNA 标记辅助选择（marker-assisted selection），可以相对准确、快速地从杂交后代中选择具有有用性状的品种。此外，基因工程技术有可能只引入有用的基因，而这些功能基因可从其他无法进行杂交的品种获得。虽然新生物技术的有效性还存在争议，但有望建立能够适应气候条件品种的快速开发技术（概念扩展 3-1）。

　　在草原中，植物的物种多样性越高，则产量（初级生产）就越高；并且年份生产波动受到抑制，稳定性增加（Tilman et al. 2006）。多样性是提高产量稳定性的机制之一，即保险假说（insurance hypothesis；见第一章）。不同物种对环境变化的响应不同，可通过抵消彼此间对初级生产力的影响以保持产量稳定。换言之，降水量少的年份，抗旱物种的产量高；温度高的年份，耐高温的物种生长良好，因此具有相互补充产量的效果。为了发挥这种机制的作用，必须包含对环境变化有不同响应的多种物种（响应多样性 response diversity；Elmqvist et al. 2003）。许多作物是单一栽培（monoculture）的，但就牧草和饲料作物而言，经常是多种植物混种。通过优化物种组合，可以获得更加稳定的产量。

---

①　日本的农业生物资源基因库。

概念扩展 3-1：转基因作物

自 1995 年起，转基因（GM）作物开始商业化利用，截至 2010 年已在全球 29 个国家种植，其面积已扩大至 1.48 亿 hm^2（James 2010）。美国、巴西、阿根廷、印度和加拿大 5 个国家的种植面积已达 90% 以上，集中度非常高。日本进口了大量国外转基因作物用作饲料和加工食品。此外，对 12 个国家以农民为对象的调查结果表明，除少数外，转基因作物在产量和利润方面都表现不错（Carpenter 2010）。

另外，关于转基因技术对气候变化的有效性，还存在一些疑问。首先，耐受干旱等环境胁迫的转基因作物几乎没有投入实际应用。迄今为止应用较多的是对虫害和疾病有抵抗性的转基因作物，可通过引入少量基因来获得所需特性。但是，与环境胁迫相关的特性一般都涉及大量基因。包括水稻在内的许多作物的基因组序列已被解码，并且基因功能阐明的相关研究也在迅速推进。但是，转基因技术多大程度上可以满足与气候变化相关新品种的开发需求，某些方面尚不清楚（Sinclair et al. 2004）。此外，如果在田间种植转基因作物，基因将通过杂交渗入近缘种的野生植物，野生种会成为恶性杂草，存在生态风险（芝池・松尾 2007）。还有人怀疑转基因作物可能会影响人类健康，特别是日本和欧洲对转基因作物的疑虑很大。有必要推进转基因技术有效性和风险的科学研究和技术发展，同时就使用转基因技术与否形成社会共识。

第六节 结 语

现代农业大规模种植人类需求的作物，并施加大量化肥和农药以提高生产力。但是，农业过度集约化，容易导致病虫害暴发、授粉效果降低、营养盐污染、外部资源枯竭、品种改良过程中有用性状丧失等，因此需要权衡其利弊。根据推算，粮食生产需要在现在基础上增加一倍，才能满足全球人口增长的需求。然而，扩张耕地以增加粮食产量可能会损害其他生态系统服务功能，也无法使整个人类社会受益。因此，必须通过恢复生态系统的一些固有过程，如作物多样性、生物间相互作用和营养盐循环等，来平衡农业生产力和可持续性乃至其他生态系统服务之间的关系。

参 考 文 献

大槻亜紀子（2008）抵抗性品種は良か悪か：病原体の進化を見越した植物の作付戦略．『共進化の生態学：生物間相互作用が織りなす多様性』（横山潤・堂囿いくみ編）文一総合出版，pp. 265-284.

小野亨・城所隆（2009）生息場所管理による土着天敵の利用とダイズ害虫管理.『生物間相互作用と害虫管理』
（安田弘法・城所隆・田中幸一編）京都大学学術出版会，京都.

山下聡・大園享司（2011）熱帯林における菌類の生態と多様性.『シリーズ現代の生態学 II 微生物の生態学』（日
本生態学会編）共立出版，pp. 55-70.

芝池博幸・松尾和人（2007）遺伝子組換え作物の花粉飛散と交雑：不確実性を乗り越えるために『.農業と雑草
の生態学 侵入植物から遺伝子組換え作物まで』（浅井元朗・芝池博幸編）文一総合出版，pp. 219-245.

杉浦俊彦・住田弘一・横山繁樹・小野洋（2006）農業に対する温暖化の影響の現状に関する調査. 独立行政法
人 農業・生物系特定産業技術研究機構.

松井勤（2009）開花期の高温によるイネ（Oryza sativa L.）の不稔. 日本作物学会記事，78，303-311.

斎藤雅典（2011）リン資源の枯渇と農業生産への有効利用. 遺伝，65，32-38.

新潟県（2008）コシヒカリ BL. http://www.pref.niigata.lg.jp/nosanengei/1204823747830.html. 2011 年 2 月 21 日アク
セス.

Andow，D. A.（1991）Vegetational diversity and anthropod population response. Annual Review of Entomology，36，
561-586.

Angelard，C.，Colard，A.，Niculita-Hirzel，H. et al.（2010）Segregation in a mycorrhizal fungus alters rice growth and
symbiosis-specific gene transcription. Current Biology，20，1216-1221.

Bianchi，F.，Booij，C. J. H. & Tscharntke，T.（2006）Sustainable pest regulation in agricultural landscapes: a review
on landscape composition，biodiversity and natural pest control. Proceedings of the Royal Society B，273，
1715-1727.

Carpenter，J. E.（2010）Peer-reviewed surveys indicate positive impact of commercialized GM crops. Nature
Biotechnology，28，319-321.

Childers，D. L.，Corman，J.，Edwards，M. et al.（2011）Sustainability challenges of phosphorus and food: solutions
from closing the human phosphorous cycle. Bioscience，61，117-124.

Collard，B. C. Y. & Mackill，D. J.（2008）Marker-assisted selection: an approach for precision plant breeding in the
twenty-first century. Philosophical Transactions of the Royal Society of London B，363，557-572.

Cordell，D.，Drangert，J. O. & White，S.（2009）The story of phosphorus: global food security and food for thought.
Global Environmental Change，19，292-305.

Darwin，C.（1872）The Origin of Species by Means of Natural Selection，6th ed. Murray，London.

Elmqvist，T.，Folke，C.，Nyström，M. et al.（2003）Response diversity，ecosystem change，and resilience. Frontiers
in Ecology and the Environment，1，488-494.

Elton，C. S.（1958）The Ecology of Invasions by Animals and Plants. London，Methuen.

FAO（2011）FAOSTAT. Food and Agriculture Organization of the United Nations. http://faostat.fao.org/.

Feuillet，C.，Langridge，P. & Waugh，R.（2008）Cereal breeding takes a walk on the wild side. Trends in Genetics，
24，24-32.

Foley，J. A.，Ramankutty，N.，Brauman，K. A. et al.（2011）Solutions for a cultivated planet. Nature，478，337-342.

George，R.（2008）The Big Necessity: The Unmentionable World of Human Waste and Why It Matters. Portobello
Books，London.

Gilbert，N.（2009）The disappearing nutrient. Nature，461，716-718.

Griffiths，G. J. K.，Hollnd，J. M.，Bailey，A. et al.（2008）Efficacy and economics of shelter habitats for conservation
biological control. Biological Control，45，200 209.

Hajjar，R. & Hodgkin，T.（2007）The use of wild relatives in crop improvement：A survey of developments over the last

20 years. Euphytica, 156, 1-13.

Hattori, Y., Nagai, K. & Ashikari M. (2011) Rice growth adapting to deepwater. Current Opinion in Plant Biology, 14, 100-105.

IPCC (2007) Climate Change 2007: The Physical Science Basis. Contribution of Working Group I to the Fourth Assessment Report of the Intergovernmental Panel on Climate Change. Solomon, S., Qin, D., Manning, M. et al. (eds.), Cambridge University Press, Cambridge.

James, C. (2010) Global status of commercialized biotech/GM crops. ISAAA Brief No. 42, ISAAA, Ithaca, NY. http://www.isaaa.org/.

Ju, X. T., Xing, G. X., Chen, X. P. et al. (2009) Reducing environmental risk by improving N management in intensive Chinese agricultural systems. Proceedings of the National Academy of Sciences USA, 106, 3041-3046.

Keesing, F., Belden, L. K., Daszak, P. et al. (2010) Impacts of biodiversity on the emergence and transmission of infectious diseases. Nature, 468, 647-652.

Kiær, L. P., Skovgaard, I. M. & Østergård, H. (2009) Grain yield increase in cereal variety mixtures: a meta-analysis of field trials. Field Crops Research, 114, 361-373.

Klein, A. M., Vaissièrer, B. E., Cane, J. H. et al. (2007) Importance of pollinators in changing landscapes for world crops. Proceedings of the Royal Society B, 274, 303-313.

Koch, A. M., Croll, D. & Sanders, I. R. (2006) Genetic variability in a population of arbuscular mycorrhizal fungi causes variation in plant growth. Ecology Letters, 9, 103-110.

Kotowska, A. M., Cahill, J. F. Jr. & Keddie, B. A. (2010) Plant genetic diversity yields increased plant productivity and herbivore performance. Journal of Ecology, 98, 237-245.

Kremen, C., Williams, N. M., Bugg, R. L. et al. (2004) The area requirements of an ecosystem service: crop pollination by native bee communities in California. Ecology Letters, 7, 1109-1119.

Kvarnström, E., Emilsson, K., Stintzing, A. R. et al. (2006) Urine Diversion: one Step Towards Sustainable Sanitation. EcoSanRes programme, Stockholm Environment Institute.

Landis, D. A., Wratten, S. D. & Gurr, G. M. (2000) Habitat management to conserve natural enemies of anthropod pests in agriculture. Annual Review of Entomology, 45, 175-201.

MacDonald, G. K., Bennett, E. M., Potter, P. A. et al. (2011) Agronomic phosphorous imbalances across the world's croplands. Proceedings of the National Academy of Sciences USA, 108, 3086-3091.

Maillet, F., Poinsot, V., André, O. et al. (2011) Fungal lipochitooligosaccharide symbiotic signals in arbuscular mycorrhiza. Nature, 469, 58-63.

McIntyre, B. D., Herren, H. R., Wakhungu, J. et al. (2009) International Assessment of Agricultural Knowledge, Science and Technology for Development (IAASTD): Synthesis Report with Executive Summary. http://www.agassessment.org/.

Meehan, T. D., Werling, B. P., Landis, D. A. et al. (2011) Agricultural landscape simplification and insecticide use in the Midwestern United States. Proceedings of the National Academy of Sciences USA, 108, 11500-11505.

Mundt, C. C. (2002) Use of multiline cultivars and cultivar mixtures for disease management. Annual Review of Phytopathology, 40, 381-410.

Ohtsuki, A. & Sasaki, A. (2006) Epidemiology and disease-control under gene-for-gene plant-pathogen interaction. Journal of Theoretical Biology, 238, 780-794.

Pimentel, D. & Pimentel, M. H. (2008) Food, Energy, and Society, 3rd ed. CRC Press, Boca Raton.

Ploetz, R. C. (2000) Panama disease: A classic and destructive disease of banana. Plant Health Progress, doi:

10.1094/PHP-2000-1204-01-HM.

Rasmann, S., Köllner, T. G., Degenhardt, J. et al.（2005）Recruitment of entomopathogenic nematodes by insect-damaged maized roots. Nature, 434, 732-737.

Reynolds, M., Drecceer, F. & Trethowan, R.（2007）Drought-adaptive traits derived from wheat wild relatives and landraces. Journal of Experimental Botany, 58, 177-186.

Ricketts, T. H., Daily, G. C., Ehrlich, P. R. et al.（2004）Economic value of tropical forest to coffee production. Proceedings of the National Academy of Sciences USA, 101, 12579-12582.

Ricketts, T. H., Regetz, J., Steffan-Dewenter, I. et al.（2008）Landscape effects on crop pollination services: are there general patterns? Ecology Letters, 11, 499-515.

Schmidhuber, J. & Tubiello, F. N.（2007）Global food security under climate change. Proceedings of the National Academy of Sciences USA, 104, 19703-19708.

Sinclair, T. R., Purcell, L. C. & Sneller, C. H.（2004）Crop transformation and the challenge to increase yield potential. Trends in Plant Science, 9, 70-75.

Takada, M. B., Yoshioka, A., Takagi, S. et al.（2012）Multiple spatial scale factors affecting mired bug abundance and damage level in organic rice paddies. Biological Control, 60, 169-174.

Taki, H., Yamaura, Y., Okabe, K. et al.（2011）Plantation vs. natural forest: matrix quality determines pollinator abundance in crop fields. Scientific Reports, 1, 132.

Thies, C., Roschewitz, I. & Tscharntke, T.（2005）The landscape context of cereal aphid-parasitoid interactions. Proceedings of the Royal Society B, 272, 203-210.

Thies, C., Steffan-Dewenter, I. & Tscharntke, T.（2003）Effects of landscape context on herbivory and parasitism at different spatial scales. Oikos, 101, 18-25.

Tilman, D., Reich, P. B. & Knops, J. M. H.（2006）Biodiversity and ecosystem stability in a decade-long grassland experiment. Nature, 441, 629-632.

Tilman, D.（1999）Global environmental impacts of agricultural expansion: The need for sustainable and efficient practices. Proceedings of the National Academy of Sciences USA, 96, 5995-6000.

Tscharntke, T., Bommarco, R., Clough, Y. et al.（2007）Conservation biological control and enemy diversity on a landscape scale. Biological Control, 43, 294-309.

Vitousek, P. M., Naylor, R., Crews, T. et al.（2009）Nutrient imbalances in agricultural development. Science, 324, 1519-1520.

Winfree, R. & Kremen, C.（2009）Are ecosystem services stabilized by differences among species? A test using crop pollination. Proceedings of the Royal Society B, 276, 229-237.

Zhu, Y., Chen, H., Fan, J. et al.（2000）Genetic diversity and disease control in rice. Nature, 406, 718-722.

Zhu, Y., Fang, H., Wang, Y. et al.（2005）Panicle blast and canopy moisture in rice cultivar mixtures. Phytopathology, 95, 433-438.

第四章

森林资源的可持续利用适应型技术

|原著：神山 千穂·木島 真志；译者：金秋|

　　木材生产是森林资源最具代表性的利用方式之一，通常在种植林的经营中采用单一树种便能够维持产出效率。但是，由单一树种组成的森林对病虫害和自然灾害的抵抗力相当脆弱。此外，森林的固碳能力被认为对减缓温室效应有着重要的贡献，但由于热带地区的森林正在持续退化，生物多样性也随之日益降低。本章针对森林资源的可持续利用方式，介绍以适应型技术为核心的新研究方向，并提出以下三个观点：①有效利用树木多样性和空间结构的人工林管理；②考虑生物多样性的热带天然林资源管理；③以全球变暖为核心的气候变化适应性管理。

第一节　引　　言

　　森林提供的生态系统服务不仅包括木材供应，还包括水源补给、野生动植物栖息地、防灾和碳固存。然而到目前为止，除木材生产以外的生态系统服务尚未得到充分的认识。人们倾向于重视木材生产效率的单一栽培（单一物种）种植林经营，天然林和阔叶林也向单一的人工种植林方向转换。此外，随着世界人口的逐年增长，木材消费的增加和农作物需求的提高加速了热带森林的恶化和衰退。但近年来在日本，由于国产木材的需求下降，无法从木材生产中获利的单一种植林方式被广泛放弃。

　　如果将气候变化的影响添加到为社会经济系统所创造的森林环境中，只评价部分供给服务，那么森林资源的可持续利用将会变得困难。例如，单一栽培的种植林是简单森林结构，较为脆弱，易受病虫害和自然干扰（如火灾）的影响。但是今后随着气候变化，病虫害暴发或森林火灾、台风的规模和程度发生变化，世界各地的单一种植林可能会发生大规模破坏。

　　本章将围绕以下两个方面展开：①旨在向利用过剩资源的、重视经济效率的林业和土地利用方式转换；②应对自然灾害的传统克服型技术和措施十分落后，在将来有可能不能充分发挥作用。另外，为了不破坏森林生态系统，实现对各种生态系统服务的可持续利用，我们将重点关注"单一种植林""热带森林采伐""气候变化"，整理出问题点，并介绍以适应型技术为中心的研究方向和所获得的成果。

第二节　利用树木的多样性和空间构造的人工林管理

种植单一树种的种植林称为单一栽培人工林。由于能够将生产中必要的资源集中投资到商业价值高的树木栽培中，并且林分管理简单而具有很高的经济效益，因此一直以来人们都看好单一栽培的人工林经营。据称，这样建造的人工林有助于退化土地的复原、恢复，并减少对天然林木材生产的需求（Kelty 2006；Thiffault & Roy 2011）。在日本，由于第二次世界大战前后对木材和纸张需求不断增长，在20世纪60年代同时建立了雪松和柏树的单一栽培人工林。但近年来有人指出，这种单一种植的简单森林结构对害虫和自然灾害的抵抗力可能会非常脆弱。

另外，与单一栽培人工林相比，种植多种植物的混合林在生态系统服务（功能）方面存在差异，生产量也会受到造林面积和采伐作业方法的影响（Frivold & Frank 2002；Chen & Klinka 2003；Linden & Agestam 2003）。例如，云杉和白桦树的混合林，通过优化物种的空间布局，可以获得比它们各自单种种植更高的总产量（Bengtsson et al. 2000；Kelty 2006）。这是因为当组成物种的资源利用存在时空互补时，资源就能够得到更为有效的利用（图 4-1）。关于森林的水源补给功能，虽然目前的研究结果没有看出明显的差异，但有研究显示单一种植林

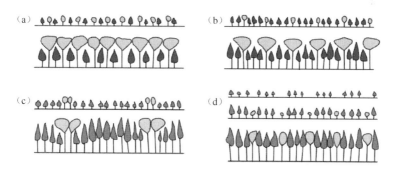

图 4-1　为提高生产力的两树种混合林的种植设计示意图（Kelty 2006）。该图显示了在各个设计［（a）～（d）］中幼树阶段和成年阶段。（a）通过在下层森林层中种植耐阴性高的物种，可以在森林中创建分层结构，以实现光资源的互补利用。（b）如果上层物种遮盖了下层物种，则减少上层物种的数量。（c）稀疏地放置快速生长的物种，通过氮含量高的落叶、落枝来增加其他树种也能够利用的土壤中的氮含量，同时形成森林内的分层结构。（d）通过固定的距离种植固氮树木，在增加土壤氮含量的同时维持两种树种之间的共存关系。经 Elsevier 许可转载。

的蓄水能力可能较低。与单一栽培的杉树林土壤相比，具有多种树种的枹栎森林和山毛榉森林的土壤对降雨具有良好的临时储存和逐渐排出的能力，这可以归因于土壤结构的差异（小杉 2004）。

在日本，由于木材生产的国际竞争力下降，废弃森林的问题变得越来越突出，地方当局正在讨论促进单一植树造林管理和道路网络改善的整合，以降低材料生产成本。这种低成本林业有望成为解决废弃森林问题和实现森林资源可持续利用的有效战略。但是，完全依靠这种工程上的克服型技术可能会导致森林生态系统的恢复能力和各种生态系统服务的退化。本节着重探讨充分考虑到了树种构成多样性和空间结构的人工林是如何比传统的单一栽培种植林具有更多的生态系统功能，并且就它们如何抵抗不定因素的干扰以有效保证生态系统的功能加以论述。

一、围绕害虫、野生动物和外来物种的森林管理

（一）害虫

与森林火灾、土地利用变化、过度伐木和非法采伐一样，害虫也是森林破坏的一个主要原因。在亚洲，每年有超过 1000 万 hm^2 的森林被害虫破坏（FAO 2007）。在日本，由于病虫害的破坏，枹栎树和松树大量枯萎，对森林资源的可持续利用构成了威胁。关于树种多样性对害虫入侵影响的 54 项研究分析表明，与单一种植林中种植的树种相比，混合林中生长的树种受害虫的影响较小，或者林中害虫的数量很少（Jactel et al. 2005）。

Jactel 等（2005）提出三种机制作为混合林损害较少的原因。首先是害虫有可能难以接近寄主树。在单一栽培种植林中，害虫的寄主树很集中，有无限制寄生的资源，但在混合林中，害虫的栖息地资源有限，从而可以减轻损害。其次是由于混合林中存在多种物种，一些树种与害虫有时空错配，害虫很难找到寄主树。其次为天敌假设，如果各种寄生树木和饵食可以维持天敌的种群，就可以抑制害虫种群。在不同物种的混合林中，害虫更容易被天敌捕食或侵染。也就是说，树种类型丰富的地方可以创造出多样的栖息环境，有更大的可能性成为适合害虫天敌生存的环境。最后是通过另外引入对害虫抵抗力较弱的树种，就可以避免害虫的侵害集中于特定树种上。实际上，在桉树（*Eucalyptus deglupa*）种植林中，在桉树之间放置更易受害虫侵害的灌木，可显著减少桉树的损害（Bigger 1985）。

然而，混合林并不一定比单一栽培人工林更能抵抗害虫。有报道称，构成混合林的物种特征极为重要。Vehviläinen 等（2008）表明，混合林中（害虫的）天敌数量多的假说并不总是成立。例如，与混合林相比，在云杉森林中，单一种植

林的隐翅虫的数量少，但捕食者的数量很大。相反，在混合林中，如果周围存在特别受杂食性害虫青睐的寄主树，害虫损害可能要大于单一栽培种植林。White和Whitham（2000）提出了一种溢出（spillover）现象，即随着杂食性害虫的种群密度增加，当最偏好的资源被害虫消耗殆尽，损害将会流向不太受欢迎的另一种寄主树（图4-2）。

　　Perkins和Matlack（2002）表明，在美国密西西比州南部商业森林中，经人工改造的森林空间结构增强了植被的"连续性"，使害虫和病原体易于扩散。例如，在泰达松种植密度过大的林分中，树木往往容易受到一种南部松小蠹（*Dendroctonus frontalis*）（害虫类甲虫）的影响。有人提出，根据欧洲殖民定居之前的森林结构，通过将不易受到害虫和病原体感染的树种的林带宽度设置为600～900 m，来防止它们的扩散。

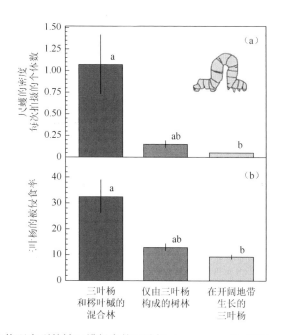

图4-2　在犹他州韦伯观察到的被尺蠖侵食的三叶杨（cottonwood）（Walnut & Whitham 2000）损害现象。尺蠖本来对三叶杨的偏好较低，对梣叶槭（box elder）的偏好较高。（a）为附着在三叶杨上的尺蠖数量，（b）为三叶杨的被侵食率。当梣叶槭和三叶杨在同一地方生长时，黏附在三叶杨上的尺蠖数量和由此造成的损害很大（左侧）。在仅生长三叶杨的地方和开阔的地带，附着在三叶杨上的尺蠖数量和由此造成的损害很小（中间，右侧）。不同字母的组合表明存在统计学上显著的差异。误差条显示了±1的标准偏差。观察人员在论文中表明，通过实验操作也可以获得类似的结果。经Ecological Society of America许可转载。

　　在日本，以本州的日本海一侧为中心，山毛榉科的矮树病（通常称为枹栎枯萎病）在过去的 20 年中迅速蔓延。枹栎枯萎病的病原菌传播媒介——灾害长小蠹（*Platypus quercivorus*）喜欢大直径树木。除山毛榉属外，山毛榉科的所有属都受到了侵害（小林·荻田 2000）。枹栎枯萎病频发的原因是日本薪炭林业务的衰落。近山的古枹栎林一直以来被作为薪炭林管理，并且通过人工干预形成单一树种的森林。自 20 世纪 60 年代以来，由于化石燃料的广泛使用及对木材的需求下降，许多大直径的树木成为灾害长小蠹理想的栖息之地。枹栎树是日本从寒温带到暖温带地区的优势种，而枹栎枯萎会导致森林生态系统功能衰退，森林本身的可持续性也会受到威胁（斋藤·野崎 2008）。尽管对灾害长小蠹还在使用杀虫剂进行驱除或合成信息素进行灭杀（斋藤·野崎 2008），但还是存在控制成本等诸多问题。为了减轻损害，不仅要采取控制措施，还需要通过重新利用木材资源，种植非大直径枹栎树的森林（黑田 2008），以及进行森林管理，来防止枹栎枯萎病的蔓延。

与杀虫剂等抑制措施相比，保持森林内多样性来控制害虫和病原体的传播被认为是一种具有预防能力且可持续的森林管理手段。但是，考虑到预算和技术的问题，对森林所有者和管理者来说，这也是一个有难度的选择。因此，有必要通过比较混合林与常规单一栽培林的存活率和生长速率，综合评估减少混合林受损所带来的收益，来权衡造林成本。

（二）野生动物

近年来，日本山区野生动物对于森林的破坏正在不断增加。在农耕地区，出现了栖息在周边林地中的野猪和猴子等野生动物破坏农作物的现象，这表明了人与野生动物的冲突正在加剧。此外，鹿会破坏幼树和竹苗的生长，剥落树皮，降低了木材的质量和数量，从而降低了森林所有者的管理意愿。还有人指出，在因野生动物的破坏而导致下层植被明显减少的森林中，每次下雨时土壤表层都有一定的流失，造成山体滑坡，这可能会降低森林的水源涵养功能（横田 2006）。如果这种情况持续下去，不仅农户和森林管理者的可持续生产会变得困难，维持森林的各种生态系统功能和稳定的国内木材供给也将变得更加困难。

减少兽害的常规措施主要是通过狩猎、捕获来控制个体数量及安装围栏。然而，狩猎人员的减少和控制措施成本的增加已经成为问题，并且对当地社会经济也会造成严重的影响。在美国印第安纳州的农业区，生活在周边林地的鹿和浣熊对玉米和大豆的破坏，成为一个很大的社会问题。为了减少鹿等野生动物造成的损害，人们通常认为安装栅栏进行防护是很有效的方法（Craven & Hygnstrom 1994；Hygstrom & Craven 1988；VerCauteren et al. 2006）。然而，当大范围种植单价较低的玉米和大豆时这种方法的性价比就显得很低（Conover 2002）。

考虑到林地的空间布局，野生动物的栖息地管理是一种有效的应对措施。Retamosa 等（2008）表明，林地的构成（如森林面积）和空间布局（如森林边缘长度和斑块大小）都会对作物损害有影响。例如，森林边缘越长，野生动物越容易侵入农田，作物损害也越大。鹿会在有许多灌木和幼树的森林边缘附近寻找食物。因此，鹿喜欢选择林地、农田和河畔森林交错的森林边界作为栖息地。森林边缘越长，景观就越复杂，但森林斑块的大小，即林地的连续性也是增加动物损害的重要因素。此外，随着从林地到耕地的距离增加，损害会降低。这些信息有助于制定减少动物损害的土地利用计划。

白神山地于 1993 年入选为世界遗产，该地区也是因日本猕猴造成的作物受损越来越严重的地区之一。Enari 和 Suzuki（2010）根据日本猕猴从栖息地——山区落叶林到农村地区移动十分便利的特点，以及从森林边缘到农田的距离，制作了青森、秋田、岩手县这个广阔范围内的发生作物损害的风险图报告。该报告标注了即使目前没有受灾，今后也有可能受灾的地区，并且建议将现在在森林边缘散落分布的农耕地，集中转移到远离森林边缘的地方等，同时表明为了预防灾害，有必要改变土地利用的方式。

今后为了有效减少野生动物的破坏，上述栖息地管理需要与个体数调控和破坏防控一起广泛实施。另外，我们不应忘记野生生物在森林生态系统中的重要性。野生动物通常起到传播种子的作用，如果实施优先减少动物损害的控制措施，则可能会有降低森林生态系统功能的风险。近年来，日本对鹿的栖息地和其对作物损害的研究不断发展，逐渐明确了植被与鹿害风险的关系。有效利用此类信息来管理森林（间伐的时间和规模，主伐的时间和规模以及采伐区域的分配等），如果能够在时间和空间上控制野生动物"易于生存"或"难以生存"的植被状态，在降低动物损害风险的同时，实施可持续森林管理。今后以保护野生动物栖息地为目的，对人类和野生动物活动区域进行明确划分，并在重叠的地方采取适当的控制措施是非常有必要的。

（三）外来物种

外来物种与本地物种之间相互竞争，可能会改变植被从而破坏生物多样性，对以本地物种为食的野生动物造成影响，以及增加农产品受损范围的风险。随着外来物种入侵，植被变化也可能增加森林火灾等自然灾害的风险。此外，用于木材生产的人工林经常会使用非本地物种。近年来，世界各地都在讨论降低外来物种风险的措施。2010 年在名古屋举行的《生物多样性公约》第十次缔约方大会（COP 10），提出了"到 2020 年控制或消除外来入侵物种中的有害物种，防止新的外来物种的入侵和定居，采取适宜的管理对策"的目标，并计划从各种观点收集和积累信息，这对于有效管理外来物种非常重要。

有三种措施可以降低外来物种的风险："预防"入侵，"消灭"已经入侵的个体群，以及"控制"种群分布的扩散。2011年入选为世界遗产的小笠原群岛是日本外来物种问题最明显的地区之一，目前已采取各种措施来应对这个问题。

秋枫（*Bischofia javanica*）是一种外来物种，1899年，作为供应薪炭用的木材而被引入小笠原群岛，被引入之后在当地扎根并迅速扩大分布。一旦此物种入侵森林，就会随着本地物种冠层乔木的衰退和死亡而提高占优度，最终形成缺乏林下植被的纯林。树高和生育力都优于本地物种，具有较强的光适应能力（Yamashita et al. 2000），耐阴性和高生长能力（Hata et al. 2006）都是该物种增殖的重要因素。

像小笠原群岛这种生物相比较单纯的海洋岛屿（从未与大陆连接过的岛屿），很容易受到外来物种的影响，在考虑引进物种时，采取预防措施非常重要，尤其需要仔细考虑生物种群的多样性和特征后再做决定。然而，由于存在许多潜在的入侵途径，仅仅依靠"预防"是不行的（Mehta et al. 2007）。目前，小笠原已经建立了一个灭除秋枫的管理系统。一般来说，在物种入侵的早期阶段进行的灭除工作是非常有效的，但有研究指出，早期阶段灭除除了成本高之外，入侵现象也很难被发现（小池 2007）。因此，有效和高效地管理和控制已定居的外来物种的传播更加重要。

一旦外来物种在本地扎根，需要在很长一段时间内不断采取措施防止其蔓延分布。如果措施不恰当，它们将随着时间的推移从扎根的地方慢慢扩散，其危害将会扩大。因此，长期以来人们一直在研究外来物种扩散预测的空间模型。从研究结果可知，外来物种的扩散速度受植被条件及其空间排列的影响（Williamson & Harrison 2002；Hastings et al. 2005）。在此基础上，适当管理植被的空间结构，理论上可以控制外来物种的传播。

With（2002）指出了适当控制"阈值"对于栖息地"量"的重要性。当适合定居的栖息地的"量"超过某个"阈值"时，外来物种的扩散最迅速、最广泛（图4-3）。这种外来物种的扩散是在哪个"阈值"发生的，取决于栖息地连续扩展的空间模式以及外来物种的扩散方式。换言之，分割栖息地的连续性并减少其扩散，可能是抑制外来物种分布扩大的有效对策。

关于森林空间结构和外来物种扩散相关的研究仍在继续，但以草地为对象的研究表明，栖息地的分散有效地控制了外来物种的传播。Alofs 和 Fowler（2010）在美国得克萨斯州测试了栖息地的分散是否会减缓外来物种白羊草（*Botriochloa ischaemum*）的入侵。结果发现，在栖息地不能保持连续性的区域中，白羊草的入侵概率较低，随着连续性的增加，入侵概率也变高（图4-4）。

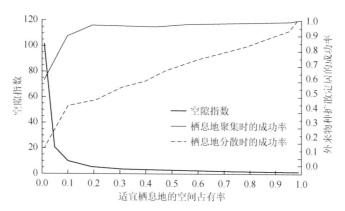

图 4-3　当栖息地聚集时（细线）和片段化时（虚线），模拟分形景观结构对外来物种
扩散定居的成功率（右纵轴）的影响（With 2002）。当栖息地的"量"占景观的比例达到
10%～20%及以下时，垂直轴上所示的空隙指数（左纵轴）快速增加（粗线）。该空隙指数
表示栖息地斑块之间的距离，也就是说，当栖息地的"量"达到 10%～20%及以下时，斑
块之间的距离迅速增加，扩散定居的成功率大幅降低，表明这样一种"阈值"的存在（细
线和虚线，右纵轴）。尤其是在栖息地聚集的景观中，随着栖息地斑块之间的距离变大，
外来物种的扩散定居急剧减少（细线）。经 Blackwell Publishing 许可转载。

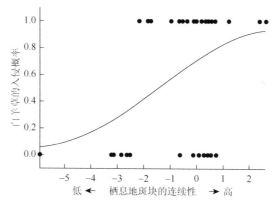

图 4-4　白羊草的入侵概率和栖息地斑块的连续性的 Logistic 回归模型（Alof & Fowler 2010）。
横轴表示当修正栖息地数量时栖息地斑块的连续性，值越高，连续性越高。经 Blackwell
Publishing 许可转载。

　　空间结构会影响本地和外来物种的繁殖和生存能力，并且有时会与外来物种
能否在此定居扎根有关。例如，栖息地的碎片化可能会影响本地物种的生存，并
容易受到外来物种入侵的影响。此外，外来物种在新环境中脱离了天敌，繁殖能
力也会大大提高［天敌逃逸假说（enemy release hypothesis）；Keane & Crawley
2002］。对于这种空间结构与种群动态之间的关系，今后有必要做进一步的研究。
尤其当空间结构对于外来物种的扩散及种群动态产生了对照性的影响时，如栖息

地的分割抑制了外来物种的扩散，但是栖息地内的外来物种的数量增加，必须在栖息地碎片化和保持连续性之间的选择上多加注意。

此外，在借助风力的情况下，种子的扩散距离通常是几十米以下，但有时可能会随着上升的气流，或附着在鸟类、哺乳动物的皮毛以及人类身上进行长距离的移动（Suarez et al. 2001；Willisams et al. 2007）。在这种情况下，除了从入侵的地方向外进行扩散之外，它还会移动到远离原始入侵的地方，从而造成更大范围的破坏。换言之，栖息地的碎片化有可能是造成更进一步扩散的"垫脚石"，我们需要注意栖息地的碎片化未必一定能抑制外来物种的扩散。

二、考虑到自然干扰风险的森林管理

森林在其生长过程中受到自然干扰，产生林窗现象而导致的冠层开放，使得林下植被大量繁殖生长，从而保持植被结构的多样性和复杂性。换言之，风暴和森林火灾造成的自然干扰是保持森林动态的重要过程之一。然而，近年来，人类经济活动等造成的森林资源环境和对于森林资源的利用方式的变化及气候变化，使得自然干扰的规模和频率正在发生变化，人们开始担心这会导致森林资源的破坏程度进一步加剧。接下来的内容将叙述应如何进行旨在减轻自然干扰造成损害的森林管理。

（一）风灾

台风等造成的风灾会导致树干断裂甚至是树木连根拔起，对以商业林为主的林地将造成极大的经济损失。因此，迄今为止，人们对于如何进行适当的管理以减少损害进行了大量研究。例如，作为导致风灾主要原因的林分属性，已有研究阐明了形状比（树木胸高直径与树高的比）、树高、树间距和物种组成与风灾的关系（Wilson 2004）。Wilson 和 Baker（2001）表明，种植过密的美洲松人工林大多是形状比偏高（又细又高）的树，容易受到风的破坏。因此可以通过及早、及时地进行间伐来保持适当的种植密度。

一般来说，阔叶林比针叶林更能抵抗风灾（Foster & Boose 1992；Jalkanen & Mattila 2000）。在过去，阔叶树人工林被广泛用于商业目的。有人指出，如果种植具有更高性价比的针叶树，这种转变会更容易导致风灾的扩散（Schelhaas et al. 2003；Blennow et al. 2010）。此外，还有人提出种植阔叶树与针叶树的混合林可以减轻风灾（Mayer et al. 2005；Knoke et al. 2008）。Schütz 等（2006）指出，阔叶树仅占整个森林20%的混合林具有与阔叶林相同的减轻损害的效果（图4-5）。通过这种方式，可以定量地明确"容易受害"或"不容易受害"森林的特征，并将其用于种植、间伐和除伐等森林管理（Kramer et al. 2001；Peterson 2004）。Knoke 和 Seifert（2008）对混合林管理进行了经济分析，并考虑了混合林的风灾耐性、木材承载量和木材材质等。结果表明，混合林的经营收益可能会高于单一针叶林的经营收益。

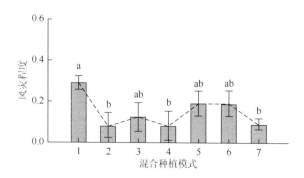

图 4-5　针叶树和阔叶树混种比例对风灾程度的影响（森林中一定面积内由倒木造成的林窗比例）。横轴上的数字代表不同的混合种植模式（Schutz et al. 2006）。1 为 90% 以上的是由挪威云杉（*Picea abies*）和冷杉组成的单一针叶林，只混合了少量的阔叶树欧洲山毛榉（*Fagus sylvatica*）；2 为挪威云杉和冷杉占 80%～89%，其他的都是欧洲山毛榉；3 为挪威云杉和冷杉占 70%～79%，其他的都是欧洲山毛榉；4 为具有很强的风灾耐性的美洲松（*Pseudotsuga menziesii*）占 5% 以上的混合针叶林；5 为落叶性的针叶树欧洲落叶松（*Larix decidua*）占 5% 以上的混合针叶林；6 为欧洲赤松（*Pinus silvestris*）占 10% 以上的混合针叶林；7 为由占 80% 以上的欧洲山毛榉构成的落叶树林。不同字母的组合表明存在统计学上的显著差异。误差条表示存在 ±1 标准偏差。

经 Springer 许可转载。

对于景观方面的森林空间布局，人们也进行了各种研究。例如，在逆风向和顺风向的林分中，逆风向林分的树木充当了顺风向林分的"遮挡板"（shelter）（Lohmander & Helles 1987；Meilby et al. 2001）。Zeng 等（2009）表明，逆风向林分中的树高较低（7～10 m 及 7 m 以下）时，风速即使较低，也容易导致树干断裂和连根拔起（图 4-6）。为了发挥逆风向林分的"遮挡板"作用，最理想的状态是将逆风向的树高保持在一定高度（7～10 m 及 10 m 以上）。因此，考虑到树木高度对相邻林分的风灾风险，确定最佳的砍伐时期非常重要（Meilby et al. 2001）。此外，Ruel 等（2001）调查了河滨缓冲带的风灾，风速受到了地形因素的强烈影响，如在与风向垂直的山谷地形中风速变慢。因此，比起缓冲带的宽度和间伐等管理手段，地形更容易对风灾产生影响。近年来，人们正在开发一种将地理信息系统（GIS）与森林生长模型、风灾评估模型相结合的系统，作为支持减少风灾的森林管理决策系统（Scheller & Mladenoff 2005；Zeng et al. 2007）。今后，对形状比、树高、树木间距和物种组成等林分层面进行管理，同时考虑风向和地形状态的空间配置，有望成为一种更有效的管理方法。

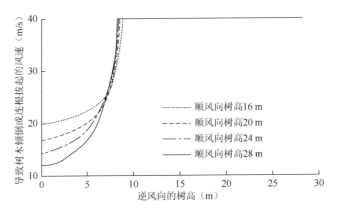

图 4-6　模拟显示了在欧洲落叶松中引起树木倒下或连根拔起的风速与处于逆风向树木的高度之间的关系（Zeng et al. 2009）。不同的线表示位于顺风向树木的不同高度。当逆风向的树高较低（7～10 m 及 7 m 以下）时，即使风速较低，也会导致树干断裂和连根拔起。此外，逆顺风向树木的高度差越大，也越容易受到灾害。经 Elsevier 许可转载。

（二）森林火灾

　　火灾可能会促使某些松科树木的松子打开，种子就会散播开来进而萌发，因此火灾有时也会成为森林更新的重要元素。此外，厚树皮包裹的西黄松（*Ponderosa pine*）在森林火灾中也可能存活下来，留存下来的粗壮树干维持着较低的密度。另外在北美，自欧洲殖民统治以来，火灾就一直被积极地控制着，但在森林地区的地面却积累了大量潜在引起火灾的落叶落枝等。这些大量积累的落叶落枝是近年来发生大规模火灾的主要原因，并有蔓延到居民地的危险。仅依靠事后灭火不仅不能降低受灾风险，还会花费巨大的成本。在美国，消防成本在过去 20 年中处于上涨趋势。2000 年以后，已经出现两次一年内花费超过 10 亿美元的情况（Gebert & Calkin 2004）。

　　为了降低火灾风险，有必要在火灾发生前减少火种，改变发生火灾时火灾的严重程度和性状（behavior）来减少损害，这样的"事前管理"非常重要。人们正在尝试通过计划性烧荒和适当控制采伐的空间分布来防止火种的积攒并减小受害的规模（Finney 2001；Finney et al. 2005）。在森林火灾中，很难直接证明火种管理的效果。因此，在制定降低森林火灾风险的火种管理计划时，有人正在使用模拟模型和优化模型，来比较和研究各种条件下最有效的计划（Konoshima et al. 2010；Rytwinski & Crowe 2010）。

　　近年来，关于森林火灾，一种称为模拟自然干扰机制（emulating natural disturbance regimes，ENDR）的方法也引起了人们的关注。因为森林生态系统是遭受了各种自然干扰，如火灾、风灾、虫害等而形成的生态系统，基于这种生态系统的构成和构造，人们能够提高对于生态系统的自我恢复的认知。通过这种方法，在这种以森林火灾为主要干扰的生态系统中，有意识地去掌控火灾，如对于火灾放置不管等做法，在恢复森林生态系统方面也是不可缺少的（Baker 1994）。

这种方法的目的是在历史上发生干扰的变动范围内施加管理，但在实际实践中，很难了解森林火灾发生的范围、时期、强度以及空间分布的变动区间（Crow & Perera 2004），这需要森林管理者付出很多努力。在北美，人们已经尝试以各种各样的历史资料为基础，针对在欧洲殖民定居前的历史自然干扰，量化火灾的位置、范围和频率，并将其用于实施 ENDR（Long 2009）。

在日本，虽然存在森林火灾的潜在风险，但因第二次世界大战后森林山火早期发现和初步灭火体制确立，森林火灾并未造成太大损害。因此人们并未对此研究给予很大的关注。然而，像森林火灾这般涉及空间过程的干扰，并不比台风引起的风灾和病原体等生物干扰少见。弄清各种自然干扰对于构成物种和植被的空间布局会有什么样的影响，并实施相应的对策，是在未来森林生态系统可持续管理方面的一个重要问题。

概念扩展 4-1：海啸、风暴潮灾害和海岸森林管理

2011 年 3 月发生的日本东北地区太平洋近海地震中，地震引发的海啸给东日本沿海地区带来了前所未有的破坏。海岸森林管理再次进入人们的视野。

2004 年印度尼西亚苏门答腊岛地震引发海啸，以及 2005 年袭击美国的卡特里娜飓风造成风暴潮，给沿海地区带来了巨大的损失。在此之后，人们进行了大量关于海岸森林在减轻海啸灾害中作用的研究（Danielsen et al. 2005；Tanaka et al. 2007；Irtem et al. 2009）。例如，在印度尼西亚的海啸中，由于居民区面向大海的一侧种植了植被，有效减少了海啸中的受害者人数（Bayas et al. 2011）；据报道，在 1999 年袭击印度奥里萨邦的飓风中，被红树林环绕的一个村庄中受害者人数极低（Das & Vincent 2009）。鉴于这种沿海森林效应，世界自然保护联盟等各种组织目前正在亚洲、非洲等地积极推广红树林种植（Kerr & Baird 2007）。

除非海浪高度非常高[①]，否则海啸和风暴潮在穿过森林区域时能量逐渐被吸收，延缓了到达居民区的时间，这使得沿海森林成为"屏障"（Forbes & Broadhead 2007；Harada & Imamura 2005）。森林还可以过滤

[①] Barbier 等（2008）认为，当海浪高度超过 6 m 时，沿海森林（在本研究中指的是红树林）很难阻止海啸浪潮。此外，Harada 和 Imamura（2005）、Forbe 和 Broadhead（2007）表示，在较大的海啸中，海岸森林的树干断裂和被连根拔起，导致这些毁坏的树木被冲到居民区产生二次灾害。

随着海浪冲入内陆地区的船舶和各种漂流物体，防止它们与居民区碰撞并造成损害。此外，高大的树冠也可以充当居民的紧急避难所（Forbes & Broadhead 2007）。能够减轻损害的沿海森林特征包括森林带宽度、树木密度（植被密集度）、树龄、胸高直径及树种。由于这些因素错综复杂，因此对于沿海森林的维护有一些需要注意的地方。例如，沿海森林的宽度越大，预计遭受的损害就越小，但即使沿海森林保证了一定的宽度，如果树木之间的间距较大，海啸也有可能会到达内陆地区并造成损害（Forbes & Broadhead 2007）。在日本东北地区太平洋近海地震时，海啸就是集中通过沿海森林中纵横交错的开凿部分和道路等，加重了灾情（佐佐木·田中 2011）。模拟模型分析表明，降低海啸水深和速度的效果可能会因树种而异（Tanaka 2009）。有观点认为，具有复杂气根结构的红树林树种能够减轻海啸灾害带来的破坏，如果在垂直方向上混合此类树种形成足够的植被结构，就有可能减轻海啸灾害（Tanaka et al. 2007）。然而，也有人认为这种海岸植被所发挥的效果并不大，还有必要进行进一步的研究（Cochard et al. 2008）。

探讨海岸森林缓解海啸和风暴潮灾害的效果时，另一个重要因素是社会经济背景。沿海地区同样也是人口稠密的地区，沿海森林可能被砍伐或退化（Forbes & Broadhead 2007）。例如，由于建立了水产资源养殖场，红树林被砍伐（Barbier et al. 2008），海岸森林的功能无法得到充分体现。今后，有必要通过积累关于海岸森林的防灾效果的知识以及对海岸森林进行经济评价，来综合评估其价值。

第三节　围绕热带天然林的采伐问题及其解决方案

近几十年来，热带地区的森林面积持续急剧下降。截至 2005 年，全球森林面积为 39.5 亿 hm^2，即使减去通过植树造林等增加的部分，世界每年仍有 730 万 hm^2 森林消失（FAO 2005）。由于热带森林具有高生产力，每年都有大片森林被采伐而不可避免地消失，非洲约为 400 万 hm^2，南美约为 420 万 hm^2，南亚和东南亚约为 280 万 hm^2。木材从天然林和经历多次采伐的次生林里被砍伐用于商业用途，今后随着需求的进一步增加，森林资源的过度利用令人担忧。此外，森林火灾、非法采伐和采伐后向单一作物种植的土地利用转换，如咖啡和油棕榈种植林，也是加速热带森林消失和恶化的重要因素（Lambin et al. 2003）。

热带森林中的生物多样性处于较高水平，为了维持森林生态系统服务的功能，需要适当且可持续的森林管理。此外，热带森林提供的生态系统服务不仅限于一个区域。森林通过与大气交换气体和能量，在气候调节中发挥作用。据估计，随着热带森林减少和退化导致的二氧化碳排放量的增加约占人类活动的 16%（Canadell et al. 2007），并可能会影响全球降水模式和温度（Miles & Kapos 2008；Sist & Ferreira 2007）。

《全球生物多样性概况》（第三版）对《生物多样性公约》在 2010 年目标的达成度进行了评价，指出陆地和水域的保护区面积确实在稳步增加。一方面，与本国森林总面积相比的话，以保护生物多样性和维持森林资源为目的而限制开发的森林中，非洲占 16.4%，南美洲占 14.4%，南亚和东南亚占 20.2%（FAO 2005）。但是从另一方面来看，从 20 世纪 80 年代以来短短 20 年间，距保护区边缘 50 km 的森林面积就减少了约 70%（DeFries et al. 2005）。目前这种只保护一定区域的生态系统管理，究竟能否充分保障森林应该具有的生态系统功能呢？

当然，保护区对生态系统的保护做出了巨大贡献，但它们不能涵盖所有物种的栖息地。此外，比起完全孤立保护区域，上述保护区周围森林的存在更能够增强保护区所具有的生态系统功能。例如，通过维持更多的个体数来降低物种灭绝的风险（Pimm et al. 1988）；通过扩大动物的活动范围（Hansen & Rotella 2002）来促进生物多样性保护的效果。因此，在具有多功能性的森林生态系统中，通过适当的管理来维持保护区外用于商业生产的土地利用（采伐和作物生产）也很重要。

接下来将概述以热带森林可持续利用为目标的低影响伐木（reduced impact logging，RIL）和农林复合经营（agroforestry）。

一、低影响伐木

在开展以木材利用为目的的采伐作业中，通常优先选择砍伐便利性高和具有商业价值的树木（择伐）。然而，增加择伐的频率和强度会大大破坏森林冠层和林下植被，并导致水土流失（Pereira et al. 2002）。此外，这样的森林易受火灾影响（Nepstad et al. 1999），采伐强度的增加是导致热带森林减少和退化的一个重要因素（Asner et al. 2005）。

有研究表明，可以通过周密的管理计划来改善择伐方法，最大限度地降低森林的破坏程度和生物多样性的减少程度（Uhl et al. 1997）。虽然伐木量下降，但作为旨在实现木材生产和生态系统功能可持续共存的管理方法，其有效性近年来得到了很多实例证明。

德拉马科特森林保护区位于婆罗洲岛沙巴州，占地 5.5 万 hm^2，是马来西亚第一个引入低影响伐木理念的地区，并综合性地评价了其对区域生态系统的影响（Lagan et al. 2007）。具体的实施主要是通过创建一个采伐计划的地图，其中绘制了所有树的位置。在此基础上，充分考虑最佳的运输道路布置和树木的砍伐方位。

为了最大限度地减少移除树木时的土壤扰动，一般采用拖拉机牵引的方法，但仅适用于坡度为 15°以下的斜坡，在坡度为 16°～25°的地方则使用称为"skyline"的空中运输方法，吊着伐木进行移动。每年的伐木量控制在 15 000～20 000 m³，另外，每个区域的伐木量也都受到限制，并且不能在靠近河岸的陡坡进行树木砍伐。

采伐仅针对大直径树木（直径 60～120 cm），而藤蔓植物作为野生动物的食物资源和移动工具未被砍伐。此外，为了防止非法采伐，设置了进出门和常驻警卫人员。因此，当使用低影响伐木方法时，树木多样性、森林结构、幼苗更新、土壤微生物群落形态会被维持在接近天然林的状态（Hasegawa et al. 2006；Seino et al. 2006）。有研究证明，在管理区域观察到了在沙巴州生长的中大型哺乳动物中 80%的种类（Matsubayashi et al. 2007）。

但是，不难想象，与给生态系统带来沉重负担的传统伐木方法相比，低影响伐木需要更多成本。因此，以发展中国家为主，人们已经将森林认证制度作为对森林合理的采伐作业所造成成本增加的补偿手段之一（Varangis et al. 1995；Ebeling & Yasue 2009）。森林认证制度是由第三方保证从被适当管理的森林中采伐木材并使其流通的制度，经过认证的木材价格较高。运用森林认证制度的代表性组织或计划有森林管理协会（Forest Stewardship Council，FSC）和森林认证认可计划（Programme for the Endorsement of Forest Certification Schemes，PEFC），为了获得认证，需要根据各种原则进行严格的审查。

这些原则不仅包括"在不破坏森林环境的情况下开展采伐作业""获得可持续的利润"，还包括"尊重原住民和劳动者的权利"等条目。上述德拉马科特森林保护区于 1997 年通过了低影响伐木的技术认证，并成为东南亚第一个基于可持续管理准则的森林作业区（Lagan et al. 2007）。目前，世界上有 1.48 亿 hm² 的森林已获得 FSC 认证，包括南亚和东南亚的 140 万 hm²、非洲的 740 万 hm² 和南美洲的 940 万 hm² 的森林（FSC 2012）。

尽管到目前为止，认证制度被认为是热带森林中基于市场最有前途的保护策略，但也存在许多需要解决的问题。认证木材的交易价格会受到消费者对其附加价值（绿色溢价）支付意愿的影响。世界银行对美国和欧洲的热带木材市场相关人员的一项调查显示，与未经认证的木材相比，购买认证木材的支付金额预计将增加4.28 亿美元，占生产木材的发展中国家出口总收入的 4%左右（Varangis et al. 1995）。

认证木材除了尚未在社会中普及，还存在标准不明确、森林管理体制未能进行正确评估（Wright & Carlton 2007）及只使用了部分认证木材的家具等产品获得认证的情况，因此制度本身的可靠性也会受到质疑（Butler & Laurance 2008）。此外，Ebeling 和 Yasue（2009）指出，目前认证制度的实施和普及主要依赖非政府组织和私营企业，但其成功的关键要靠政府主导的森林管理和对认证制度实施的经济补偿和奖励，因此目前认证制度能够有效运作的发展中国家还很少。除了每个消费者都必须认识到可持续利用热带木材的重要性之外，还需要进一步完善制度来补偿低影响伐木带来的额外成本。

二、农林复合经营

加速热带森林减少和退化的主要原因，除了以木材生产为目的的采伐需求日益增长外，还包括林地向农业用地的转换。自 20 世纪 90 年代以来，种植农场型农业为了在短时间内获得高利润收入，砍伐热带森林并大规模生产单一商品作物（FAO 2007）已成为造成热带地区生物多样性急剧减少的驱动因素。

这种向农业用地的转换与热带地区的贫困问题密切相关。今后，有研究预测作为获得区域收入手段的农业生产将会越来越重要，因此人们开始追求生态系统管理与农业生产的双赢。农林复合经营（agroforestry）是将农业（agriculture）和林业或林地（forestry）这两者结合起来的术语，是指对各种树木、作物的栽种和对畜牧生产等进行的复合管理。

农林复合经营历史悠久，长期以来一直是某些地区居民的习俗（King 1987）。例如，在南美洲，农业用地的结构是分层次设计的：冠层以椰子和木瓜为主，其下层种植香蕉和柑橘类，再下层种植咖啡或可可等灌木，或者玉米这种一年生的作物，最下层种植如南瓜这种匍匐在地表的植物（Wilken 1977）。在菲律宾，通过在天然林下层和周围种植农作物，可以持续利用森林供应的粮食、药品和木材（Conklin 1957）。根据一直以来的经验，这些在热带地区广泛实施的农林复合经营，在有限的土地面积上进行综合管理既节省了劳动力，同时树木的存在也可以防止因太阳光的暴晒而引起的农作物的过度蒸腾，以及土壤侵蚀和水土流失（Ojo 1966）。

一般认为，世界上第一个根据相关政策系统地进行农林复合经营的是 Taunya 系统（Blanford 1958）。该农林复合经营模式于 1806 年在缅甸开发，它在用于生产柚木木材的森林林床上进行农作物的栽培，同时通过种植农作物来抑制杂草生长，这种模式能够实现来自木材的长期收入和来自农作物的短期收入。

长期以来，人们通过经验来理解农林复合经营与生态系统功能之间的关系，但最近从保护和可持续利用自然资源的角度也积累了相关的知识。在《千年生态系统评估报告》（MA 2005）中，有相关学者指出，与传统农业用地相比，农林复合经营具有增加土壤肥力、防止水土流失、控制病虫害、保护生物多样性和提高碳固存能力等多方面的功能，并且能够有效抑制森林的迅速退化。

举例来说，在增加土壤肥力的过程中，树木的叶子和根系等腐烂可以提供大量的有机质，而土壤的物理、化学和生物特性改变有助于树木和作物的生长。此外，物种组成的多样性越高，土壤养分保持水平越高（Méndez et al. 2009），树木的混合种植也促进了菌根的形成和氮素固定，加快了磷吸收速率和有效氮的含量（Jose et al. 2004；Shukla et al. 2009）。

一般认为，在传统的农业用地中，添加进去的营养物质超过一半没有被土壤吸收而直接流失了，从而导致地下水和河水的富营养化。在农林复合经营中，林地的存在减缓了土壤中营养物质的流失速度，促进了营养物质向土壤中渗透，起到营养物质流失的缓冲带作用（Anderson et al. 2009；Lee et al. 2003）。此外，有报道称，对于害虫和病原体传播的控制，与本章第二节中所述的人工林类似，比起由单一的传统农业用地组成的连续景观结构，具有林地和农业用地混杂结构的农林复合经营是非常有效的（Jose 2009）。

近年来，从生物多样性保护的角度来看，农林复合经营有望成为与天然林类似的生物栖息地（Bhagwat et al. 2008）。农林复合经营大多由规模较小的农户经营，形式和管理方法多种多样，能够形成景观层面的异质性，即栖息地的多样性，有助于生物的保护（Parikesit et al. 2005）。

传统农业用地与管理强度不同的农林复合经营之间，作物本身产生的利润又有何差别呢？Stefan-Dewenter 等（2007）研究了印度尼西亚森林进行可可生产的农林复合经营中，通过种植可可所获得的利润与生态系统功能之间的关系。根据该研究，当林冠木的比例从 65%～80%降至 35%～50%时，即使扣除了肥料和除草剂成本增加的部分，可可生产的年净利润翻了一番，而与所有林冠木都被砍掉的传统单一可可种植相比，其利润会增加 2.7 倍。研究表明，即使林冠木的百分比降低到 40%，动植物多样性和生态系统功能（土壤养分含量和凋落物分解率）也不会发生显著变化。

另外，根据 Steffan-Dewenter 等（2007）的支付意愿调查，出于经济上的考虑，农户更倾向的管理强度是林冠木的比例约为 30%的状态。这表明农户有动力维持农林复合经营管理系统，而不是净收入最大化的单一种植林。目前通过公平贸易（fairtrade）产生的附加补贴，基本可以抵消传统纯农业用地中获得的收益与保留一部分林冠木的农林混合经营中获得的收益之间的差额，这也就更加促进了农户向农林混合经营转变的意向。

从长远来看，这也表明单一栽培的好处并不总是可持续的。Priess 等（2007）以印度尼西亚的咖啡种植林为对象，调查了针对作物生产所必需的授粉服务的相关情况。根据研究，如果未对森林的减少和退化采取措施，预计未来 20 年咖啡产量将下降 18%（单位面积中的利润将减少 14%），而如果通过将区域内林地维持斑块状来改善农业形态，则传粉者提供的服务会得以维持，咖啡产量和效益也能够长期维持。在墨西哥和危地马拉等中美洲地区，已经确立了一个叫树荫种植（shade grown）的农业计划，对森林下层种植的咖啡进行制度上的认证（Perfecto et al. 2005）。

今后的市场策略也将促进农林复合经营这种农业方式的传播，并起到抑制传统农业用地扩张的作用。

第四节　关于未来气候变化的问题及其解决措施

在气候变化的背景下，特别是制定应对全球变暖的政策，人们正在关注作为森林生态系统功能之一的碳固存能力。《京都议定书》第 17 条通过了允许碳交易（二氧化碳排放权）的国际协议，预计森林碳固存能力的重要性今后将进一步提高。

然而，仅优先考虑碳固存能力可能会牺牲其他生态系统功能。对分别优先考虑碳固存和物种保护的激励政策进行的模拟试验表明，旨在增加碳固存量的政策并不一定能够维持生物多样性（Nelson et al. 2008）。导致这种结果背后的原因是单一栽培的人工森林能够有效地固定大气中的碳。但是，如前所述，简单的森林和景观结构（如单一种植林）会对森林生态系统多方面的功能产生不利影响（本章第二节、第三节）。作为应对气候变化的措施，继续维持单一种植的人工林，或将作为多数生物栖息地的重要成熟森林或天然林转化为单一种植人工林的行为，将对生态系统本身产生负面影响（Noss 2001；Putz & Redford 2009）。为了在保护生物多样性的同时可持续利用森林资源，在进行适当的人工林管理的同时，综合评估天然林保护和改善采伐方法，制定并实施相关政策是当务之急。

本节我们将介绍旨在通过保护热带森林以缓和气候变化影响的国际框架（REDD），以及应对气候变化的树木品种改良，促进物种分布移动的措施。

一、REDD

针对发展中国家的森林显著减少和退化而导致碳汇减少的情况，2007 年于印度尼西亚举行了《联合国气候变化框架公约》第十三次缔约方大会（COP 13），正式通过了 REDD（Reducing Emissions from Deforestation and Forest Degradation in Developing Countries）。REDD 是一项扼制发展中国家森林减少与退化的全球变暖应对措施，其中还包含了经济激励措施。接下来，2009 年 REDD-plus（UNFCCC 2009）出台，除了要达到之前提到的目标之外，还通过实施包括鼓励增加碳储量在内的各种森林管理措施，如植树造林、天然林养护，采伐方法的改善、预防森林火灾的对策等来使旨在减排的排放权体制得到认可。

REDD 和 REDD-plus（以下统称为 REDD）的概念源于向生态系统服务支付（payments for ecosystem services，PES）这种机制的实施经验（Blom et al. 2010）。其基本机制是对未采用控制森林砍伐和退化措施时的预测排放量（参考水平）与实施 REDD 时的排放量之差给予经济激励。

鉴于各国的观点存在分歧，并且就国际协议而进行的讨论不容易有进展，因此 REDD 被视为《联合国气候变化框架公约》下国际谈判中最切实可行的成果之一（Streck 2010）。但是，相关人士也指出了许多存在的问题。

首先，在实施经济激励时存在参考水平的定量评估问题。随着遥感等技术的发展，高精度定量评估、预测碳储存量成为可能（Gibbs et al. 2007；Melick 2010），根据不同国家或地区的实际情况进行灵活设置是很重要的。例如，如果参考水平仅根据每个国家的历史排放量设定，那么最初排放量较低的发展中国家因为没有实施 REDD 的动力，将有可能不会参与 REDD。

其次，在实施 REDD 的国家，不会扩大农业用地来增加产量，为了满足世界市场对农产品日益增长的需求，不参与 REDD 的国家可能会扩张农业用地。也就是说，控制一个地区的森林砍伐和退化的措施可能会导致其他地区的森林砍伐量增加，进而导致减排量的外漏（碳泄漏）。如此，减排的实际效果很有可能会因此被抵消掉（Harvey et al. 2009）。

最后，发展中国家的 REDD 项目会限制依赖森林的当地居民和原住民的资源使用，并对他们的生活产生重大影响（Blom et al. 2010）。在发展中国家，政府有时无法正常发挥作用。针对碳所有权以及政府在此方面应发挥的作用，相关指导方针和法律尚未得到完善，因此有人担心当地居民享受不到适当的利益分配（Melick 2010）。

目前，面向 REDD 实施的项目正在各国展开（JICA & ITTO 2008）。如前所述，有效实施 REDD 的过程中存在许多问题，但对于重新评估参考水平的设定方法（Harvey et al. 2009）、如何能够充分体现原住民和当地居民的意见（Melick 2010）、防止生物多样性退化的 REDD 资金分配方案（Putz & Redford 2009；Venter et al. 2009）等一些相关的研究已经在进行中。例如，表 4-1 的三种方案都可以将森林砍伐减少 20%之多。预期数量表示能够避免灭绝的森林哺乳动物、鸟类和两栖动物的物种数（在资金随机分配的情况下，期待值平均为 8.4 种）。

表 4-1　不同目的下的 REDD 资金分配方案（Venter et al. 2009）。

资金分配方案	预期数量（种）	需分配资金的国家和比例
a 碳排放量最小化的控制方案	9.6	巴西（＞40%） 委内瑞拉（7%～40%） 玻利维亚（7%～40%） 秘鲁（＜3%） 喀麦隆（＜3%）
b 最大限度控制以森林为栖息地的脊椎动物减少的方案	35.7	委内瑞拉（7%～40%） 玻利维亚（7%～40%） 印度尼西亚（7%～40%） 菲律宾（3%～7%） 巴布亚新几内亚（3%～7%） 马达加斯加（3%～7%） 巴拉圭（3%～7%） 喀麦隆（＜3%） 巴基斯坦（＜3%）

续表

资金分配方案	预期数量（种）	需分配资金的国家和比例
c 将碳排放控制在最小限度的同时保护 2 倍生物多样性方案	19.2	巴西（＞40%） 委内瑞拉（7%～40%） 玻利维亚（7%～40%） 巴拉圭（3%～7%） 喀麦隆（3%～7%） 马达加斯加（3%～7%） 秘鲁（＜3%） 巴布亚新几内亚（＜3%） 喀麦隆（＜3%）

此外，低影响伐木和农林混合经营这样的林业和农业的综合管理经营方式（本章第三节），通过为生物提供栖息地，不仅保护了生物的多样性，在碳固存方面也有很好的表现（Sharrow & Ismail 2004；Miller et al. 2011）。这些研究有望在 REDD 实地项目的有效推进中发挥作用。

二、品种改良

树木对环境变化的敏感性因物种而异，但研发能抵御气候变化的品种可能也是一种应对措施。

与作物相比，树木的育种历史相对较短，大约 100 年前才开始（Fowler 1978）。日本有一种传统的精英树木选拔法，这种方法能够评估树木在漫长生长史中存在的各种风险。与农作物相比，杂交改良在这种方法中实际应用的案例比较有限。例如，为了提高树木的抗冻性，将温带地区具有抗冻性的树种与热带地区树种进行种间杂交（Duncan et al. 1996）。此外，在松属中，通过将对病原体有耐受性的物种和在生长方面具有优良性状的物种进行杂交，培育出了同时具有这两种优良性状的品种（Duncan et al. 1996）。

在以往的育种中，主要基于对表型的选择来培育出优良的品系。然而，由于树木生长需要时间，需要相当长的时间来评估通过交配产生的品种，因此研究人员进行了 DNA 标记和性状之间关系的调查和研究（Aitken et al. 2008；Neale & Kremer 2011；Shepherd et al. 2006）。即使在遗传因子不明的情况下，只要明确 DNA 标记和性状之间的关联，就可能培育出具有所需性状的个体（DNA 标记选择）。

此外，对树种进行基因组测序（如杨树），将已确定完整碱基序列的树种作为模型树种，寻找同模型树种中明确的遗传因子相似的序列来作为候选遗传因子的方法也在研讨中（Neale & Kremer 2011）。另外，遗传多样性的丧失也会带来其他风险，因此必须小心谨慎。

掌握树木适应环境能力的相关知识对于应对气候变化至关重要。因此，对发芽物候、害虫耐受性、耐旱性等生态学上重要的性状和相关遗传因子的研究也在积极地进行中（Hamanishi & Campbell 2011；Kremer et al. 2011）。这些研究有望成为应对气候变化的有效适应性措施。

近年来，在基因组水平上阐明物种对疾病等环境驱动因素响应特性的研究［景观基因组学（landscape genomics）］引起了关注（Allendorf et al. 2010；Neale & Kremer 2010）。这是一种在景观尺度上收集大量样本，使用数十到数百个 DNA 标记，试图阐明树木对环境的潜在响应的方法（Schwartz et al. 2010）。虽然需要地理信息系统（GIS）等大型数据库，但是有可能在区域个体种群层面上能够预测其对环境变化的响应，并且也能够为制定保护区的配置等保全措施提供有用的信息。

三、栖息地连接和人为移动

为应对环境变化，移动扩散是物种生存的另一种方式。如果森林被隔断、栖息地孤立分布的话，将极大地阻碍物种在区域上的移动分布。因此，沿着气候梯度平行保持栖息地的连通性（通路），并将分割障碍控制在最低限度，这是未来将要采取的策略（Noss 2001）。然而，目前尚不清楚物种的迁移能力是否能够赶上前所未有的快速变化的气候。

根据日本森林综合研究所的数据，由于全球变暖的影响，预计在 2081～2100 年，白神山山毛榉的分布区域将归零（松井等 2007）。目前，北海道山毛榉适宜的分布区域仅限于北海道南部，预计随着全球变暖的演进，会形成一个新的适宜分布区，但人类对土地的利用很有可能会阻碍物种在自然状态下的移动分布。如此，可以选择人工移植以保护山毛榉种群。实际上，在加拿大不列颠哥伦比亚省，相关部门已经开始考虑对商用树种的树苗进行应对全球变暖的迁移管理（Marris 2009）。

虽然有人赞同这种森林的管理方法是实用并且先进的，但也有人认为人为移植的植物可能会成为移植目的地的"外来物种"而带来风险，但批评这种方法为时尚早。Richardson 等（2009）结合了生态学和社会学标准，进行了多维分析，以避免气候变化下物种和种群的丧失为目的，提出了一个涉及人为移动的客观决策过程。

因此，通过全面了解目标物种在气候变化下受到的影响、对移动目的地的影响、移动的可行性、移动的社会接受程度，便可以与其他环境保护对策进行比较研究。决策者之间意见的不一致往往会导致生物多样性的减少。今后，需要进一步完善信息和判断标准，以便做出最佳的政策决定。

第五节　结　语

提供各种生态系统服务的森林对人类福祉和安全做出了巨大贡献。然而，除了某些供给服务外，人们尚未充分了解生态系统服务。单一栽培人工林的扩大、人工林的废弃、森林转变为农业用地和住宅用地等现象正在迅速发展。在这样的森林环境中，不仅不能充分发挥生态系统功能，还有可能无法应对气候变化引起的干扰规模和程度的变化，并且可能造成森林和周边地区的破坏程度增大。

作为避免这种情况的措施之一，近年来，人们探讨了森林管理中各种适应型技术实施的可能性。但是，与农作物不同，森林的生长形成需要相当长的时间，因此很难评估新研究技术的效果。在大面积森林中，引进适应型技术并评估其效果将更加困难。

基于这些观点，为了在森林中广泛采用适应型技术，有必要通过长期监测获得的数据和灵活运用遥感技术来高效掌握广域中适应型技术的引入情况及其影响。另外，即使该适应型技术被认为是有效的，如果不能应用于实践那将毫无意义。

本章提到了 REDD 和认证制度等社会经济体系，但"开发"适应型技术的同时，有必要建立能够应用于实践的社会经济体系。如果仅根据对木材生产的影响评估适应型技术，则实施成本可能不会超过预期收益。但是，如果对森林所具有的各种生态系统服务进行正确评估，预期收益就可能会超过实施成本。通过适当的经济评估方法来评估木材供应以外的生态系统服务的同时，也有必要推进相关的研究，来设计引入适应型技术的经济激励措施。

参 考 文 献

小池文人（2007）外来生物リスクの評価と管理.『生態環境リスクマネジメントの基礎』（浦野紘平・松田裕之編），pp. 109-127. オーム社.

小杉賢一朗（2004）森が水を貯める仕組み：「緑のダム」の科学的評価の試み.『緑のダム森林・河川・水循環・防災』（蔵治光一郎・保屋野初子編），pp. 36-55. 築地書館.

小林正秀・萩田実（2000）ナラ類集団枯損の発生経過とカシノナガキクイムシの捕獲. 森林応用研究，9, 133-140.

佐々木寧・田中規夫（2011）東北地方太平洋沖地震における津波被害と海岸林の状況：仙台平野（福島県，宮城県）における海岸林被害状況調査結果．http://iest.saitama-u.ac.jp/project/file/report-tsunami-Sendai%20Heiya20110609.pdf.

松井哲哉・田中信行・八木橋勉（2007）世界遺産白神山地ブナ林の気候温暖化に伴う分布適域の変化予測. 日本森林学会誌，89, 7-13.

黒田慶子（2008）里山を今後どう管理していくのか.『ナラ枯れと里山の健康』（黒田慶子編），pp. 159-166. 全国林業改良普及協会.

斎藤正一・野崎愛（2008）被害形態別の防除方法.『ナラ枯れと里山の健康』（黒田慶子編），pp. 135-157. 全国林業改良普及協会.

横田岳人（2006）林床からササが消える稚樹が消える.『世界遺産をシカが食うシカと森の生態学』（湯本貴和・松田裕之編），pp. 105-123. 文一総合出版.

Aitken, S, N., Yeaman, S., Holliday, J. A. et al. (2008) Adaptation, migration or extirpation: climate change outcomes for tree populations. Evolutionary Applications, 1, 95-111.

Allendorf, F. W., Hohenlohe, P. A. & Luikart, G. (2010) Genomics and the future of conservation genetics. Nature Review Genetics, 11, 697-709.

Alofs, K. M. & Fowler, N. L. (2010) Habitat fragmentation caused by woody plant encroachment inhibits the spread of an invasive grass. Journal of Applied Ecology, 47, 338-347.

Anderson, S., Udawatta, R., Seobi, T. et al. (2009) Soil water content and infiltration in agroforestry buffer strips. Agroforestry Systems, 75, 5-16.

Asner, G. P., Knapp, D. E., Broadbent, E. N. et al. (2005) Selective logging in the Brazilian Amazon. Science, 310, 480-482.

Baker, W. L. (1994) Restoration of landscape structure altered by fire suppression. Conservation Biology, 8, 763-769.

Barbier, E. B., Koch, E. W., Silliman, B. R. et al. (2008) Vegetation's role in coastal protection: response. Science, 320, 177.

Bayas, J. C. L., Marohn, C., Dercon, G. et al. (2011) Influence of coastal vegetation on the 2004 tsunami wave impact in west Aceh. Proceedings of the National Academy of Sciences USA, 108, 18612-18617.

Bengtsson, J., Nilsson, S. G., Franc, A. et al. (2000) Biodiversity, disturbances, ecosystem function and management of European forests. Forest Ecology and Management, 132, 39-50.

Bhagwat, S. A., Willis, K. J., Birks, H. J. B. et al. (2008) Agroforestry: a refuge for tropical biodiversity? Trends in Ecology and Evolution, 23, 261-267.

Bigger, M. (1985) The effect of attack by Amblypelta cocophaga China (Hemiptera: Coreidae) on growth of *Eucalyptus deglupta* in the Solomon Islands. Bulletin of Entomological Research, 75, 595-608.

Blanford, H. R. (1958) Highlights of one hundred years of forestry in Burma. Empire Forestry Review, 37, 33-42.

Blennow, K., Andersson, M., Sallnäs, O. et al. (2010) Climate change and the probability of wind damage in two Swedish forests. Forest Ecology and Management, 259, 818-830.

Blom, B., Sunderland, T., Murdiyarso, D. (2010) Getting REDD to work locally: lessons learned from integrated conservation and development projects. Environmental Science and Policy, 13, 164-172.

Butler, R. A. & Laurance, W. F. (2008) New strategies for conserving tropical forests. Trends in Ecology and Evolution, 23, 469-472.

Canadell, J. G., Quéré, C. L., Raupach, M. R. et al. (2007) Contributions to accelerating atmospheric CO_2 growth from economic activity, carbon intensity, and efficiency of natural sinks. Proceedings of the National Academy of Sciences USA, 104, 18866-18870.

Chen, H. Y. H. & Klinka, K. (2003) Aboveground productivity of western hemlock and western redcedar mixed-species stands in southern coastal British Columbia. Forest Ecology and Management, 184, 55-64.

Cochard, R., Ranamukhaarachchi, S. L., Shivakoti, G. P. et al. (2008) The 2004 tsunami in Aceh and Southern Thailand: A review on coastal ecosystems, wave hazards and vulnerability. Perspectives in Plant Ecology, Evolution and Systematics, 10, 3-40.

Conklin, H. C. (1957) Hanunoo Agriculture. FAO, Rome.

Conover, M. R. (2002) Resolving Wildlife Conflicts: the Science of Wildlife Damage Management. Lewis Publishers, Boca Raton, FL.

Craven, S. R. & Hygnstrom, S. E. (1994) Deer. *In*: Prevention and Control of Wildlife Damage. Paper 47. University of Nebraska Cooperative Extension (Hygnstrom, S. E., Timm, R. M. & Larson, G. E., eds.), pp. D25-D40. Lincoln, NE.

Crow, T. R. & Perera, A. H. (2004) Emulating natural landscape disturbance in forest management-an introduction. Landscape Ecology, 19, 231-233.

Danielsen, F., Sørensen, M. K., Olwig, M. F. et al. (2005) The Asian tsunami: a protective role for coastal vegetation. Science, 310, 643.

Das, S. & Vincent, J. R. (2009) Mangroves protected villages and reduced death toll during Indian super cyclone. Proceedings of the National Academy of Sciences USA, 106, 7357-7360.

DeFries, F., Hansen, A., Newton, A. et al. (2005) Increasing isoration of protected areas in tropical forests over the past twenty years. Ecological Applications, 15, 19-26.

Duncan, P. D., White, T. L. & Hodge, G. R. (1996) First-year freeze hardiness of pure species and hybrid taxa of *Pinus elliottii* (Engelman) and *Pinus caribaea* (Morelet). New Forests, 12, 223-241.

Ebeling, J. & Yasue, M. (2009) The effectiveness of market-based conservation in the tropics: forest certification in Ecuador and Bolivia. Journal of Environmental Management, 90, 1145-1153.

Enari, H. & Suzuki, T. (2010) Risk of agricultural and property damage associated with the recovery of Japanese monkey populations. Landscape and Urban Planning, 97, 83-91.

FAO (2005) Global Forest Resource Assessment 2005. FAO, Rome.

FAO (2007) State of the World's forests 2007. FAO, Rome.

Finney, M. A. (2001) Design of regular landscape fuel treatment patterns for modifying fire growth and behavior. Forest Science, 47, 219-228.

Finney, M. A., McHugh, C. W. & Grenfell, I. C. (2005) Stand-and landscape-level effects of prescribed burning on two Arizona wildfires. Canadian Journal of Forest Research, 35, 1714-1722.

Forbes, K. & Broadhead, J. (2007) The role of coastal forests in the mitigation of tsunami impacts. FAO Regional Office Bangkok.

Foster, D. R. & Boose, E. R. (1992) Patterns of forest damage resulting from catastrophic wind in central New England, USA. Journal of Ecology, 80, 79-98.

Fowler, D. P. (1978) Population improvement and hybridization. Unasylva, 30, 21-26.

Frivold, L. H. & Frank, J. (2002) Growth of mixed birch-coniferous stands in relation to pure coniferous stands at similar sites in south-eastern Norway. Scandinavian Journal of Forest Research, 17, 139-149.

FSC (2012) Global FSC certificates: type and distribution. Forest Stewardship Council, Bonn.

Gebert, K. M. & Calkin, D. (2004) Study: rising suppression costs linked to increase severity of fire season. The forestry Source, February (Newspaper).

Gibbs, H. K., Brown, S., Niles, J. O. et al. (2007) Monitoring and estimating tropical forest carbon stocks: making REDD a reality. Environmental Research Letters, 2, 1-13.

Hamanishi, E. T. & Campbell, M. M. (2011) Genome-wide responses to drought in forest trees. Forestry, 84, 273-283.

Hansen, A. J. & Rotella, J. J. (2002) Biophysical factors, land use, and species viability in and around nature reserves. Conservation Biology, 16, 1-12.

Harada, K. & Imamura, F. (2005) Effects of coastal forest on tsunami hazard mitigation: a preliminary onvestigation. *In*: Tsunamis (Satake, K., ed.), pp. 279-292. Springer, Netherlands.

Harvey, C. A., Dickson, B. & Kormos, C. (2009) Opportunities for achieving biodiversity conservation through REDD. Conservation Letters, 3, 53-61.

Hasegawa, M., Ito, M., Kitayama, K. et al. (2006) Logging effects on soil macrofauna in the rain forests of Deramakot Forest Reserve, Sabah, Malaysia. *In*: Synergy between carbon management and biodiversity conservation in tropical rain forests. Proceedings of the 2nd workshop, Sandakan, Malaysia, 30 November-1 December 2005 (Lee, Y. F., ed.), pp. 53-56. DIWPA, Shiga.

Hastings, A., Cuddington, K., Davies, K. F. et al. (2005) The spatial spread of invasions: new developments in theory and evidence. Ecology Letters, 8, 91-101.

Hata, K., Suzuki, J. I., Kachi, N. et al. (2006) A 19-year study of the dynamics of an invasive alien tree, Bischofia javanica, on a subtropical oceanic island. Pacific Science, 60, 455-470.

Hygstrom, S. E. & Craven, S. R. (1988) Electric fences and commercial repellents for reducing deer damage in cornfields. Wildlife Society Bulletin, 11, 161-164.

Irtem, E., Gedik, N., Kabdasli, M. S. et al. (2009) Coastal forest effects on tsunami runup heights. Ocean Engineering, 36, 313-320.

Jactel, H., Brockerhoff, E., Duelli, P. et al. (2005) A test of the biodiversity-stability theory: meta-analysis of tree species diversity effects on insect pest infestations, and re-examination of responsible factors. In: Forest Diversity and Function (Scherer-Lorenzen, M., Körner, C. & Schulze, E., eds.), pp. 235-262. SpringerVerlag, Berlin.

Jalkanen, A. & Mattila, U. (2000) Logistic regression models for wind and snow damage in northern Finland based on the National Forest Inventory data. Forest Ecology and Management, 135, 315-330.

Jose, S. (2009) Agroforestry for ecosystem services and environmental benefits: an overview. Agroforestry Systems, 76, 1-10.

Jose, S., Gillespie, A. R. & Pallardy, S. G. (2004) Interspecific interactions in temperate agroforestry. Agroforestry Systems, 61, 237-255.

Keane, R. M. & Crawley, M. J. (2002) Exotic plant invasions and the enemy release hypothesis. Trends in Ecology and Evolution, 17, 164-170.

Kelty, M. J. (2006) The role of species mixtures in plantation forestry. Forest Ecologyand Management, 233, 195-204.

Kerr, A. M. & Baird, A. H. (2007) Natural barriers to natural disasters. BioScience, 57, 102-103.

King, K. F. S. (1987) Thehistory of agroforestry. In: Agroforestry: A Decade of Development (Steppler, H. A. & Nair, P. K. R., eds.), pp. 3-12. International Council for Research in Agroforestry, Nairobi.

Knoke, T. & Seifert, T. (2008) Integrating selected ecological effects of mixed European beech-Norway spruce stands in bioeconomic modelling. Ecological Modelling, 210, 487-498.

Knoke, T., Ammer, C., Stimm, B. et al. (2008) Admixing broadleaved to coniferous tree species: a review on yield, ecological stability and economics. European Journal of Forest Research, 127, 89-101.

Konoshima, M., Albers, H. J., Montgomery, C. A. et al. (2010) Optimal spatial patterns of fuel management and timber harvest with fire risk. Canadian Journal of Forest Research, 40, 95-108.

Kramer, M. G., Hansen, A. J., Taper, M. L. et al. (2001) Abiotic controls on longterm windthrow disturbance and temperate rain forest dynamics in southeast Alaska. Ecology, 82, 2749-2768.

Kremer, A., Vinceti, B., Alia, R. et al. (2011) Forest ecosystem genomics and adaptation: EVOLTREE conference report. Tree Genetics and Genomes, 7, 869-875.

Lagan, P., Mannan, S. & Matsubayashi, H. (2007) Sustainable use of tropical forests by reduced-impact logging in Deramakot Forest Reserve, Sabah, Malaysia. Ecological Research, 22, 414-421.

Lambin, E. F., Geist, H. J. & Lepers, E. (2003) Dynamics of land-use and land-cover change in tropical regions. Annual Review of Environment and Resources, 28, 205-241.

Lee, K. H., Isenhart, T. M. & Schultz, R. C. (2003) Sediment and nutrient removal in an established multi-species riparian buffer. Journal of Soil and Water Conservation, 58, 1-8.

Linden, M. & Agestam, E. (2003) Increment and yield in mixed and monoculture stands of *Pinus sylvestris* and *Picea abies* based on an experiment in Southern Sweden. Scandinavian Journal of Forest Research, 18, 155-162.

Lohmander, P. & Helles, F. (1987) Windthrow probability as a function of stand characteristics and shelter. Scandinavian Journal of Forest Research, 2, 227-238.

Long, J. N. (2009) Emulating natural disturbance regimes as a basis for forest management: a North American view. Forest Ecology and Management, 257, 1868-1873.

MA (Millenium Ecosystem Assessment) (2005) Ecosystems and Human Well-being: Synthesis. Island Press.

Marris, E (2009) Forestry: planting the forest of the future. Nature, 459, 906-908.

Matsubayashi, H., Lagan, P., Majalap, N. et al. (2007) Importance of natural licks for the mammals in Bornean inland tropical rain forests. Ecological Research, 22, 742-748.

Mayer, P., Brang, P., Dobbertin, M. et al. (2005) Forest storm damage is more frequent on acidic soils. Annals of Forest Science, 62, 303-311.

Mehta, S. V., Haight, R. G., Homans, F. R. et al. (2007) Optimal detection and control strategies for invasive species management. Ecological Economics, 61, 237-245.

Meilby, H., Strange, N. & Thorsen, B. J. (2001) Optimal spatial harvest planning under risk of windthrow. Forest Ecology and Management, 149, 15-31.

Melick, D. (2010) Credibility of REDD and experiences from Papua New Guinea. Conservation Biology, 24, 359-361.

Méndez, V., Shapiro, E. & Gilbert, G. (2009) Cooperative management and its effects on shade tree diversity, soil properties and ecosystem services of coffee plantations in western El Salvador. Agroforestry Systems, 76, 111-126.

Miles, L. & Kapos, V. (2008) Reducing greenhouse gas emissions from deforestation and forest degradation: global land-ise implications. Science, 320, 1454-1455.

Miller, S. D., Goulden, M. L., Hutyra, L. R. et al. (2011) Reduced impact logging minimally alters tropical rainforest carbon and energy exchange. Proceedings of the National Academy of Sciences USA, 29, 19431-19435.

Neale, D. B. & Kremer, A. (2011) Forest tree genomics: growing resources and applications. Nature Review Genetics, 12, 111-122.

Nelson, E., Polasky, S., Lewis, D. J. et al. (2008) Efficiency of incentives to jointly increase carbon sequestration and species conservation on a landscape. Proceedings of the National Academy of Sciences USA, 105, 9471-9476.

Nepstad, D. C., Verssimo, A., Alencar, A. et al. (1999) Large-scale impoverishment of Amazonian forests by logging and fire. Nature, 398, 505-508.

Noss, R. F. (2001) Beyond Kyoto: forest management in a time of rapid climate change. Conservation Biology, 15, 578-590.

Ojo, G. J. A. (1966) Yoruba Culture: A Geographical Analysis. University of London Press.

Parikesit, P., Takeuchi, K., Tsunekawa, A. et al. (2005) Kebon tatangkalan: a disappearing agroforest in the Upper Citarum Watershed, West Java, Indonesia. Agroforestry Systems, 63, 171-182.

Pereira Jr, R., Zweede, J., Asner, G. P. et al. (2002) Forest canopy damage and recovery in reduced-impact and conventional selective logging in eastern Para, Brazil. Forest Ecology and Management, 168, 77-89.

Perfecto, I., Vandermeer, J., Mas, A. et al. (2005) Biodiversity, yield, and shade coffee certification. Ecological Economics, 54, 435-446.

Perkins, T. E. & Matlack, G. R. (2002) Human-generated pattern in commercial forests of southern Mississippi and consequences for the spread of pests and pathogens. Forest Ecology and Management, 157, 143-154.

Peterson, C. J. (2004) Within-stand variation in windthrow in southern boreal forests of Minnesota: is it predictable? Canadian Journal of Forest Research, 34, 365-375.

Pimm, S. L., Jones, L. & Diamond, J. (1988) On the risk of extinction. American Naturalist, 132, 757-785.

Priess, J. A., Mimler, M., Klein, A. M. et al. (2007) Linking deforestation scenarios to pollination services and economic returns in coffee agroforestry systems. Ecological Applications, 17, 407-417.

Putz, F. E. & Redford, K. H. (2009) Dangers of carbon-based conservation. Global Environmental Change, 19, 400-401.

Retamosa, M. I., Humberg, L. A., Beasely, J. C. et al. (2008) Modeling wildlife damage to crops in northern Indiana. Human-Wildlife Conflicts, 2, 225-239.

Richardson, D. M., Hellmann, J. J., McLachlan, J. S. et al. (2009) Multidimensional evaluation of managed relocation. Proceedings of the National Academy of Sciences USA, 106, 9721-9724.

Ruel, J. C., Pin, D. & Cooper, K. (2001) Windthrow in riparian buffer strips: effect of wind exposure, thinning and strip width. Forest Ecology and Management, 143, 105-113.

Rytwinski, A. & Crowe, K. A. (2010) A simulation-optimization model for selecting the location of fuel-breaks to minimize expected losses from forest fires. Forest Ecology and Management, 260, 1-11.

Scheller, R. M. & Mladenoff, D. J. (2005) A spatially interactive simulation of climate change, harvesting, wind, and tree species migration and projected changes to forest composition and biomass in northern Wisconsin, USA. Global Change Biology, 11, 307-321.

Schütz, J. P., Götz, M., Schmid, W. et al. (2006) Vulnerability of spruce (*Picea abies*) and beech (*Fagus sylvatica*) forest stands to storms and consequences for silviculture. European Journal of Forest Research, 125, 291-302.

Schwartz, M. K., Luikart, G., McKelvey, K. S. et al. (2010) Landscape genomics: a brief perspective. *In*: Spatial Complexity, Informatics, and Wildlife Conservation (Cushman, S. & Huettmann, F. ed.), pp. 165-174. Springer, New York.

Seino, T., Takyu, M., Aiba, S. et al. (2006) Floristic composition, stand structure, and above-ground biomass of the tropical rain forests of Deramakot and Tangkulap Forest Reserve in Malaysia under different forest managements. *In*: Synergy between carbon management and biodiversity conservation in tropical rain forests. Proceedings of the 2nd workshop, Sandakan, Malaysia, 30 November-1 December 2005 (Lee, Y. F., ed.). DIWPA, Shiga.

Sharrow, S. H. & Ismail, S. (2004) Carbon and nitrogen storage in agroforests, tree plantations, and pastures in western Oregon, USA. Agroforest Systems, 60, 123-130.

Shepherd, M., Huang, S., Eggler, P. et al. (2006) Congruence in QTL for adventitious rooting in *Pinus elliottii* × *Pinus caribaea* hybrids resolves between and within species effects. Molecular Breeding, 18, 11-28.

Shukla, A., Kumar, A., Jha, A. et al. (2009) Effects of shade on arbuscular mycorrhizal colonization and growth of crops and tree seedlings in Central India. Agroforestry Systems, 76, 95-109.

Sist, P. & Ferreira, F. N. (2007) Sustainability of reduced-impact logging in the Eastern Amazon. Forest Ecology and Management, 243, 199-209.

Steffan-Dewenter, I., Kessler, M., Barkmann, J. et al. (2007) Tradeoffs between income, biodiversity, and ecosystem functioning during tropical rainforest conversion and agroforestry intensification. Proceedings of the National Academy of Sciences USA, 104, 4973-4978.

Streck, C. (2010) Reducing emissions from deforestation and forest degradation: national implementation of REDD schemes. Climatic Change, 100, 389-394.

Suarez, A. V., Holway, D. A. & Case, T. J. (2001) Patterns of spread in biological invasions dominated by long-distance jump dispersal: insights from Argentine ants. Proceedings of the National Academy of Sciences USA, 98, 1095-1100.

Tanaka, N (2009) Vegetation bioshields for tsunami mitigation: review of effectiveness, limitations, construction, and sustainable management. Landscape and Ecological Engineering, 5, 71-79.

Tanaka, N., Sasaki, Y., Mowjood, M. et al. (2007) Coastal vegetation structures and their functions in tsunami protection:

experience of the recent Indian Ocean tsunami. Landscape and Ecological Engineering, 3, 33-45.

Thiffault, N. & Roy, V. (2011) Living without herbicides in Québec (Canada): historical context, current strategy, research and challenges in forest vegetation management. European Journal of Forest Research, 130, 117-133.

Uhl, C., Barreto, P., Verissimo, A. et al. (1997) Natural resource management in the Brazilian Amazon. Bioscience, 47, 160-168.

Varangis, P., Crossley, R. & Braga, C. (1995) Is there a commercial case for tropical timber certification? World Bank policy research working paper 1479. World Bank, International Economics Department, Commodity Policy and Analysis Unit, Washington DC.

Vehviläinen, H., Koricheva, J. & Ruohomäki, K. (2008) Effects of stand tree species composition and diversity on abundance of predatory arthropods. Oikos, 117, 935-943.

Venter, O., Laurance, W. F., Iwamura, T. et al. (2009) Harnessing carbon payments to protect biodiversity. Science, 326, 1368.

VerCauteren, K. C., Lavelle, M. J. & Hygnstrom, S. (2006) Fences and deer-damage management: a review of designs and efficacy. Wildlife Society Bulletin, 34, 191-200.

White, J. A. & Whitham, T. G. (2000) Associational susceptibility of cottonwood to a box elder herbivore. Ecology, 81, 1795-1803.

Wilken, G. C. (1977) Integrating forest and small-scale farm systems in Middle America. Agroecosystems, 3, 291-302.

Williamson, J. & Harrison, S. (2002) Biotic and abiotic limits to the spread of exotic revegetation species in oak woodland and serpentine habitats. Ecological Applications, 12, 40-51.

Willisams, D. A., Muchugu, E., Overholt, W. A. et al. (2007) Colonization patterns of the invasive Brazilian peppertree, Schinus terebinthifolius, in Florida. Heredity, 98, 284-293.

Wilson, J. S. & Baker, P. J. (2001) Flexibility in forest management: managing uncertainty in Douglas-fir forests of the Pacific Northwest. Forest Ecology and Management, 145, 219-227.

Wilson, J. (2004) Vulnerability to wind damage in managed landscapes of the coastal Pacific Northwest. Forest Ecology and Management, 191, 341-351.

With, K. A. (2002) The landscape ecology of invasive spread. Conservation Biology, 16, 1192-1203.

Wright, T. & Carlton, J. (2007) FSC's 'green' label for wood products gets growing pains. Wall Street Journal, October 30, B1.

Yamashita, N., Ishida, A., Kushima, H. et al. (2000) Acclimation to sudden increase in light favoring an invasive over native trees in subtropical islands, Japan. Oecologia, 125, 412-419.

Zeng, H., Peltola, H., Väisänen, H. et al. (2009) The effects of fragmentation on the susceptibility of a boreal forest ecosystem to wind damage. Forest Ecology and Management, 257, 1165-1173.

Zeng, H., Talkkari, A., Peltola, H. et al. (2007) A GIS-based decision support system for risk assessment of wind damage in forest management. Environmental Modelling and Software, 22, 1240-1249.

第五章

适应型技术在防疫中的潜力

| 原著：後藤 彰·金成 安慶·河田 雅圭；译者：金秋 |

医疗技术的发展和卫生环境的大幅改善已遏制了许多传染病，但并未从根本上消除。近年来，人类反而受到新传染病的威胁，而这与生物多样性的变化有着因果联系。本章首先简要介绍了人类所采用的"克服型防疫技术"，随后详细阐述了利用生物和生态系统天然免疫力和抵抗力的"适应型技术"。从个体/种群层次，阐明生物免疫力和抵抗力、栖息地和生物多样性的抵抗力及与之相应的疾病预防。

第一节　生物个体层面的防疫管理

所谓自然愈合力，就是生物本身具有的生命力。例如，如果走在路上摔倒并受伤，我们的细胞就会通过自我更新能力开始修复组织。然而，数以千万计的病原体会同时侵入伤口并开始攻击宿主。因此，我们使用免疫系统来防止病原体感染，同时启动自我再生程序并最终修复伤口。

如果生物体本身就没有免疫系统或再生能力，那么就不会存在手术这种治疗方法了。即使使用再多的消毒剂和抗生素来预防细菌感染，如果生物体没有自然愈合能力，我们所受到的伤害和疾病将终生无法痊愈，如果我们停止使用该药物，我们的身体将会立即腐烂。

因此，自然愈合能力是维持生命必不可少的能力，它控制着生物机体的稳定性、生物防御、自我修复和再生等。在本章中，我们将介绍在生物个体/细胞层面的自然愈合能力中起主要作用的免疫（天然免疫和获得性免疫），并解说其按照时间序列的激活机制（图 5-1），同时研究利用这种适应性的传染病控制和防疫技术及未来的发展前景。

一、天然免疫和获得性免疫

天然免疫是从植物到昆虫等几乎所有生物物种共有的机体防御反应之一（概

念扩展 5-2）。站在抗感染防御最前沿的天然免疫，与涉及抗体产生等基因组重排的获得性免疫不同，仅使用在基因组中被编码的有限遗传信息，来识别不同病原体相关分子模式，并迅速地清除异物和病原体。简单来说，获得性免疫只是一种不会再有第二次发病的现象（概念扩展 5-3），即它是一种免疫记忆反应，对于先前遇到的抗原，其反应性会特异性地增加。

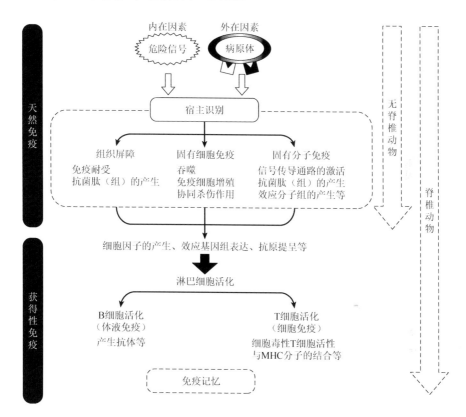

图 5-1　生物免疫系统天然免疫和获得性免疫活化过程示意图。宿主通过将异常的自我组织（内部因素）或病原体（外部因素）识别为非我来激活天然免疫。天然免疫的激活通过抗菌肽和细胞因子等各种效应分子基因组的表达和抗原提呈，来诱导淋巴细胞活化，并激活伴随免疫记忆的获得性免疫。一般认为，无脊椎动物仅有天然免疫，脊椎动物通过天然免疫和获得性免疫来进行机体防御。

　　天然免疫和获得性免疫之间的最大区别是免疫记忆的存在与否，即对第二次遇到异物的反应效率是相同还是增加。虽然这种免疫记忆的概念是一种极其文学的表达，但近年来，这种现象的机制在分子水平上也得到了证实。然而，天然免疫并不意味着根本没有记忆，它通过遗传记忆（如用识别病原体的模式识别受体，结合糖链的凝集素等）进行物种或生物之间的反应。因此，可以这样认为，通过长期种系发育与进化过程形成记忆的免疫是天然免疫，通过个体记忆的免疫是获得性免疫。

二、利用生物免疫适应力的防疫对策的意义

目前，在临床实践中使用的抗生素种类繁多。自1929年弗莱明发现青霉素以来，头孢、大环内酯类和碳青霉烯类等各种类型的药物陆续诞生。事实上，得益于这些抗生素，以前被视为致命疾病的结核病和伤寒等感染，现在几乎能够完全治愈。然而，即使以巨大的成本和历经数年开发出新的抗生素，往往耐药性细菌也会在几年之内出现，可以说抗生素的开发过程也是与耐药性细菌作斗争的过程。而且，这些抗生素基本上对病毒、真菌（霉菌）和寄生虫没有效果。近年来，由于性价比不高等原因，很多制药公司已开始退出新抗生素的开发。

同样的问题也发生在有害生物防治方面，对杀虫剂产生抗药性的害虫开始增加。此外，在喷洒杀虫剂的情况下，如果使用方法不正确，消除了携带病原体的昆虫的同时，也杀死了未感染的昆虫以及益虫。因此，这种方法对生态系统的影响和经济的损失非常大。所以，无差别根除导致传染病的病原体或携带病原体的媒介昆虫，这种克服型措施目前已经渐渐暴露了其缺点。

如上所述，生物的免疫力，即生物体本身所具有的防疫能力，多年来已经进化成高度复杂、多阶段且具有多样性的生物防御机制。此外，正如天然免疫中特异性识别病原体的共同模式PRRs，以及获得性免疫中抗体的产生等，这种机制能够从较少的资源（基因总数为20 000左右）中快速且有效地消除无数种病原体或自身异常组织。迄今为止，我们所做的各种克服型措施的弊端，即耐药菌和耐药性害虫的出现，已经成为一个主要的社会问题。在分子水平理解并有效利用生物体的免疫适应机制，有望在今后新的防疫措施上取得突破。

三、免疫增强剂

免疫增强剂（也称为免疫佐剂）是激活天然免疫并增强感染抵抗力的物质。具体而言，有被称为生物反应调节剂（biological response modifier，BRM）的减毒结核杆菌BCG（结核菌素）、细菌多糖类成分［OK-432（阿拉伯半乳聚糖）、香菇多糖（β-1, 3-葡聚糖）、krestin等］或各种细胞因子（干扰素、白细胞介素-2和白细胞介素-12、肿瘤坏死因子TNF等）。这些BRM通过激活免疫细胞，如NK细胞、巨噬细胞、树突细胞等表现出抗肿瘤活性。

根据经验已知BCG具有抗肿瘤作用。此后的研究证明，该活性的主体是CpG DNA，并且通过诱导抗原呈递细胞Toll-like receptor 9（TLR9）介导的Th1应答，发挥免疫刺激作用（Hemmi et al. 2000；概念扩展5-1）。有报道称细菌多糖类成分可以激活各种免疫细胞，但尚未阐明其详细的作用机制。

除 BRM 外，主要由免疫细胞分泌的信号传导因子——细胞因子，作为与癌症的三种主要疗法（手术治疗、放射治疗、化学疗法）并行的第四种"免疫疗法"正被频繁使用，其治疗潜力正在引起人们的关注（Dougan & Dranoff 2009）。与迄今为止使用的三种主要疗法的外部应对疗法不同，该免疫疗法是增强生物体天然免疫功能从而攻击癌细胞的方法。关于 NK 细胞刺激因子白细胞介素-12 的抗肿瘤作用（Engel & Neurath 2010；Xu et al. 2010），干扰素等的抗病毒和抗肿瘤作用已有诸多研究报道（Pasquali & Mocellin 2010；Hall & Rosen 2010）。然而，这些细胞因子疗法需要大剂量的药物，并且会产生严重的副作用，因此目前还在进行基础研究和临床开发。

此外，相关人员还进行了免疫细胞疗法的研究，这种疗法是将免疫细胞在体外培养/活化，并再次将其返回体内。通过白细胞介素-2 和抗 CD3 抗体激活取自患者的淋巴细胞，产生具有有效抗肿瘤活性的 LAK 细胞，或与肿瘤浸润淋巴细胞共同培养从而产生杀伤性 T 细胞，随后使其增殖，并最终返回患者体内。此外，NK 细胞疗法、自体淋巴细胞疗法及最近的树突细胞疗法（Pajtasz-Piasecka & Indrová 2010）和 NKT 细胞疗法等（Seino et al. 2006），也通过小鼠实验和临床试验证实了其抗肿瘤作用（山本 2008）。

这些免疫细胞疗法由于使用患者自身的细胞（自体细胞），具有基本无副作用并减轻患者自身负担的特点。该疗法作为一种可以将患者的生活质量（quality of life，QQL）维持在高水平的全身治疗，现在已经开始了其临床应用阶段。但遗憾的是，这种免疫疗法仍处于研究阶段，与三种主要疗法相比，尚未获得医学可信度（医疗保险不覆盖），并且尚不能确认为标准癌症治疗手段。事实上，很少有医疗机构积极采用这种免疫疗法。此外，由于接受该治疗的许多患者为晚期癌症，因此与三种主要疗法相比，其治疗效果也未得到合理评估。预计未来将进一步推进这方面的研究开发和临床应用。

免疫增强剂不仅用于临床，还用于养殖鱼类的疾病预防（Bricknell & Dalmo 2005；Tassakka & Sakai 2005）。因为鱼也会由于压力等原因导致免疫力下降，进而发生各种感染。因此，在鱼发生疾病之前给它一种免疫增强剂（非特异性抗原疫苗），以恢复其免疫力来防止感染。

与哺乳动物相比，鱼具有的免疫球蛋白数量较少（主要是众所周知的 IgM、IgD 和 IgT），并且对病原体起作用的非特异性的天然免疫占很大的比例。事实上，已经证实，壳多糖（几丁质）、乳铁蛋白、蛋清发酵成分、葡聚糖等能够激活鱼的免疫功能并增强其对抗疾病的防御能力（酒井 2008）。这些物质对人体无害，不会促进耐药菌等的进化，被认为是有效的方法之一。

人们还期望通过激活天然免疫产生的抗菌肽能够得以应用。抗菌肽是具有抗菌活性的肽，由 30 个左右的碱性氨基酸（负电荷）组成，在人体中，有 Defensin

和 Cathelicidin 等（Metz-Boutigue et al. 2010），在果蝇中，已证实有 Drosomycin、Diptericin、Attacin、Cecropin、Metchnikowin、Defensin、Drosocin 等（Bulet et al. 1999；Hetru et al. 2003），在青蛙中，自 Magainin（Zasloff 1987）以来，已发现了数百种抗菌肽（Zasloff 2002；Kawasaki & Iwamuro 2008）。

由于其特殊的二级结构，抗菌肽具有广谱抗菌作用。因此，与窄谱作用的抗生素相比，耐药性细菌很难产生。实际上，对果蝇的遗传分析也证明，通过激活天然免疫信号传导途径而诱导出的抗菌肽的过表达，赋予其对于感染的抗性（Tzou et al. 2002）。

然而，如果大量使用一种类型的抗菌肽，则可能出现比抗生素更强的耐药菌。与抗生素一样，使用它们时应十分谨慎。病原体感染后，生物体能够通过良好的平衡方式和适当的组合产生各种类型的抗菌肽，来有效地消除细菌。正确认识抗菌肽的具体表达机制和作用机理，有望应用于未来许多领域的防疫策略。

四、免疫抑制剂

免疫抑制剂在临床中用于抑制自身免疫性疾病和对器官移植的排斥。20 世纪 60 年代研发的硫唑嘌呤、20 世纪 80 年代研发的环孢素，以及 20 世纪 90 年代研发的他克莫司水合物用于器官移植，使得移植成功率大大提高。硫唑嘌呤通过 6-巯基嘌呤转化为活性物质硫代肌苷酸，来抑制 DNA 合成，这抑制了白细胞的增殖并延长了器官的存活时间。环孢素是一种在真菌 *Tolypocladeium inflatium* 中发现的环状多肽，由 11 种氨基酸组成。他克莫司是在放线菌 *Streptocyces tsukubaensis* 中发现的一种大环内酯类化合物。

它们通过抑制激活转录因子 NF-AT（nuclear factor of activated T cell）的钙调神经磷酸酶（钙/钙调蛋白依赖性磷酸酶）抑制效应 T 细胞发挥相应的功能。转录因子 NF-AT 有助于诱导白细胞介素-2、干扰素-γ、肿瘤坏死因子-α 等。近年来，还使用了 muromonab-CD3，其是与 CD3 结合并抑制 T 细胞功能的小鼠单克隆抗体（山本 2008）。

另外，对于风湿性疾病和炎症性肠病等自身免疫疾病，迄今为止已经进行了基于类固醇激素的治疗方法。类固醇系列的抗炎药通过与作为核受体的糖皮质激素受体结合，并以组蛋白脱乙酰酶为媒介来抑制炎性细胞因子的产生。它在临床中的应用也是多种多样的，即被用作"万能药"，目前有很多相关的药物都在医疗保险范围内。然而，由于这种类固醇药物最初是活体内皮质类固醇的合成类似物，因此在发挥相应药效的同时，如果使用不当会有肾上腺功能降低和感染等副作用。

在此情况下，随着近年免疫学研究的发展，新型免疫抑制剂的功效受到人们的广泛关注。除了上述如硫唑嘌呤、环孢素和他克莫司水合物等信号传导抑制剂之外，还存在具有不同作用机制的免疫抑制剂，如甲氨蝶呤（抗代谢物）和环磷酰胺（烷化剂）等。另外，近年来，运用与免疫增强剂相反的思路也进行了抗细胞因子治疗，这是一种通过使用炎症产生的各种细胞因子的抗体来抑制过度炎症反应的方法。其中有名的是用于治疗克罗恩病、溃疡性结肠炎、类风湿性关节炎等的抗 TNF-α 抗体和抗 IL-6 抗体，这些都是适用于医疗保险的。除此之外，还有许多其他抗细胞因子抗体可能也有一定的治疗效果。

值得一提的是，近年来，已经发现了一种直接控制天然免疫系统的免疫抑制剂——Eritoran。Eritoran 由 Eisai 开发，用于治疗严重脓毒症，并且自 2010 年开始进行Ⅲ期临床试验，是一种即将上市的药物（Tidswell et al. 2010）。Eritoran 是脂质 A 的类似物，脂质 A 是脂多糖的构成成分，并且通过充当 TLR4 的拮抗剂来抑制过度的天然免疫应答（Mullarkey et al. 2003）。

DHMEQ（一种 NF-κB 选择性抑制剂）的抗炎/抗癌作用也引起了人们的关注（Ariga et al. 2002）。此外，使用果蝇抗菌肽对基因体外（离体）系统的天然化合物筛选（screening）报告显示，环戊二醇类似物可以选择性地抑制天然免疫信号传导途径和免疫缺陷（immune deficiency，IMD）途径（Sekiya et al. 2008；Kikuchi et al. 2011）。此外，已经证明接种了环戊二醇类似物的果蝇个体对革兰氏阴性菌的感染抗性降低了，因此这些天然免疫调节化合物也有望应用于有害生物防治。

如果免疫抑制剂可以以某种方式应用于野外群体，那么也可以考虑应用于以下方面：在免疫力被抑制的群体中，能够降低感染病原体个体的存活率。因此，可以仅从群体中除去感染病原体的个体，并且无须根除宿主或媒介（vector），也无须急剧减少病原体个体的数量，就可以达到除去病原体的目的，并可以最大限度地减少对生态系统的影响。未来的挑战是免疫抑制剂能否安全、廉价地应用于野外群体。

如上所述，许多研究人员研究和开发了各种免疫增强剂或免疫抑制剂。与传统的克服型措施不同，这些研究和开发的思想都是基于利用生物体固有的免疫适应性，并在将来有望应用于医疗、农业和水产养殖等各个领域。但是，目前这些药物仍处于研究阶段，其效果的科学依据也很少。在安全性和成本方面仍存在许多问题，这将在未来进行进一步的研究。

概念扩展 5-1：宿主认知（自我/非我的概念）

自我/非我认知是免疫的本质，即宿主的免疫系统不会对自身的物质做出反应（免疫耐受），而对如细菌、病毒、真菌或寄生虫等病原体（外部因素），或受到压力、损伤或基因突变的自身组织（内部因素）等产生反应，这些因素被认为是非我而被免疫系统攻击。自我/非我识别系统的紊乱会引起各种疾病，如癌症、自身免疫疾病和遗传疾病。然而，关于宿主如何区分自我（≈同伴）和非我（≈敌人）的分子机制一直是处于未知的状态。

1989 年，Charles Janeway 教授在 Cold Spring Harbor 定量生物学研讨会的开幕演讲中，提出了一个惊人的自我和非我认知理论模型。他使用病原体相关分子模式（pathogen-associated molecular patterns，PAMPs）和宿主的模式识别受体（pattern recognition receptors，PRRs）来理解自我和非我识别。并且还提出了一个假说，即 PAMP-PRR 的相互作用（天然免疫的激活）能够诱导共刺激因子的产生和淋巴细胞活性（获得性免疫的激活）。

事实上，该假说能够从以往的经验中得到验证。当注射疫苗时，将表面活性剂、灭活结核杆菌和液体石蜡（paraffin）混合的佐剂（弗氏完全佐剂）与靶抗原一起注射，会导致抗体滴度的增加（疫苗效应）。Janeway 教授的博士后 Ruslan Medzhitov 进一步完善了这一理论模型（Medzhitov & Janeway 1997；Janeway et al. 2001；Janeway & Medzhitov 2002），并得到许多免疫学家的支持。

在此背景下，1996 年，Bruno Lemaitre 博士，Jules A. Hoffmann 教授和 Jean-Marc Reichhart 教授等研究小组公布了一项具有决定性的研究成果，这项研究成果基于果蝇的遗传学分析，成为目前关于天然免疫的研究迅速发展的一个契机。该研究成果发现，Toll 途径（已知该途径在果蝇早期胚胎背腹轴分化发育过程中起重要作用）有助于防御真菌感染（Lemaitre et al. 1996）。这一新发现表明哺乳动物可能具有与 Toll 相似的受体，并且它们可能会控制免疫信号的传导。

数年后，Medzhitov 博士等（1997）和 Bruce Beutler 教授等发现了识别脂多糖（LPS）的 Toll 样受体 4（TLR4）（Poltrak et al. 1998）。此外，审良静男教授等发现了识别细菌 DNA 的 Toll-like receptor 9（TLR9）（Hemmi et al. 2000）。之后，这些教授的研究小组依次鉴定识别了各种 PAMPs 的 Toll-like receptor。如此，Janeway 教授预测的 PAMP-PRR 假说通过实验得以证明。

近年来，除了 TLR 之外，还鉴定了识别细胞质中病毒 RNA 的 RNA 解旋酶、RLR（RIG-I like receptors，RIG-I 样受体）（Pichlmair et al. 2006；Kato 2008）和识别细菌的 NLR（NOD-like receptors，NOD 样受体）（Chamaillard et al. 2003；Girardin et al. 2003）等。另外，在 2004 年，Seong 博士和 Matzinger 教授等提出了作为自身免疫疾病导火索的内在因素，

损伤相关的分子模式 DAMP（danger-associated molecular pattern）的概念（Seong ＆ Matzinger 2004），并提出 NLR 可能是识别这种内源分子的 PRRs（Hysi et al. 2005；Davis et al. 2010）。

此外，在果蝇中，至少有 13 种不同的肽聚糖识别蛋白质（peptidoglycan recognition protein，PGRP）已被证明可作为 PRRs 发挥作用，有助于激活天然免疫信号传导途径（Goto ＆ Kurata 2006；Royet ＆ Dziarski 2007）。如此，激活各种 PRRs 特定的天然免疫信号传导途径，并诱导不同的免疫应答。相关学者认为这些 PAMPs 和 DAMPs 的重复识别使得免疫应答多样化，从而导致自身免疫疾病和慢性炎症。

概念扩展 5-2：天然免疫

天然免疫系统可大致分为组织屏障、固有免疫细胞和固有免疫分子（Janeway et al. 2001）。上皮组织不仅为病原体设置物理屏障，还通过其不断产生的杀菌、抑菌物质来防止病原体感染。另外，在消化道等上皮组织中，存在被称为免疫耐受的系统（Bluestone et al. 2010；大里 2000；木本 2007）。由于这种免疫耐受性，我们对平常吃的食物和非致病细菌等不会产生免疫反应，这种系统一旦出现紊乱就会引起食物过敏以及自身免疫疾病。

基本上，大多数病原体都能够通过组织屏障被排除在身体以外。然而，若是由于病原体很强大，或是出现创伤或宿主的免疫能力低下等原因，这些病原体通过上皮组织入侵机体时，接下来出动的强有力的天然免疫是固有免疫细胞和分子。顾名思义，细胞免疫是细胞直接作用的防御机制，具体来讲，就是吞噬细胞（单核细胞、巨噬细胞和中性粒细胞）对病原体的吞噬作用，或免疫细胞向炎症部位的移动和活化，等等。

分子免疫是以补体系统、细胞因子和抗菌肽等抗菌物质为媒介的感染防御机制。具体来讲，包括活化补体系统和溶菌酶系统的初级反应，以及产生细胞因子和通过模式识别分子表达抗菌肽的次级反应。补体通常以非活性前体状态存在。然而，一旦受到如病原体入侵的刺激，一系列蛋白酶被连续激活，发生信号级联反应。换种说法，补体系统就像一个嵌入体内的外部敌人探测系统，一旦触发了这个传感器，就会发出响亮的警报，敌人就会被冲上前去的安保人员制服，并全军覆没。

另外，围绕细胞因子产生和抗菌肽表达所进行的研究，主要集中在对哺乳动物（Takeuchi ＆ Akira 2010）和果蝇（Hoffmann 2003）进行的基因分析上，通过这些研究，分析出了天然免疫信号传导途径分子的结构。例如，关于果蝇中天然免疫 Toll 途径的研究结果（概念扩展 5-1），提出了许多在 PAMP-PRR 下游起作用的细胞内信号因子。这些与天然免疫活化有关的细胞内信号传导因子（从昆虫到哺乳动物）是高度保守的，并且它们在激活机制方面有许多共同之处。该报告显示，参与果蝇的革兰氏阳性菌和真菌感染防御的 Toll 途径与概念扩展 5-1 中提到的哺乳动物的 TLR 途径有相同之处，并且涉及革兰氏阴性菌感染防御的 IMD（immune deficiency）途径与参与哺乳动物细胞吞噬过程的 TNF-R（tumor necrosis factor-receptor，肿瘤坏死因子受体）途径类似（Ferrandon et al. 2007）。

最近的研究报告还表明，天然免疫的激活有助于产生获得性免疫（概念扩展 5-3），并且两种免疫功能之间密切的相互作用渐渐得以证实。近年来还报道了 TLR 途径的激活直接影响抗体的产生（Kasturi et al. 2011）。因此，鉴定各物种间广泛保守的、与天然免疫有关的新型基因，并且阐明该基因的详细分子机制，有利于将来治疗各种新出现/再次出现的传染病、癌症和过敏等疾病。

因为发现激活天然免疫的相关分子结构，以及树突状细胞和其在获得性免疫中的作用等研究成果，法国国家科学研究所的 Jules A. Hoffmann 教授、美国斯克里普斯研究所的 Bruce Beutler 教授、美国洛克菲勒大学的教授 Ralph Steinman 教授获得了 2011 年诺贝尔生理学或医学奖。

概念扩展 5-3：获得性免疫

简单来说，获得性免疫是一种不会再有第二次感染的免疫方式。它是一种免疫记忆反应，对于先前遇到的抗原，其反应性会特异性地增加。被称为现代免疫学之父的詹纳（Jenner）博士，受到"以给奶牛挤奶为生的女性不太可能患上天花"这一农村"传说"的启发，并于 1796 年发现了可以通过疫苗接种方法预防天花发病的这一历史性的感染防御方法。大约 90 年后，巴斯德博士通过实验证明注射稀释的鸡霍乱毒素不会感染霍乱。为了纪念詹纳博士的成就，他将这种减毒的微生物命名"疫苗"（vaccine），这个单词来自拉丁语的"牛"（vacca）（牛痘的学名是 variolae vaccinae）。之后，路易斯·巴斯德（Louis Pasteur）博士开发了炭疽芽孢杆菌疫苗和狂犬病疫苗等一系列减毒疫苗，并明确了获得性免疫的概念，即通过疫苗接种预防传染病的方法。

1890 年，师从罗伯特·科赫（Robert Koch）教授的北里柴三郎发现了宿主体内血液中的血清成分具有防御感染的能力，并命名该成分为"抗体"。这是在世界范围内"血清疗法"的开始。这是一种通过少量注射抗原，使血清中产生抗体的一种划时代的治疗方法。随后，人们发现了该抗体的主体是一种称为免疫球蛋白的糖蛋白，它是由B淋巴细胞产生的。之后，利根川进博士的研究小组首次从基因层面提出，人类的遗传因子总数为 22 000～23 000 个，从而可以产生数百万种抗体种类。这样的遗传多样性机制，即"免疫球蛋白基因重排"机制（Hozumi & Tonegawa 1976；Tonegawa 1983）。这是一项彻底改变此前基因不变定论的重大发现，1987 年，利根川进因此获得了诺贝尔生理学或医学奖，成为获得该奖项的第一位日本人。

　　获得性免疫仅存在于高等脊椎动物中，通过基因重排、克隆选择从丰富的淋巴细胞中筛选出特定的细胞，产生对病原体具有特异性的抗体，并通过抗原-抗体反应排除异物。负责获得性免疫的主要淋巴细胞是 B 细胞和 T 细胞，它们来源于骨髓中的造血干细胞。

　　如上所述，免疫记忆是一种针对不可预期的病原体感染和再感染做好准备，当感染发生时，增殖与该病原体最匹配的免疫细胞来防御感染的过程。从某种意义上来说，在生物所具有的适应性措施中，免疫记忆可以说是最佳的生物防御机制。

第二节　生物种群层面的防疫管理

　　传染病从史前时期开始就对人类构成了极大的威胁。长期以来，大多数死亡的原因都是因为传染病，可以毫不夸张地说，医学史就是与传染病抗争的历史。人们在古希腊时期就已经从经验中了解到了感染与免疫的概念，如这些疾病是由于与不好的空气（瘴气）接触所致，这种疾病痊愈了就不会再次感染，等等。另外，在中世纪的欧洲，人们通过经验也了解到了鼠疫感染的媒介是老鼠（更确切地说，是寄生在老鼠身上的跳蚤），并且传染病发病之前具有一段时间的潜伏期等认知。尤其是中世纪的米兰，通过设置 40 d 的隔离期得以长期逃过鼠疫蔓延。现在英语中意为隔离一词的"quarantine"就是源自意大利语中代表数字 40 的"*quaranta*"。

　　如此，人类在与传染病的长期斗争中，了解到了存在疾病传染性的某种物质会导致传染病的形成，并且传染病有一定的传播媒介，人类一旦感染就会患病。这就相当于现代公共卫生科学中传染病的三个要素：病原体、感染途径和感染宿主。从公共卫生的角度来看，预防传染病的基本原则就是切断这三要素，但在对微生物学知之甚少并且无法用现代医学治愈的那个时代，主要是通过避免感染者和非感染者之间的接触，即用"隔离"切断感染途径来控制感染。

　　20 世纪后期，分子生物学的发展和天然·获得性免疫分子机制的明确，为许多传染病提供了预防和治疗手段。于是，在 1974 年得以根除长期威胁人类生存的天花，人类由此看到了克服传染病的曙光。然而，1980 年以来，人类活动活跃以及全球变暖，使得人类以前从未遇到的病原体暴露，导致人类现在面临"新兴传染病"的威胁。此外，自根除天花以来人类就再未根除任何传染病，现在仍面临许多传染病的威胁。

在上一节中，我们提到了个体层面控制传染病的问题以及适应型技术，即利用可持续社会中的生物本身所具有的免疫系统。在本节中，我们将个体层面的技术进一步应用于群体层面，对于将免疫学、分子遗传学和生态学的发现应用于有害生物防治的适应型技术进行介绍。

一、有害生物防治的重要性和克服型技术存在的问题

1974 年，人类成功地消灭了天花这一对人类长期以来的威胁。根除这一传染病是一个巨大的历史壮举。然而，也有人指出天花之所以能够被根除，是因为天花病毒具有非常易于根除的特征（Strassburg 1982；Stewart & Devlin 2005）。

天花病毒是一种双链 DNA 病毒，属于痘病毒科，仅感染人类。感染后的发病率非常高，一旦感染并治愈，人就会有很强的免疫力，永远不会再感染（Massung et al. 1993）。人们很早就从经验中得知这种强大的免疫力，并尝试利用其特性通过人工感染来获得免疫力。然而，这种方法当然极其危险，不能用于群体防止感染。之后，英国医生爱德华·詹纳（Edward Jenner）着眼于通过感染近缘的牛痘获得同样的免疫力这一事实，创立了免疫接种法。此外，接种在感染后数日内仍然有效，随着现代医学的发展，发病后的治疗方法也得以确立（Stewart & Devlin 2005）。

因为天花病毒突变率低，所以存在这样一种能够长期获得强大免疫力的传染病预防方法。由于被感染者只有人类，所以具备感染对象个体都无一例外地有转化为感染抗性个体的可能性，并且因为发病率高，所以能够迅速隔离感染个体，等等。从这些观点出发，人们认为天花病毒是很容易被根除的。

但与天花不同，许多传染病是人畜共患疾病，因为人类以外的生物也可以作为天然宿主或中间宿主被感染，所以很难使所有感染个体对感染具有抗性，即使是通过接种疫苗使得感染消失于人类社会，感染也可以隐藏在野生动物中。并且随着突变的积累，出现对现有疫苗和治疗剂具有抗性的病原体而引起大规模感染的例子屡见不鲜。此外，由于全球变暖引起的野生动物栖息地的变化，以及随着人类的活动扩展到自然界更深处，导致人类从未见过的传染病（新兴传染病）出现。可以说目前人类尚未摆脱传染病的威胁。

由于对这些新兴传染病的预防还没有研制出相关疫苗，并且是人畜共患疾病，因此很难针对人类、牲畜和宠物接种疫苗来预防感染。以动物作为感染传播媒介

的有害生物防治成为克服新兴传染病中的重要一环。本节将介绍使用了传统型和适应型技术进行有害生物防治的案例，并就其优缺点进行论述。

过去主要是通过杀死全部家畜和特定区域的野生动物，以及大量喷洒杀虫剂等致死性的防治措施，来进行有害生物防治。例如，通过杀死野生动物来进行狂犬病预防，该方法在预防感染方面产生了一定的效果。目前，在日本和英国没有发生狂犬病的案例，这是由于这些国家进行彻底的检疫、对家犬进行疫苗接种，以及杀灭所有可能受感染的野生动物。此外，为根除如疟疾、西尼罗河热和登革热等通过蚊子传播的感染，通过喷洒 DDT 消灭蚊子，挽救了许多人的生命。

然而，根除特定的野生动物这种方法对生态系统产生了严重的不良影响，并且性价比非常低（Raghavendra et al. 2011）。此外，杀虫剂的使用会导致耐药性蚊子的出现，因此这是一种暂时性的方法（Raghavendra et al. 2011）。这样看来，以往以致死性预防为主体的有害生物防治，其效果远不及其成本的付出，还会对生态系统产生极大的不良影响。

另外，即使是基于致死性控制的传统有害生物防治方法，也存在通过结合生物学知识成功消除感染的情况。日本血吸虫病是通过血吸虫寄生在人类门静脉而引发的疾病，是仅在甲府盆地等特定地区存在的地方病之一。虽然人类是这种蠕虫的最终宿主，但其生命周期中的幼虫阶段必须在中间宿主宫入贝（片山钉螺的别名）上度过，并在该贝类中生长到具有感染性的阶段。因此，在得知了人类感染是由于人类入侵如稻田、灌溉渠、沼泽等宫入贝的栖息地后，预防感染主要是以根除作为中间宿主的宫入贝为目标来进行。

在这一过程中，除了设立捕获奖励金之外，还使用了如氧化钙（生石灰）、氰氨化钙（石灰氮）和五氯苯酚钠（PCP-Na）等具有灭贝作用的药物，对栖息地用乙炔喷枪喷射火焰，利用诸如鸭子等天敌进行捕食等，进行了各种灭贝行动。然而，由于宫入贝庞大的数量和强大的繁殖能力，尽管开展了大规模的行动，但并没有收获很大的成效。

1935 年，生物学家岩田正俊对甲府盆地的宫入贝进行生态调查时，发现了宫入贝具有栖息在稻田等水流平静的区域这一特性之后，情况发生了变化。利用这一生物学知识，创造出不适合宫入贝栖息的环境，积极推进水渠的混凝土化，将水田改为住宅用地、果园和工业用地。通过将生物学知识与以往致死性预防措施相结合，甲府盆地中宫入贝的数量急剧减少，同时使血吸虫病的发病率降低，最后得以成功根除（宫入庆之助纪念杂志编辑委员会 2005）。

由于 DDT 成本低，只能杀死昆虫，利用 DDT 这种致死性预防措施来预防疟疾已在全世界范围内广泛实行。然而，虽然 DDT 喷洒具有显著效果，但是环境保护运动的高涨导致 DDT 的使用限制、农药的使用增加耐药性蚊子等现象，表明这种效果仅仅是暂时性而不是可持续的。但在意大利，通过将 DDT 涂抹在室内，成功地消灭了疟疾（Majori 2012）。这种方法着眼于疟蚊在吸血后立即在天花板上休息的习性，将 DDT 涂抹在天花板上，用比之前更少的 DDT 的量获得了更显著的效果。

在这些案例中，尽管使用了以往占主流的致死性控制，但由于熟知了中间宿主或传播媒介的生物学特性并加以利用，在预防感染方面取得了显著的效果。尽管使用传统的致死性预防措施对环境有很大的不良影响，但却成功地实现了用现有方法无法实现的传染病预防。然而，中间宿主和传播媒介的灭绝对生态系统的影响尚不明晰，有必要对其影响进行充分的评估。

二、运用适应型技术进行的有害生物防治

上一节阐明了在基于以往致死性预防措施的基础上，使用生物学知识，可以实现更有效的有害生物防治。然而，尽管这些方法非常有效，但它们仍然是基于致死性的预防措施。因此，近年来，着眼于生物体本身所具有的能力的技术备受瞩目。本节将介绍使用适应型技术治疗狂犬病、疟疾、西尼罗河热和新兴传染病的方法，这些技术近年来已取得一定的成果。

（一）运用适应型技术进行狂犬病预防

狂犬病是由狂犬病病毒引起的人畜共患疾病之一，该病毒属于弹状病毒科的单链 RNA 病毒，能够感染包括人类的所有哺乳动物。在自然界中，主要以浣熊、狐狸和蝙蝠等小型食肉动物为天然宿主，也是狗和人类的传染源。狂犬病发病后死亡率接近 100%，是一种致死率极高的传染病（Warrel & Warrel 2004）。

人类和人类的宠物很容易通过疫苗来预防传染，在日本、英国等国以及北欧三国，通过对宠物进行彻底检疫和疫苗接种等，成功实现了这种传染病的根除。但在其他国家尚未根除。此外，如果我们将视野扩展到不在人类管理范围之内的野生动物的话，就不能说这种传染病已经在包括日本在内的国家中得到了根除。这是因为向野生动物注射疫苗在实际上是不可能的，并且狂犬病的传播也与被感染的野生动物的密度有关系。20 世纪 70 年代以前都是运用致死性预防措施，也就是将受感染和可能受感染的动物全部杀死处理掉。然而，这种大规模的致死性预防措施不仅收效甚微，还对生态系统产生负面影响，成本还高，因此不是一种可持续的预防手段（Meltzer & Rupprecht 1998）。

1979 年从瑞士开始，直到 1983 年，在意大利、法国和德国等欧洲主要国家实施了使用口服疫苗的大规模疾病控制计划（disease control program）。在这个计划中，用直升机和飞机进行了口服疫苗的喷洒。因此，自 1993 年左右以来，这些

地区野生动物狂犬病感染的数量急剧减少。目前正在扩大空中喷洒区域，并有望在不久的将来在欧洲消灭狂犬病（Warrel & Warrel 2004）。

在这个例子中，通过利用生物体的免疫力，将对生态系统的影响降到最低，同时成功实现了对狂犬病的预防，因此这是一种具有很大影响力的方法，但前提一定要是开发出这种口服疫苗，在没有新兴传染病疫苗的情况下，是不能采取这种传染预防策略的。此外，在新兴传染病领域中，几乎没有对媒介和天然宿主的生物学研究，这些将成为今后的研究课题。

用于根除狂犬病的这种媒介控制策略可以说是一种对环境影响小、成本低、效果显著的适应型技术。虽然与传统的致死性预防措施相比具有很大的优势，但其效果在很大程度上取决于生态学、分子生物学和免疫学的研究进展。若要取代传统的致死性预防措施技术的话，需要对这些学术领域进行跨学科的融合研究。

（二）以蚊子为媒介的传染病预防

疟疾和流行性乙型脑炎等许多传染病都是以蚊子为媒介来感染人类。而且，近年来，人类活动的扩张和全球变暖等，导致蚊子栖息地的变化，以蚊子为媒介的登革热和西尼罗河热等新兴传染病的传播已成为一个问题。此外，这些疾病中大多数尚未研发出相关疫苗，其传染预防措施还是以控制蚊子这一媒介为主（Raghavendra et al. 2011）。

疟疾是由恶性疟原虫（*Plasmodium*）引起的传染病，主要发生于热带地区。过去，日本和欧洲等温带地区都暴发过疟疾。由于疟原虫在进入人体后会发生各种形态变化，所以尚未开发出有效的抗疟疾疫苗。因此，对于疟疾感染的预防，主要以使蚊子远离人类的有害生物防治以及感染后的治疗药物为中心展开的。过去受到疟疾肆虐的意大利北部，在避开湿地的丘陵地区建造城市就是受此影响，即使是现在，在新加坡，也通过严格监管产生蚊子的水洼来控制疟疾。此外，即使是在室内也要通过使用蚊帐来避免接触蚊子。使用杀虫剂也是有害生物防治的重要方法，并且应该在空间、物理和化学等层面应用各种手段对害虫进行控制。

然而，因为疟疾多发的地区大多在热带地区，所以很难避开湿地，传统的住房结构也无法阻止蚊子入侵，从成本上来说大规模杀虫剂喷洒也难以实行，以上因素使得这些地区尚未实现有效的有害生物防治（malERA Consultative Group on Vector Control 2011）。此外，使用杀虫剂进行有害生物防治被认为是性价比相对较高的一种方法（Luz et al. 2011），但是，它不仅杀死了作为媒介的蚊子，还杀死了其他生物种群，对生态系统造成了很大的负面影响，并且也会产生耐药性蚊子，这种方法所带来的影响受到质疑。不仅仅是疟疾，这一情况也同样适用于以蚊子为媒介的登革热和西尼罗河热等传染病。近年来，为了克服这些问题，尝试了基于生物学知识的有害生物防治。具体而言，大致分为三类：①利用蚊子捕食者控制蚊子的个体数；②利用蚊子的固有性质进行控制；③在实验室中研发不具有传染功能的非媒介蚊子，将它与野生的媒介蚊子进行置换，来达到控制的目的。这些尝试目前正在进行试验或还在计划过程中。

众所周知，大型剑水蚤以疟疾的媒介疟蚊和登革热的媒介斑蚊等刚刚孵化的幼虫为食，关于这方面的研究在大约 25 年前就开始了（Marten & Reid 2007）。据研究，一只剑水蚤每天会杀死 40 只白纹伊蚊的幼虫，并且在实验室中，成功地将多种蚊子的数量减少了 99%甚至 100%。近年来，根据这些实验室研究结果，有人在越南进行了田间试验。将能够有效杀死蚊子的剑水蚤释放到水洼、水库和水田中，发现能够有效地取代野生水蚤，并显著减少白纹伊蚊的个体数（Marten & Reid 2007）。因为越南的气候非常适合剑水蚤的繁殖，能够有效地控制蚊子个体数，所以从防疫的角度来看这种方法是可行的。然而，由于运用这种方法杀死了目标区域中的所有蚊子，因此人们也担心存在对生态系统的影响。

另外，人们正在尝试将基于农业中使用的推拉技术（push-pull technology）应用于防疫领域。最近，关于引诱疟蚊的气味物质的生化分析取得了一定的进展，并且已经被鉴定为引诱剂（Carey et al. 2010）。研究证明，由于热带地区的生活环境难以在物理上防止蚊子的入侵，因此使用生物机制将蚊子隔离在特定位置，并进行一定的空间布置，使得蚊子与人无法接触具备了可行性（malERA Consultative Group on Vector Control 2011）。

将来，最受期待的蚊媒控制方法是在实验室中研发不易成为传染病媒介、人工操作制造的蚊子，用来替代在自然界中作为病原体媒介的蚊子群体。所谓人工操作，包括现在正在进行的利用遗传因子操作的方法和利用沃尔巴克氏菌的方法。前者，在实验室内对蚊子进行诸如削弱对人的嗅觉反应、缩短寿命和消除所携带的病原体等操作（Yoshida et al. 2007；malERA Consultative Group on Vector Control 2011），制造传染能力低下的蚊子，并去替换野生的蚊子群体。实验结果证实了研发出来的人工蚊子传染能力会降低，在下一步设计中，这种工程基因的蚊子在群体中稳定下来并通过繁衍进行传播，最终取代野生种群，目前这一步骤正在进行田间试验。然而，对于这些经过基因操作的蚊子，人们认为它们与野生蚊子相比并没有多少优势，因此替代野生蚊子这一方法需要进一步研究。此外，因为这一做法相当于是将转基因生物释放到自然界中，关于其传播和伦理等方面，还有很多问题需要解决。

使用沃尔巴克氏菌对蚊子进行媒介控制，由于其简单、高效、低成本和对环境影响小等优点，现在备受瞩目。沃尔巴克氏菌是一种广泛寄生于节肢动物（包括昆虫）的细菌，并且存在于地球上超过 76%的昆虫物种中。虽然它会寄生在昆虫的各种器官中，但它通过其卵细胞，与线粒体一样以母系遗传的方式进行传播。

由于这些特性，沃尔巴克氏菌经常根据自身生存的需求来改变宿主昆虫的生殖系统。作为登革热病毒宿主的斑蚊不会在自然界感染沃尔巴克氏菌，但让它在实验室中感染沃尔巴克氏菌之后，感染沃尔巴克氏菌的雄性会导致未感染的雌性不孕，因此有可能在自然界中将这种效应迅速传播开来。

为了证明这一假设，有人进行了田间试验，并且成功在 100 d 内用感染沃尔巴克氏菌的个体代替了野生蚊子（Walker et al. 2011；Hoffmann et al. 2011）。此外，众所周知，沃尔巴克氏菌还具有可以作为宿主昆虫的营养补给和多产等益处（Iturbe-Ormaetxe et al. 2011），最近有研究证明其能够赋予果蝇对 RNA 病毒的感染抗性（Hedges et al. 2008；Teixeira et al. 2008）。另外，有研究显示斑蚊感染了沃尔巴克氏菌后，会显著抑制蚊子体内的 RNA 病毒增殖（Moreira et al. 2009）。如此，人们计划利用沃尔巴克氏菌来控制蚊媒付诸了实践，并且人们对其预防传染病的效果寄予了厚望。

（三）应对新兴传染病的举措

20 世纪后半期，自然环境的开发和人类的迁移使人类接触到了迄今尚未接触过的病原体，这些病原体导致艾滋病、埃博拉出血热、SARS、禽流感等新兴传染病的出现。许多新兴传染病是人畜共患疾病，其中存在着成为天然宿主的野生动物，直接或通过家畜来传染人类。由于病毒学和微生物学的发展，人们在新兴传染病暴发后短时间内就能够识别病原体，并促进疫苗的开发，这是预防传染病的第一步。然而，由于这些病原体具有高突变率并且缺乏用于开发疫苗的宿主细胞培养体系，因此通常难以开发有效的疫苗。此外，旨在阻断传染途径的有害生物防治通常使用的是致死性预防措施，就像预防禽流感一样，将作为中间宿主而被传染的牲畜和接近人类居住区的动物杀死，这种方法在产生巨大经济损失的同时，也会对生态系统产生巨大的负面影响。此外，关于作为新兴传染病宿主生物的生态学研究目前还没有很大进展，因此利用生态学进行的有害生物防治也很困难。为了解决这些问题，人们着眼于艾滋病等多种传染病中作为被感染一方的"宿主"的遗传背景，正在推进相关领域的研究。

病毒在宿主细胞中，依赖宿主细胞的代谢和产生的能量等进行繁殖，因此病毒侵入宿主细胞和在其中的增殖很大程度上会受到宿主细胞遗传背景的影响，另外宿主的免疫应答也取决于其遗传背景（Miyazawa et al. 2008）。换句话说，在种群中，存在抗感染的个体，可以抑制引起感染的病原体的生长。在类似的机制下，由于发生感染的天然宿主生物体的基因差异，某些个体可以控制病毒使其没有致病性，在控制病毒的同时与病毒共存。例如，被认为是 SIV 的天然宿主的乌白眉猴不会感染近缘的 HIV。乌白眉猴的天然免疫分子 TRIM5a 与 HIV 的外壳蛋白的亲和性，与人类相比极高，并且显著抑制其在细胞内的增殖（Sayah et al. 2004；Berthoux et al. 2005）。此外，虽然尚未进行分析，但近年来对禽流感天然宿主的鸭子与作为感染宿主的鸡两者之间在遗传学上的差异研究也有所进展，其机制有望被用于预防大规模流感感染（Barber et al. 2010；Kowalinski et al. 2011）。

由感染抗性个体的遗传多态性赋予的感染抗性是生物在种群层面上具有的感染防御机制，最近，利用这种机制进行了很多针对艾滋病治疗和药物发现的研究（Kanari et al. 2005）。此外，在有害生物防治领域，人们已经尝试控制高毒力禽流感病毒感染的实验，该实验利用了天然宿主的感染防御机制和在宿主基因层面上控制感染抗性的方法。由于 H5N1 流感病毒的天然宿主鸭的抗性机制尚未阐明，研究人员创造出了一种转基因鸡，这种鸡的基因中有短发夹 RNA（short hairpin RNA），其具有抑制病毒增殖的人工感染抗性基因。然后将这种转基因鸡与正常鸡混合饲养，进而观察鸡群内流感传播的变化。结果，在与转基因鸡的杂交育种后，流感的传播受到了显著抑制（Lyall et al. 2011）。

但是，在今天的日本，转基因生物缺乏市场价值，转基因生物的传播和道德伦理等，存在许多问题。目前，人们对天然宿主与病毒共存的分子机制知之甚少。此外，在许多人畜共患病的情况下，是无法判明天然宿主的。因此存在许多问题，如生态学和分子生物学、病毒学的融合研究及转基因在伦理上的问题。今后，有必要用新的感染防御概念来解决这些问题，也有望会产生很大的效果。

第三节　利用生态系统及生物多样性的特性来进行传染病预防

生态系统服务的关键功能之一是疾病防御的调节服务。人们认为，生物多样性、栖息地结构、食物网结构等会影响传染病和病原体的出现以及感染的传播。作为生态系统所固有的内在功能，如果能够进行管理，用以防止疾病的发生和传播，使其功能不会退化或能够发挥其应有功能，这将是生态适应性科学的重要目标之一。

近年的研究逐渐揭示了生物多样性与疾病的出现和传播之间的关系。在本节中，我们将简要评论生物多样性、生物栖息地的环境以及空间结构等是如何影响新兴传染病的出现和疾病的传播的。另外，我们将叙述利用生态系统和生物群体中所具有的对病原体的抵抗力来进行的疾病管理中，什么样的方式是可行的。

一、生物多样性和新兴传染病的发生

1940~2004 年，已经发现 300 多种在人类中传播的新兴传染病（Jones et al. 2008）。那么，这些新兴传染病多发于什么样的环境中呢？乍看之下，在生物多样

性丰富的低纬度地区，传染病和新兴传染病的发病率似乎应该更高。实际上，在30°～60°的中纬度地区发病率最高，并且在人类密集居住的地区，其发病率正在持续增加。统计分析数据显示，人口密度是导致新兴传染病暴发最重要的因素（Jones et al. 2008）。通过人口密度等各种因素来进行推测，动物源性感染的发生频率与野生动物的物种多样性呈正相关，宿主动物的多样性越高，发病的可能性越大。然而，这和人类传染的扩大究竟有多大的关系呢？从这个角度来看，几乎一半的疾病是通过人类使用土地、农业利用方式的变化或狩猎等因素传播的（Jones et al. 2008）。

二、生物多样性和病原体的传播

最近的研究表明，生物多样性的丧失也会增加病原体的传播频率（Keesing et al. 2010）。例如，西尼罗河热病毒以鸟类为宿主、以蚊子为媒介进行传播。研究证明，鸟类多样性的减少会增加宿主的物种密度，从而增加感染人类的风险（Swaddle & Calos 2008）。类似地，哺乳动物的多样性降低，以哺乳动物为宿主的汉坦病毒感染人类的可能性就会提升（Keesing et al. 2010）。同样，这个规律在植物病害中也能得到体现（Roscher et al. 2007）。

生物多样性与疾病·传染病传播之间的关系中，随着生物多样性的减少、特定物种的消失，疾病会扩大其传播范围或者物种多样性减少本身就会导致疾病扩大其传播范围。由于干扰等导致的生物多样性丧失，对疾病有抵抗力的物种减少，留下容易成为病原体宿主的物种。这种情况往往就会加速疾病的传播（Keesing et al. 2010）。

虽然人们对生物多样性的减少本身与抗病能力的程度之间的关系尚缺乏了解，但也有一些例子表明了总体趋势。例如，在植物中，种群结构较为单一的植物，如杂草，往往容易成为病原体和媒介的宿主，并促进疾病的传播，但物种变得越多样化，每种物种所占比例也会随之下降，作为一个对抗疾病的群体，其抵抗力也会增加（Cronin et al. 2010）。有人指出，这个规律在脊椎动物身上也同样能够得到证明（Cardillo et al. 2008）。

三、栖息地的空间结构和疾病的传播

环境因素，特别是栖息地的空间结构、生物的迁移分散以及群体的特征，在维持疾病的持久性方面发挥着重要作用。疾病的快速传播和由高毒力病原体引起的感染增加的影响扩大，与寄生在宿主中的病原体的持续存在有关。如果病原体处于低毒力状态并且与宿主一直维持着关系的话，则认为宿主和病原体在一定程度上保持不灭绝，且难以进化为新病原体的状态。如果栖息地分散，生境破碎化，几乎没有栖息地斑块之间的迁移和分散的情况下，病原体就不会转移到其他种群，而只在受感染的种群内部传播，最后消灭宿主而自行灭绝，因此在这种情况下疾病不会一直持续存在。

而在迁移分散极为频繁的情况下，这些群体逐渐走向同质化。在这种情况下，宿主和病原体都会频繁移动，使得感染传播，同时宿主和病原体双方都灭绝的风险也增加，所以疾病不会一直持续存在。与之相对，如果迁移和分散是中等程度的，双方灭绝风险都会降低，疾病一直持续存在。这是因为每个群体不会完全同质化，不会完全被孤立，同时保持着异质性和异时性，从而可以抑制病原体的传播。种群栖息地环境的异质性减少了感染的传播，这是因为种群中的环境有时会发挥"避难所"的作用。

栖息地结构不仅影响迁移和分散，还影响宿主种群数量的规模和疾病的传播。一般来说，群体规模越大，病原体驱使宿主灭绝的风险就越低，疾病的致病性得以控制，疾病也就会一直得以持续。当迁移和分散的频率下降以及环境等因素使得个体数减少时，病原体和寄主的灭绝可能性也会增加。此外，小群体中未感染的个体减少，感染效率降低，可能导致病原体单方面的灭绝。关于空间结构对于疾病和病虫害的传播预防，请参阅第三章和第四章。

四、通过管理生物多样性来预防疾病

一般而言，保护生物多样性被认为是可以有效预防传染病蔓延的做法。在生物多样性高的地区，根除或减少携带病原体的野生生物的措施，将会导致其他生物的减少或灭绝，结果会促进生物多样性减少引起的新兴传染病的出现和病原体传播范围的扩大。

Keesing 等（2010）从土地利用和生物多样性模式来推断疾病的高发地，并对该高发地进行监测，采取措施尽可能减少该地区与人类之间的接触。特别是防止热带雨林等地区生物多样性的减少，不仅对于疾病的预防，对于维持多数生态系统的服务也是至关重要的。

近年来，有研究表明，正如肠道菌群等细菌群落也影响着人类和脊椎动物的免疫力一样，以土壤微生物为主的各种各样的菌群支撑着生态系统的服务，生态系统中疾病的出现和传播也影响着生态系统的生产效率和多样性的维持。为了保持健全的菌群，需要尽可能减少抗生素和农药的使用。此外，过量使用抗生素会促进耐药菌的产生。因此，我们应该在大范围内控制抗生素和农药的使用，并进行系统管理，用最小限度的量来达到应有的效果。

参 考 文 献

大里外誉郎（2000）医科ウイルス学 改訂第 2 版. 南江堂. 152.

山本弘編（2008）免疫学 ベーシック薬学教科書シリーズ 10. 化学同人.

木本雅夫・阪口薫雄・山下優毅編（2007）免疫学コア講義（改訂 2 版）. 南山堂.

宮入慶之助記念誌編纂委員会編（2005）住血吸虫症と宮入慶之助：ミヤイリガイ発見から 90 年. 九州大学出版会.

酒井正博（2008）養殖魚をストレスから回復させるためには. アクアネット，14，18-20.

Ariga A.，Namekawa J.，Matsumoto N. et al.（2002）Inhibition of TNF-α-induced nuclear translocation and activation of NF-κB by dehydroxymethylepoxyquinomicin. The Journal of Biological Chemistry，277，27625-27630.

Barber，M. R.，Aldridge，J. R. Jr，Webster，R. G. et al.（2010）Association of RIG-I with innate immunity of ducks to influenza. Proceedings of the National Academy of Sciences USA，107，5913-5918.

Berthoux，L，Sebastian，S.，Sokolskaja，E. et al.（2005）Cyclophilin A is required for TRIM5α-mediated resistance to HIV-1 in Old World monkey cells. Proceedings of the National Academy of Sciences USA，102，14849-14853.

Bluestone，J. A.，Auchincloss，H.，Nepom，G. T. et al.（2010）The immune tolerance network at 10 years：tolerance research at the bedside. Nature Reviews Immunology，10，797-803.

Bricknell，I. & Dalmo，R. A.（2005）The use of immunostimulants in fish larval aquaculture. Fish and Shellfish Immunology，19，457-472.

Bulet，P.，Hetru，C.，Dimarcq，J. L. et al.（1999）Antimicrobial peptides in insects：structure and function. Developmental & Comparative Immunology，23，329-334.

Cardillo，M.，Mace，G. M.，Gittleman，J. L. et al.（2008）The predictability of extinction：biological and external correlates of decline in mammals. Proceedings of the Royal Society of London B，275，1341-1348.

Carey，A. F.，Wang，G.，Su，C. Y. et al.（2010）Odorant reception in the malaria mosquito *Anopheles gambiae*. Nature，464，66-71.

Chamaillard，M.，Hashimoto，M.，Horie，Y. et al.（2003）An essential role for NOD1 in host recognition of bacterial peptidoglycan containing diaminopimelic acid. Nature Immunology，4，702-707.

Cronin，J. P.，Welsh，M. E.，Dekkers，M. G. et al.（2010）Host physiological phenotype explains pathogen reservoir potential. Ecology Letters，13，1221-1232.

Davis，B. K.，Wen，H. & Ting，J. P.（2011）The inflammasome NLRs in immunity，inflflammation，and associated diseases. Annual Review of Immunology，29，707-735.

Dougan M. & Dranoff，G.（2009）Immune therapy for cancer. Annual Review of Immunology，27，83-117.

Engel，M. A. & Neurath，M. F.（2010）Anticancer properties of the IL-12 family focus on colorectal cancer. Current Medicinal Chemistry，17，3303-3308.

Ferrandon，D.，Imler，J. L.，Hetru，C. et al.（2007）The Drosophila systemic immune response：sensing and signalling during bacterial and fungal infections. Nature Reviews Immunology，7，862-874.

Girardin，S. E.，Boneca，I. G.，Carneiro，L. A. et al.（2003）Nod 1 detects a unique muropeptide from gram-negative bacterial peptidoglycan. Science，300，1584-1587.

Goto，A. & Kurata，S.（2006）The multiple functions of the PGRP family in Drosophila immunity. Invertebrate Survival Journal，3，103-110.

Hall，J. C. & Rosen，A.（2010）Type I interferons：crucial participants in disease amplification in autoimmunity. Nature Reviews Rheumatology，6，40-49.

Hedges, L. M., Brownlie, J. C., O'Neill, S. L. et al. (2008) Wolbachia and virus protection in insects. Science, 322, 702.

Hemmi, H., Takeuchi, O., Kawai, T. et al. (2000) A Toll-like receptor recognizes bacterial DNA. Nature, 408, 740-745.

Hetru, C., Troxler, L. & Hoffffmann, J. A. (2003) Drosophila melanogaster antimicrobial defense. The Journal of Infectious Diseases, 187, S327-334.

Hoffffmann, A. A., Montgomery, B. L., Popovici, J. et al. (2011) Successful establishment of Wolbachia in Aedes populations to suppress dengue transmission. Nature, 476, 454-457.

Hoffffmann, J. A. (2003) The immune response of Drosophila. Nature, 426, 33-38.

Hozumi, N. & Tonegawa, S. (1976) Evidence for somatic rearrangement of immunoglobulin genes coding for variable and constant regions. Proceedings of the National Academy of Sciences USA, 73, 3628-3632.

Hysi, P., Kabesch, M., Moffatt, M. F. et al. (2005) NOD1 variation, immunoglobulin E and asthma. Human Molecular Genetics, 14, 935-941.

Iturbe-Ormaetxe, I., Walker, T. & O'Neill, S. L. (2011) Wolbachia and the biological control of mosquito-borne disease. EMBO Report, 12, 508-518.

Janeway, C. A. Jr. & Medzhitov, R. (2002) Innate immune recognition. Annual Review of Immunology, 20, 197-216.

Janeway, C. A. Jr. (1989) Approaching the asymptote? Evolution and revolution in immunology. Cold Spring Harbor Symposia on Quantitative Biology, 54, 1.

Janeway, C. A. Jr., Travers, P., Walport, M. et al. (2001) Immunobiology, 5th edition. Garland Science, NY.

Jones, K. E., Patel, N. G., Levy, M. A. et al. (2008) Global trends in emerging infectious diseases. Nature, 451, 990-994.

Kanari, Y., Clerici, M., Abe, H. et al. (2005) Genotypes at chromosome 22q12-13 are associated with HIV-1-exposed but uninfected status in Italians. AIDS, 19, 1015-1024.

Kasturi, S. P., Skountzou, I., Albrecht, R. A. et al. (2011) Programming the magnitude and persistence of antibody responses with innate immunity. Nature, 470, 543-547.

Kato, H., Takeuchi, O., Mikamo-Satoh, E. et al. (2008) Length-dependent recognition of double-stranded ribonucleic acids by retinoic acid-inducible gene-I and melanoma differentiation-associated gene 5. Journal of Experimental Medicine, 205, 1601-1610.

Kawasaki, H. & Iwamuro, S. (2008) Potential roles of histones in host defense as antimicrobial agents. Infectious Disorders-Drug Targets, 8, 195-205.

Keesing, F., Belden, L. K., Daszak, P. et al. (2010) Impacts of biodiversity on the emergence and transmission of infectious diseases. Nature, 468, 647-652.

Kikuchi, H., Hoshi, T., Kitayama, M. et al. (2009) New diterpene pyrone-type compounds, Metarhizin A and B, isolated from entomopathogenic fungus, metarhizium flavoviride and their inhibitory effects on cellular proliferation. Tetrahedron, 65, 469-477.

Kikuchi, H., Okazaki, K., Sekiya, M. et al. (2011) Synthesis and innate immunosuppressive effffect of 1, 2-cyclopentanediol derivatives. European Journal of Medicinal Chemistry, 46, 1263-1273.

Kowalinski, E., Lunardi, T., McCarthy, A. A. et al. (2011) Cusack S. Structural basis for the activation of innate immune pattern-recognition receptor RIG-I by viral RNA. Cell, 147, 423-435.

Lemaitre, B., Nicolas, E., Michaut, L. et al. (1996) The dorsoventral regulatory gene cassette spatzle/Toll/cactus controls the potent antifungal response in Drosophila adults. Cell, 86, 973-983.

Luz, P. M., Vanni, T., Medlock, J. et al. (2011) Dengue vector control strategies in an urban setting: an economic modelling assessment. Lancet, 377, 1673-1680.

Lyall, J., Irvine, R. M., Sherman, A. et al. (2011) Suppression of avian influenza transmission in genetically modifified chickens. Science, 331, 223-226.

Majori, G. (2012) Short history of malaria and its eradication in Italy with short notes on the fight against the infection in the mediterranean basin. Mediterranean Journal of Hematology and Infectious Diseases, 4, e2012016.

malERA Consultative Group on Vector Control (2011) A research agenda for malaria eradication: vector control. PLoS Medicine, 8, 1000401.

Marten, G. G. & Reid, J. W. (2007) Cyclopoid copepods. Journal of the American Mosquito Control Association, 23, 65-92.

Massung, R. F., Esposito, J. J., Liu, L. I. et al. (1993) Potential virulence determinants in terminal regions of variola smallpox virus genome. Nature, 366, 748-751.

Medzhitov, R. & Janeway, C. A. Jr. (1997) Innate immunity: the virtues of a nonclonal system of recognition. Cell, 91, 295-298.

Medzhitov, R., Preston-Hurlburt, P. & Janeway, C. A. Jr. (1997) A human homologue of the Drosophila Toll protein signals activation of adaptive immunity. Nature, 388, 394-397.

Meltzer, M. I. & Rupprecht, C. E. (1998) A review of the economics of the prevention and control of rabies. Part 2: Rabies in dogs, livestock and wildlife. Pharmacoeconomics, 14, 481-498.

Metz-Boutigue, M. H., Shooshtarizadeh, P., Prevost, G. et al. (2010) Antimicrobial peptides present in mammalian skin and gut are multifunctional defence molecules. Current Pharmaceutical Design, 16, 1024-1039.

Miyazawa, M., Tsuji-Kawahara, S. & Kanari, Y. (2008) Host genetic factors that control immune responses to retrovirus infections. Vaccine, 26, 2981-2996.

Moreira, L. A., Iturbe-Ormaetxe, I., Jeffery, J. A. et al. (2009) A Wolbachia symbiont in *Aedes aegypti* limits infection with dengue, Chikungunya, and Plasmodium. Cell, 139, 1268-1278.

Mullarkey, M., Rose, J. R., Bristol, J. et al. (2003) Inhibition of endotoxin response by E5564, a novel Toll-like receptor 4-directed endotoxin antagonist. Journal of Pharmacology and Experimental Therapeutics, 304, 1093-1102.

Pajtasz-Piasecka, E. & Indrová, M. (2010) Dendritic cell-based vaccines for the therapy of experimental tumors. Immunotherapy, 2, 257-268.

Pasquali, S. & Mocellin, S. (2010) The anticancer face of interferon α (IFN-α): from biology to clinical results, with a focus on melanoma. Current Medicinal Chemistry, 17, 3327-3336.

Pichlmair, A., Schulz, O., Tan, C. P. et al. (2006) RIG-I-mediated antiviral responses to single-stranded RNA bearing 5′-phosphates. Science, 314, 997-1001.

Poltorak, A., He, X., Smirnova, I. et al. (1998) Defective LPS signaling in C3H/HeJ and C57BL/10ScCr mice: mutations in Tlr4 gene. Science, 282, 2085-2088.

Raghavendra, K., Barik, T. K., Reddy, B. P. et al. (2011) Malaria vector control: from past to future. Parasitology Research, 108, 757-779.

Roscher, C., Schumacher, J., Foitzik, O. et al. (2007) Lolium perenne depends on within-species variation and performance of the host species in grasslands of different plant diversity. Oecologia, 153, 173-183.

Royet, J. & Dziarski, R. (2007) Peptidoglycan recognition proteins: pleiotropic sensors and effectors of antimicrobial defences. Nature Reviews Microbiology, 5, 264-277.

Sayah, D. M., Sokolskaja, E., Berthoux, L. et al. (2004) Cyclophilin A retrotransposition into TRIM5 explains owl monkey resistance to HIV-1. Nature, 430, 569-573.

Seino, K., Motohashi, S., Fujisawa, T. et al. (2006) Natural killer T cell-mediated antitumor immune responses and their clinical applications. Cancer Science, 97, 807-812.

Sekiya, M., Ueda, K., Okazaki, K. et al. (2008) Cyclopentanediol analogue selectively suppresses the conserved innate immunity pathways, Drosophila IMD and TNF-α pathways. Biochemical Pharmacology, 75, 2165-2174.

Seong, S. Y. & Matzinger, P. (2004) Hydrophobicity: an ancient damage-associated molecular pattern that initiates innate immune responses. Nature Reviews Immunology, 3, 469-478.

Stewart, A. J. & Devlin, P. M. (2004) The history of the smallpox vaccine. Journal of Infection, 52, 329-334.

Strassburg, M. A. (1982) The global eradication of smallpox. American Journal of Infection Control, 10, 53-59.

Swaddle, J. & Calos, P. (2008) Increased avian diversity is associated with lower incidence of human West Nile infection: observation of the dilution effect. PLoS ONE, 3, e2488.

Takeuchi, O. & Akira, S. (2010) Pattern recognition receptors and inflammation. Cell, 140, 805-820.

Tassakka, A. C. & Sakai, M. (2005) Current research on the immunostimulatory effects of CpG oligodeoxynucleotides in fish. Aquaculture, 246, 25-36.

Teixeira, L., Ferreira, A. & Ashburner, M. (2008) The bacterial symbiont wolbachia induces resistance to RNA viral infections in Drosophila melanogaster. Biology, 6, e1000002.

Tidswell, M., Tillis, W., Larosa, S.P. et al. (2010) Eritoran Sepsis Study Group. Phase 2 trial of eritoran tetrasodium (E5564), a Toll-like receptor 4 antagonist, in patients with severe sepsis. Critical Care Medicine, 38, 72-83.

Tonegawa, S. (1983) Somatic generation of antibody diversity. Nature, 302, 575-581.

Tzou, P., Reichhart, J.M. & Lemaitre, B. (2002) Constitutive expression of a single antimicrobial peptide can restore wild-type resistance to infection in immunodefificient Drosophila mutants. Proceedings of the National Academy of Sciences USA, 99, 2152-2157.

Walker, T. & O' Neill, S.L. (2011) Wolbachia and the biological control of mosquitoborne disease. Iturbe-Ormaetxe I. The EMBO Journal, 12, 508-518.

Walker, T., Johnson, P. H., Moreira, L. A. et al. (2011) The wMel Wolbachia strain blocks dengue and invades caged Aedes aegypti populations. Nature, 476, 450-453.

Warrell, M. J. & Warrell, D. A. (2004) Rabies and other lyssavirus diseases. Lancet, 363, 959-969.

Xu, M., Mizoguchi, I., Morishima, N. et al. (2010) Regulation of antitumor immune responses by the IL-12 family cytokines, IL-12, IL-23, and IL-27. Clinical and Developmental Immunology, 2010, 832454.

Yoshida, S., Shimada, Y., Kondoh, D. et al. (2007) Hemolytic C-type lectin CEL-III from sea cucumber expressed in transgenic mosquitoes impairs malaria parasite development. PLoS Pathogen, 3, e192.

Zasloff, M. (1987) Magainins, a class of antimicrobial peptides from Xenopus skin: isolation, characterization of two active forms, and partial cDNA sequence of a precursor. Proceedings of the National Academy of Science USA, 84, 5349-5453.

Zasloff, M. (2002) Antimicrobial peptides of multicellular organisms. Nature, 415, 389-395.

第六章

城市中的适应型技术

| 原著：菊池 佐智子·中野 和典·中静 透；译者：金秋 |

　　尽管城市生态系统受到与城市化有关的土地利用变化带来的极大影响，但是在如此严峻的条件下，城市生态系统还是发挥着气候调节、防洪和水质净化的功能，并且为城市居民提供教育和文化活动的场所。可以说，城市生态系统所具有的调节服务和文化服务为改善城市环境、提供舒适性做出了贡献。本章将阐述改善这两种生态服务的适应型技术：①热岛现象的缓解、雨水的循环、滩涂区域的水质净化等调节服务；②城市森林设计、生物栖息地创造、景观形成等文化服务。

第一节　引　　言

　　为了全人类共同的未来，保持良好的全球环境，1992 年联合国环境与发展会议通过了"里约宣言"（《里约环境与发展宣言》）。它概述了国家与国民之间的关系、应履行的责任、行动原则等。从那时起，各种定量研究表明，城市活动对生态系统，特别是对地球生态系统具有极其重要的意义。

　　2010 年《生物多样性公约》第十次缔约方大会（COP 10）通过了《关于地方当局与生物多样性的爱知·名古屋宣言》。其确认了城市中的多种资源是依赖城市内外的生态系统，并认定了以下四点：①通过适当发挥城市对生产、流通和消费的强大影响，有助于恢复生态系统；②城市中生存繁衍的多种生物维持着生物多样性；③通过重新建立人与自然的联系，来挖掘城市生态系统的潜力；④有必要将城市中存在的生态系统作为支持城市的重要"绿色"基础设施来进行定位和管理。

　　为了响应此宣言，地方当局正在做出以下三点努力：①创建一个考虑到生物多样性的城市环境，使公民能够亲近自然；②制止无计划扩张的城市战略以及实现广域土地利用；③基于生态方法实施广域景观管理。此外，还将推进城市周边的农林业与城市市场结合的自产自销计划，将影响生物多样性的资源消费转化为可持续性的绿色消费。

20 世纪 90 年代，一种被称为绿色基础设施（green infrastructure）的概念诞生于美国。作为绿色景观格局构建的方式之一，它利用了自然生态系统网络所具有的生命支持（life support）功能。具体来说，它是指将水道、湿地、林地和其他自然区域相互连接，形成网络化的绿色廊道、公园、森林和其他绿地空间，通过活用这些资源来维持自然生态系统的各种过程，保护生态系统服务（空气净化、维持水源等），为国民健康和生活质量做出贡献（Benedict & McMahon 2002）。关于绿色基础设施，有必要根据目标空间不同来讨论其定义和意义，因此在本章中，我们将介绍为了提高城市生活的舒适性，利用土壤和种植的植物进行整修的城市基础设施，以期它能够与现有灰色基础设施（如混凝土等结构的人造构筑物）发挥相同的效果，下文将其称为"绿色基础设施"。

第二节　城市生态系统的调节服务

本节将叙述城市调节服务的几种应用：热岛效应的缓解、雨水的循环以及滩涂区域的水质净化作用。

一、通过地形和土地利用方式来缓解热岛效应

热岛效应是指城市中心区域的温度与郊区相比呈岛状升高，这种现象已经在许多城市中都得到了证实。热岛效应是由绿地和水面的减少导致热的蒸散发效果降低，沥青和混凝土等人造结构的增加引起热量的吸收和积累，以及使用空调和汽车等造成人为排热量的增加所致。作为应对城市热岛效应的措施，"可视化（地图化）"可以有效了解和评估目标区域的气候、地形、空气质量和热环境现状，从而考虑改进措施，确立今后的目标。

一个典型的例子是利用城市规划和建筑规划的气候图集（Klimaatlas）。这是从保护自然环境的角度出发，作为"适应气候环境的城市建设（或循环型城市建设）"的一环，利用气候信息来规划建筑或城市为目的的制成的地图集（日本建筑学会 2000）。20 世纪 70 年代初，在德国，区域城市规划联盟首次以杜伊斯堡（Duisburg）为对象，在红外热成像的基础上制成了世界上首本 Klimaatlas，迄今为止，无论城市大小，陆续制成了很多这样的气候图集（图 6-1）。由于每个地方都是在土地利用（或土地覆盖）和地形的相互作用下形成的特有气候，因此 Klimaatlas 从气候学的观点来分析目标区域，并运用分析的结果为城市规划和建筑规划找到最佳解决方案，以保护整个自然环境并节约能源。

通常，Klimaatlas 由三部图集组成：①气候要素及相关因子的基础分布图；②气候分析图；③规划指南图。在气候分析图中，为了制定规划收集了最低限度

的气候信息，将土地覆盖情况、气流特征（包括与地形密切相关的海陆风、山谷风、湍流等）、人为排放（污染）源和污染范围等要素进行重合，并以易于理解的方式在一张地图上全面展示。规划指南图通常通过环境工程（气候）领域以及规划部门的专家、从业人员和行政官员组成的研讨会来制订。这些图集可以将行道树、屋顶绿化和生物群落等放置在适当的位置，并将整个城市打造为一个互相连接的绿色网络。

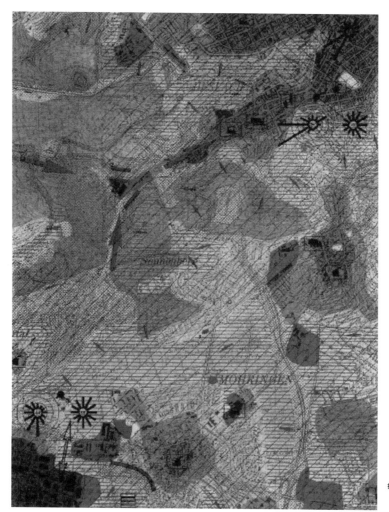

扫一扫 看彩图

图 6-1　斯图加特的 Klimaatlas 图集（气候分析图；日本建筑学会 2000）。以背景颜色显示的气候灰色块（climatope）是最小的气候空间单位。在图中分为水面、空地（未被耕地或牧草地覆盖的土地）、森林、公园绿地、田园城市、郊区、城市、市中心、中小型工厂、工厂和轨道设施这 11 部分。根据气候特征将地形分为 5 种，将其范围用特定图标和颜色表现出来，即低地（地面逆温，雾的形成）、山谷（山谷风）、平缓山顶（通风良好）、坡面（对风场有强烈影响）、轨道设施（昼夜温差大）。
　　箭头表示气流交换，道路和工厂等用图案来表示，并显示了人工污染源的位置和污染范围。

二、城市水循环及其管理

由于气候变化，城市雨水管理容易受到降雨条件的影响，并且流量的增加和局部暴雨使洪水风险提升。沥青道路和混凝土建筑物的增加减少了雨水可以渗透的地表面积。由于不能渗透到地下，没有去向的雨水成为地表径流，涌入城市地表。在日本东京，城市化使得降雨的地表径流比例从10%左右增加到了60%（古米2010），增加了城市的洪水风险。

迄今为止，在城市发展中及时排放雨水一直都非常重要（日本下水道协会2009）。尽快排放城市中的地表径流是防止雨水对城市地区造成危害的基础，为此雨水管道遍布地下。然而，通过雨水管道快速排放雨水却提高了水道、污水处理厂、河流等的峰值流量，给下游地区带来了新的洪水风险。为应对气候变化引起的降雨量增加和局部暴雨的发生，目前采用雨水管道快速排放地表径流的措施还不够完善，需要综合性的雨水管理来缓和流量增大带来的影响。

存在不透水区的城市水循环与自然环境有很大不同。在具有森林和农田等渗透区的自然条件下，地表径流的占比很低，所以洪水的风险也很低。因此，在短时间内流入河流和水道的水量也会变小，特别是渗入地下的雨水变成了地下水，流入河流和湖泊要经过一段时间，所以雨水渗透到地下能够有效地降低河流下游区域的峰值流量。

雨水渗入地下使地下水得以涵养，形成充足的"含水层"。在干旱期间，含水层成为湖泊和河流的水源，并减少其水位和水量的波动。如果地表变干，由于土壤的水分吸力，水将从含水层流向地面，起到缓解土壤环境干燥的作用。地表蒸散量取决于表层土壤的含水量，如果没有来自含水层的水分供给，地表蒸散就无法持续。由于水的蒸发吸收热量并降低了温度，活跃的蒸散抑制了气温升高，有助于稳定该地区的微气候。

因此，渗透到地下的雨水在缓和环境条件波动方面具有多重重要作用。在城市地区，不仅渗透到地下的雨水很少，而且地表的蒸散量也受到限制，因此通过生态系统服务（即水循环）缓和环境条件波动的潜力显著降低。今后，在应对全球变暖和干旱等气候变化的城市规划中，充分模拟雨水渗透区的自然条件，以自然蒸散的形式使雨水滞留在城市区域是一种很有效的措施。

此外，还需要考虑雨水管理引起的水污染和生态风险。下水道起到了排放人类活动产生的污水的作用，在日本，污水管和雨水管合流的"合流式下水道"（图6-2）先行普及。根据合流式下水道系统的结构，雨天时的流量取决于雨水管中收集的水量。在不透水区域逐渐扩大的市区，受集中暴雨等影响，当流入雨水管道的水量超过一定量时，未经过污水处理厂处理的污水将直接被排放到公共水域。这种未经处理而排出的污水称为"下水道溢流"。

目前，在日本铺设合流式下水道系统的地区，每年有 60～100 次下水道溢流（财团法人下水道新技术推进机构 2001）。未经处理的污水进入河流及其沿岸水体，导致公共水域的环境卫生问题。因此，随着下水管道的更新，各个地方都在推动向"分流式下水道系统"（图 6-3）的转变，该系统不允许雨水管连接污水管。在雨水管道与污水管道独立的分流式下水道中，可以降低下水道溢流的风险。

图 6-2　合流式下水道的结构。　　　　　图 6-3　分流式下水道的结构。

然而，随着分流式下水道建设的进展，城市地区中产生的地表径流直接流入公共水域，导致了新的环境问题的出现（新矢 2008）。地表径流流入水道和河流，同时清除了积聚在城市地表的各种物质。这种污染源未知的污染，称为"面源污染"。铺设的道路、停车场、屋顶的表面不仅累积了汽车尾气排放的污染物，还累积了来自大气的粉尘等各种有害物质（曾根 2010）。此外，雨水本身也含有工厂烟尘、汽车尾气、农田挥发的农药成分（村上 2010）等污染物，地表径流未经处理流入公共水域，会加剧由各种化学物质组成的"面源污染"。

来自城市环境中的一些面源污染物质包括可能对生态环境产生负面影响的有害物质。来自汽车制动器磨损产生的铜锌等金属颗粒物、发动机等内燃机器的不完全燃烧和铺设沥青产生的多环芳烃、油漆和蜡的疏水性成分中的全氟化碳等都是典型的有害物质。虽然地表径流中有害物质的浓度非常低，铜和锌的量级为 μg/L，多环芳烃和全氟化碳的量级为 ng/L（Murakami 2008），未达到因暴露会产生急性毒性的浓度水平。但是，由于径流本身的总量很大，并且其中含有的物质都是难以分解的，因此人们担心这些有害物质会在环境中不断积累。

这些环境问题是由城市化过程中存在的不透水区引起不自然的水循环造成的。因此，加强城市地区的雨水渗透能力，使水循环恢复到接近自然的水平，可以在各种环境问题得到改善的同时，减轻气候变化对城市环境的影响。具体而言，减少不透水区域的面积，以增加雨水的地下渗透，并通过绿色基础设施的建设促进水的自然蒸散发。特别是利用土壤和植被的"生物滞留"的方法,即利用诸如道路、停车场、广场、庭院和屋顶之类的空间实施绿化来促进雨水的地下渗透和水的蒸散发。

应用生物滞留设施的具体案例有生物滞留带(图6-4),它是将雨水引入道路中央隔离带或人行道的绿化区域,以促进地下渗透;还有雨水花园(图6-5),它是将降雨引导到屋顶或庭院中进行临时存储,并促进地下渗透,这些设施有效地提高了城市区域的雨水渗透能力。即使每个生物滞留设施的规模很小,但可以通过在整个城市的大量分布来创造较大的渗透能力。通过利用这样的绿色基础设施,从源头上采取方法,处理城市各区域在雨天因地面径流而引起的各种环境问题(概念扩展6-1)。

图6-4 生物滞留带引导雨水进入道路中央隔离带并促进其地下渗透。它能够通过有效地收集地表径流水并使其流入现有种植区(渗透区),来加强城市的水循环。

图6-5 设置在日本东北大学青叶山校区的青叶山雨水花园,它通过设置将校园建筑物屋顶上的雨水收集储存并使其循环起来,而且人们认为可以通过它来缓解热岛效应。

利用生物滞留设施的目的是确保渗透区域,促进水的蒸散发,从而能够降低城市地区的洪水风险,抑制下水道溢流的产生,减轻来自城市的面源污染负荷、涵养地下水和缓解热岛效应。而且以生物滞留设施为代表的绿色基础设施能够成为生物的栖息地,促进生物群落的物质循环。对种植的植物种类进行选择和管理,也可以极大地改善城市景观。如果我们将这种绿色基础设施涵盖的各种功能换算为效益的话，会发现其经济价值是无法估量的。通过活用绿色基础设施附带的多元化的生态系统服务，不仅可以减缓气候变化带来的影响，还有望使城市区域的经济价值大幅度提高。

概念扩展6-1：减轻路面径流对生态影响的尝试

路面径流中所含的金属类有害物质可能会在生物体内累积，即使其浓度低，也存在通过累积引起慢性中毒的风险。如果在路面径流流入河流和湖泊等公共水域之前有一个过滤并收集金属物质的系统，就可以减轻其对生态的影响。

从这个角度出发，为了减轻琵琶湖周边道路的路面径流对生态的影响，淡海环境保护财团在滋贺县草津市设置了初期雨水净化设施（图6-6），用来收集路面径流。路面径流仅存在于不定期发生的阴雨天气中，尤其是降雨初期产生的径流（初期雨水）中含有浓度非常高的污染物。这个净化设施主要收集初期雨量为15 mm时产生的初期雨水，为了适应日本降雨量大的气候特点，目前正在尝试做一些应对举措。

初期雨水净化设施主要由沉淀池和潜流型人工湿地组成，沉淀池是用于减少悬浮物质流入人工湿地的预处理装置，潜流型人工湿地种植了芦苇，有效过滤面积为36 m²，是由深度为0.5 m的30个砂滤装置组合而成的，这样可以对积累了高浓度金属的砂滤装置进行更换。但由于监管责任不明确，长效管理是一个需要解决的问题。另外，像初期雨水净化设施这样简单被动的处理方法适用于控制不定期发生的面源污染，可以作为路面径流直接流进公共水域情况多发地（如桥梁）的附带设施，因此这种方法有望普及。

图6-6　位于滋贺县草津市的初期雨水净化设施。

三、滩涂区域的物质循环和水质净化

适应型技术可以通过环境净化和营养盐循环来促进生态系统服务的稳定和恢复。在滩涂区域的应用是最好的案例之一。在日本，由于城市化、工业化造成土地负荷增加，同时因填海造成滩涂、浅滩减少，水质净化功能下降，整个湾区的物质循环发生显著改变，导致东京湾、大阪湾、濑户内海等封闭性水域中赤潮和缺氧现象的加剧。在滩涂及其周围的浅水区域，存在专门以悬浮颗粒物为食的蛤仔（悬浮物摄食者），它具有去除水中悬浮有机物、氮、磷等生源元素的功能，人们考虑利用它直接去除海中悬浮的有机物质并通过捕捞以期实现水质的净化。

在伊势湾和三河湾（蛤仔捕捞量占全日本的一半），由于填海造陆、土地开垦、河流整治和水体污染，蛤仔的栖息地大量消失。此外，由于沉积物泥质化、水体缺氧和赤潮产生等原因，蛤仔栖息地环境正在逐渐恶化。但有人仍然认为"蛤仔个体数能够自然地增长"，这是对资源管理（第二章）的认识薄弱造成的。蛤仔是一种在局部海域互相为彼此提供生态系统服务的生物，因此蛤仔的浮游幼虫并不仅限于在出生地点定居生长为幼贝，它们也会漂流到其他地方生长，人们有必要就这一点进行重新的认识（水野 2009）。

今后，为了享受到来自滩涂、浅滩提供的复合生态系统服务，我们需要做到以下几点。

（1）对于迄今为止进行的覆沙、挖水道和耕作等活动进行评估，在此基础上，创建目的和功能明确的场所，如繁殖场、育种场、育成场等，对于这些场所进行管理和维护以维持其功能。

（2）精细管理生态系统，如连续监测和选择性消除扁玉螺（*Glossaulax didyma*）等掠食性生物，云雀蛤（*Musculista senhousia*）等有害生物。

（3）保护和修复沿岸地区地形。

第三节　创造以生态适应为基础的美丽富饶地区

如上所述，通过保护生态系统的调节服务，以期改善城市环境和生态系统功能，进而充实城市区域的文化服务。丰富的生态系统和生物多样性提高了城市生活的舒适性，创造出教育和文化活动场所。此外，通过形成城市周边的生态系统和绿色网络，可以在更广泛的区域内对生物多样性保护起到一定作用。

一、引入生态学知识的城市森林设计

在生态学上，生长状况良好的森林，即具有多种物种组成的天然林和次生林。而拥有丰富生物多样性的城市绿地，被视为城市居民的重要生活环境之一。

日本大正时期（1912～1926年）在明治神宫内苑建造的树林首次将天然林作为设计对象。明治神宫林区于1915年动工，并于1921年基本完工。林区其中一部分保留了原有的树木，其余大部分树木排布是根据生态学知识和园林绿化师的设计而建造出来的。它是由本地树种（主要是常绿阔叶树）组成的可持续天然林。最初，为了建造一个庄严肃穆的神社深林，密集种植了形状整齐笔直的树木，如杉树、侧柏、花柏、刺柏、铁杉、冷杉、香榧和红豆杉等，以创造出一种郁郁葱葱的自然风光，但是上述的针叶林易受烟雾影响，难以在东京等空气污染严重的地区充分生长。因此，人们决定采用当地的常绿阔叶树来构建神社深林，这类树适合东京的气候和土壤，并能抵抗各种污染和疾病、无须人为管理也可自然更新（明治神宫境内综合调查委员会1980）。

在设计森林时，从长远的角度出发，将从种植到完成的过程看作一个发育成长系列。造林时首先选择高大的赤松/黑松组成森林的主要树种，并使其形成森林的林冠层；在这些树木之间再选一些稍低的针叶树，如侧柏、杉树、冷杉等；另外在这些树木的空隙之间再选择种植一些常绿阔叶树，如栎树、栲树和樟树；最后在最下层种植常绿小乔木、灌木等（图6-7）。

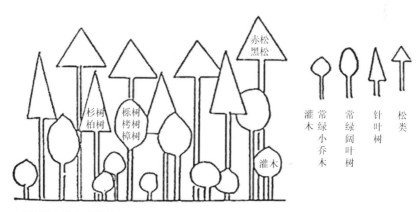

图6-7　明治神宫内部森林建设时的树种配置（明治神宫综合调查委员会1980）。森林分为四层，第一层是需要阳光照射的赤松等，第二层是杉树、柏树等，第三层是栎树和栲树等，第四层是常绿灌木等。在建造时，第一层赤松形成了林冠层，随着时间的推移，第二层杉树、柏树等生长旺盛。但随着第三层栎树、栲树和樟树等常绿阔叶树长势的扩大导致第二层杉树、柏树有所衰退。考虑到与树木生长相关的光照环境等生理生态的特性，常绿阔叶树是最适合日本当地气候环境的树种。

由此可见，森林设计的适应型技术可以用以下三点来说明：①研究森林的作用和功能，在种植时绘制森林设计后的完成图稿；②预测并整理树木生长和衰退的过程，探讨随着时间推移的森林成长阶段；③设定 5 年、10 年、20 年等长期管理目标和 1～3 年的短期管理目标，以及对于森林是否发生了变化，或是发生了怎样的变化进行监测。

二、绿地的网络化

目前，人们通过将绿地进行网络化，来保护生物多样性。生态系统的网络化意味着相互联系，同时保留孤立和间断的性质，从而再生和恢复受到人类发展威胁的生物多样性。具体地说，就是人为地为动物创造移动路径，为植物创造繁殖路径。下面我们将列举一些代表性的案例。

三井住友银行在海上的骏河台大楼，从规划之初就着眼于未来，对植物种植的栽植基盘进行了整备，公司员工也确认了许多生物在这里的生存状态。另外，公司还考虑了其与周围绿地的整体布局，来努力确保一个使啄木鸟等鸟类易于在整个地区范围内迁移的环境。

为应对 20 世纪 60 年代末以来由居民区改造带来的绿地迅速减少的情况，镰仓市推出了保护和创造绿地的政策。连接了山川大海的绿地不仅是生物的生存环境的基础，也使相模湾丰富的海洋资源得到了保护、减轻了城市的环境负荷，还有助于创造一个居民和游客可以漫步游览、亲近自然的场所。由于许多历史文化遗产与其周围丘陵等自然环境相融合，形成了别样的历史风貌。镰仓的绿色把这一切结合在一起，孕育出镰仓特有的文化，可以说通过绿地的网络化，成功创造了一种有风格、有内涵的城市环境。现在为了丰富该地区原有的生物群落，相关人员以将镰仓市内的丘陵与大海连接起来的河流为中心，正在实行一些计划来改善生物栖息地的孤立和碎片化，同时提高绿地的连续性，确保区域内良好的水、土环境，以期保护和恢复自然环境（表 6-1）。

表 6-1　镰仓市绿色基本计划的主要项目（镰仓市 2011）。

序号	项目名称
1	丘陵山脊或谷底低地的自然环境、较为连续的农耕地的保护
2	珍稀动植物等生活生长环境的保护
3	城市街区及周边森林的保护
4	绿地保护与分布于绿地的生物廊道的形成

序号	项目名称
5	流域生态为核心的河川环境的恢复
6	连通绿地生物廊道的公共设施等绿色环境的构建
7	海岸线自然环境的保护
8	水系保护

在日本爱知县，因为名古屋周边的大学拥有各具特色的绿地，所以研究人员以这些绿地为对象制成了各种生物的"栖息地潜力图"，并提出了基于此地图来形成生态系统网络的措施。所谓栖息地潜力图，不是看生物体是否真正存活，而是基于调查生物生活环境和实际环境数据，将特定生物生存的可能性高的地方在地图上表示出来。为了促进生态系统网络化，在实施开发项目时考虑引入补偿缓解系统，将具有高栖息地潜力的区域规划为绿地。

这样的生态系统网络可以超越城市内部，加强与周边自然性较高的区域之间的连续性，有助于保护城市内外的生物多样性。

三、城市景观的形成和亲水性的提高

为了给河流本来拥有的生物提供良好栖息地和生长环境，同时为了保护或创造美丽的河流景观，20 世纪 90 年代初开始了"多自然（型）河流建设"。内容包括以下五点：①河岸区域的养护和恢复（以河岸及其周围环境为对象，改造护岸和河堤使河岸区域的环境多样化）；②保护和恢复河道形态（用于保护和恢复河流浅滩、深水、淤水处以及河流弯道等）；③保护和恢复河滨森林（保护河道内或河边的森林、植被）；④减少对环境的影响（努力减少河流改造对环境的影响）；⑤保护和恢复生态系统网络和生物群落栖息地（连接不同的生物栖息地）（国土交通省水利管理·国土保全局 2006）。

在这种方式下，有些改造在进行了各种努力后实现了防洪功能和环境功能的并存，但是也经常出现不考虑地区本身自然环境特点而进行的河流改造，以及仅仅模仿其他地区施工方法，简单化一的河流改造。为此，日本国内在 2006 年"面向多样性天然河流建设发展"的提案中，将多样性天然河流的建设定义为"考虑整条河流的自然活动，并且与当地生活、历史和文化相协调；以保护和创造河流原有的生物栖息、生长、繁殖环境和多样化的河流景观为目标，进行河流管理"。

多摩川是日本城市地区宝贵的自然空间，每年有将近 2000 万人在此运动和娱乐，随着城市化和工业化的进程，多摩川经历了大量的泥沙采集和水利建设。结果，来自上游的泥沙含量减少，河床降低，导致了依赖河岸特有环境生长的关东紫苑（*Aster kantoensis*）、瞿麦（*Dianthus superbus* L.）、委陵菜（*Potentilla chinensis*）等植物的减少，由于河岸刺槐和荻生长茂盛导致发生洪水时水流不畅，以及沿岸出现深沟等问题。

因此，2001～2002 年，不仅仅是从形式上保护和修复栖息地，相关人员还致力于保护和修复形成及维持栖息地的各种组成结构。在修复河道时，为了掌握多摩川的泥沙动态，进行了河床变动计算，并实施了以下四项措施：①人为加宽河道；②增加上游泥沙来沙量；③检验拓宽河道的副作用；④针对河床降低，对砂砾层采取局部措施等。刺槐是一种从明治时代开始就被用于水土流失防治的绿化树种，它生长迅速，在向水平方向扩展根部的同时会扩大其分布范围。对于刺槐的去除，不仅要通过砍伐，目前也正在通过实验研究使其无法进行营养繁殖的方法（海野等 2006；服部等 2003；榎本等 2004）。

目前监测工作仍在继续。砾石河滩的代表性生物有关东紫苑、日本束颈蝗、鸻鸟类等。作为它们栖息地基础的植物群落、地形等都出现了显著的变化。河道修复后，关东紫苑的个体数以保护区域为中心稳定增加，日本束颈蝗也以浅水河滩为中心大范围出现（海野等 2006；服部等 2003；榎本等 2004）。

今后，我们不应仅仅从表面上评价适应型技术创造的空间中生物的多样性，还应从一个更加综合全面的角度出发，建立经济社会体系，评价生物多样性给自然环境带来的好处，即富饶美丽的大自然与人类生活的密切联系。

第四节　结　　语

本章重点介绍了绿色基础设施建设作为改善城市生态系统服务的适应型技术，并概述了其有效性和针对各种环境问题的解决方案。作为可持续社会发展的重要因素之一，尽管绿色基础设施的建设已有将近 20 年的历史，但在日本，通过这些建设引入各种生态系统服务的尝试才刚刚起步，作为减轻气候变化影响的措施，绿色基础设施的应用变得越来越重要。

为了弥补现有灰色基础设施的局限性，积极引入生态系统服务的绿色基础设施的技术开发（概念扩展 6-2）正在进行中，今后我们将本着安心、安全和节能的原则将灰色基础设施和绿色基础设施适当结合，以期建立一个可持续发展的社会。

概念扩展 6-2：生物滞留技术替代污水处理的实际应用

　　活性污泥法是一种主要用于污水处理厂和净化槽的先进方法，它可以通过较小的占地面积，在很短的时间内处理污水。另外，人们也迫切需要生物滞留技术的实际应用。该技术虽然在处理面积和时间效率方面表现较差，但却可以在不消耗任何能量的前提下与活性污泥法处理同样的污水。作为生物滞留技术之一的人工湿地，是一种绿色基础设施，不仅可以处理污水，还可以用于提供各种生态系统服务，如微气候调节、空气净化、栖息地的创建和景观形成。

　　在日本东北大学生态适应性科学全球卓越研究中心，建立了先进的人工湿地实验设施（图6-8）。它是在日本气候条件下尝试运用人工湿地，利用生态系统的功能来净化污水的实验，目前该实验还在继续进行中（Nakano 2011）。人工湿地中每天接收来自养殖30头奶牛产生的2 m^3 污水，通过 0.6 m 的过滤层来进行净化（图6-9）。在过滤层中的生物膜和植物根系附近的微生物群落会将截留下来的污染物质经过一段时间之后分解。

图6-8　由日本东北大学生态适应性科学全球卓越研究中心建立的人工湿地实验设施。

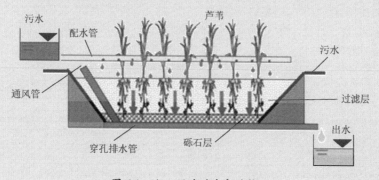

图6-9　人工湿地的内部结构。

在冬季，由于植物和细菌的活性降低，分解效果下降，但过滤层中截留过滤污染物的物理作用并没有降低，因此从表面看，水质净化不受季节变化的影响而持续进行，全年都可以进行污水处理。在温度条件良好的春季，冬季积累的污染物开始分解。在自然条件下运行时，不同季节的物质循环会有变化，但这种变化会在一年以内完成。日本东北大学生态适应性科学全球卓越研究中心为期三年的实验表明，如果可以确保每人有约 $2\,m^2$ 的面积（来应用生物滞留技术），则可以实现不消耗任何能量且可持续的污水处理。该数值是在日本东北地区的气象条件下得出的（包括严寒时期在内），在较温暖的地区，预计可以用更小的面积实现相同的污水净化效果。

参 考 文 献

日本建築学会（2000）都市環境のクリマアトラス：気候情報を活かした都市づくり. ぎょうせい.

水野知巳・丸山拓也・日向野純也（2009）三重県における伊勢湾のアサリ漁業の変遷と展望. 三重県水産研究所研究報告，17，1-21.

公益社団法人日本下水道協会（2009）下水道施設計画・設計指針と解説 2009 年版（前編）.

古米弘明（2010）都市雨水との上手なつきあい方へ. 用水と廃水，52，33-35.

村上道夫・古米弘明（2010）都市雨水及び雨天時排水中の水質と雨水利用の新たな展開. 用水と廃水，52，36-44.

明治神宮境内総合調査委員会（1980）明治神宮御境内林苑計画図. 明治神宮境内総合調査報告書.

国土交通省水管理・国土保全局（2006）多自然川づくりの考え方. http://www.mlit.go.jp/ river/kankyo/main/kankyou/ tashizen/.

服部敦・瀬崎智之・伊藤政彦・末次忠司（2003）河床変動の視点で捉えた河原を支える仕組みの復元―多摩川永田地区を事例として. 河川技術論文集，9，85-90.

財団法人下水道新技術推進機構（2001）合流式下水道の改善対策に関する調査報告書，国土交通省都市・地域整備局下水道部.

海野修司・齋田紀行・伊勢勉・末次忠司・福島雅紀・佐藤孝治・藤本真宗（2006）多摩川永田地区における河道修復事業実施後の生物群集と物理基盤の変化. 応用生態工学，9，42-62.

曽根真理・滝本真理・木村恵子・小柴剛・井上隆司・曽河良治（2010）路面排水の水質に関する報告. 国土交通省国土技術政策総合研究所報告書第 596 号.

榎本真二・服部敦・瀬崎智之・伊藤政彦・末次忠司・藤田光一（2004）礫床河川に繁茂する植生の洪水攪乱に対する応答、遷移および群落拡大の特性. 河川技術論文集，10，303-308.

鎌倉市（2011）鎌倉市緑の基本計画グリーン・マネジメントの実践. 鎌倉市.

新矢将尚（2008）ノンポイント汚染―雨天時水質汚濁の現状と対策. 生活衛生，52，87-97.

Benedict, M. A. & McMahon, E. T.（2002）Green infrastructure: smart concervation for the 21th century. Renewable Resources Journal，20，12-17.

Murakami, M., Sato, N., Anegawa, A. et al.（2008）Multiple evaluations of the removal of pollutants in road runoff by soil infiltration. Water Research，42，2745-2755.

Nakano, K., Chigira, J., Song, H. L. et al.（2011）Start-up water purification performance of multi-stage vertical flow constructed wetland treating milking parlor wastewater and paddock run-off. Japanese Journal of Water Treatment，47，103-110.

第三部分

生态适应性科学与社会

第七章

生态适应性科学与社会制度

| 原著：福本 润也；译者：许晓光 |

由于克服型技术的影响和自然资源的不可持续利用，生态系统服务正在急剧恶化。引入适应型技术有望解决出现的各种问题。但是，通常认为适应型技术的生产效率和成本收益低于传统技术。因此，必须给予该技术用户一定激励，否则适应型技术很难实现。本章将阐述如何向生态系统服务进行支付（payment for ecosystem services，PES），以及公共资源在鼓励实施适应型技术中的作用。此外，本章还将介绍公共机构应采取的措施以及国际合作的必要性和局限性。

第一节 社会制度的视角

一、适应型技术的实现和社会制度

导致地球上生态系统服务退化的主要原因是近代以来开发的克服型技术，以及人类通过利用这些技术所形成的生活方式和经济活动[①]。采用适应型技术代替克服型技术而进行的社会经济活动，如人类的生产、消费和交易，有望减少其对生态系统服务造成的负面影响（外部性）。将适应型技术与克服型技术进行比较，如果适应型技术的生产效率高、成本低、环境负荷小，则用户会主动采用适应型技术。然而，如果从短期考虑，适应型技术的生产效率和成本收益通常低于克服型技术。因此，如何给予激励（如何给予动机），这对于技术用户采用适应型技术而言起着决定性作用。

由于对生态系统服务起直接作用的不仅仅是技术，为防止生态系统服务的退化，在关注技术使用本身的同时也需关注技术使用的社会因素和经济因素。克服型技术得以高度采用的生活方式和经济活动在全球范围内具有广泛的背景，这是

---

① 近代以前，有些地区的生态系统服务存在恶化情况（如日本江户时代的秃山）。但是，对全球生态系统服务的恶化而言，工业革命以来的技术进步可被认为是最直接的原因。

由科学技术的进步、产业结构的变化、全球化的进程和人口的增加等因素造成的。即使可以用适应型技术替代克服型技术，如果导致生态系统服务退化的社会经济活动变得比现在更加活跃，那么问题可能也会进一步恶化。从激励人们改变生活方式和经济活动的角度上看，技术方式的选择（无论是采用适应型技术还是克服型技术）是另一个重要的问题。

经济主体（市民、企业、政府等）的技术选择，以及生活方式和经济活动是受其周围的社会制度所强制规定的。本章将讨论实现适应型技术的社会制度的基本战略，同时兼顾生活方式和经济活动。在图 7-1《千年生态系统评估报告》框架

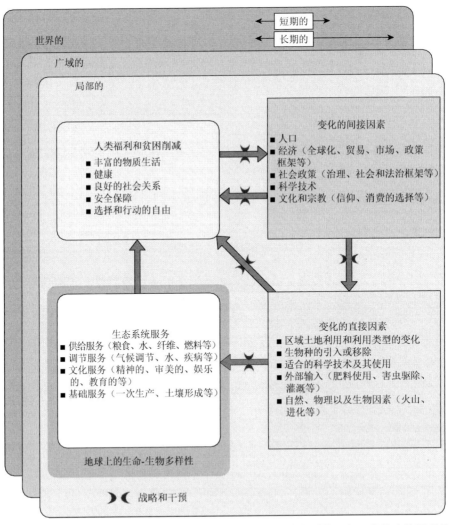

图 7-1 《千年生态系统评估报告》框架（MA 2005）。造成生态系统服务退化的直接因素是右下方正方形，间接因素在右上方。经欧姆社许可转载。

中，通过范式化的框架，指出了人类福祉与生态系统服务之间的关系。适应型技术在社会层面的实现，可以说是试图通过直接因素（图 7-1 中右下角）减少对生态系统服务（图 7-1 中左下角）的负面影响。另外，实现适应型技术的社会制度意味着间接因素（图 7-1 中右上角）干预了直接因素（图 7-1 中右下角），并试图通过人类福利和贫困削减（图 7-1 中左上角）与直接或间接因素（图 7-1 中右侧）的互相影响来防止生态系统服务的恶化。

二、社会制度的自发演化和理性设计

“制度”是多义词，存在各种各样的定义[①]（概念扩展 7-1）。在本章中，根据 North（1990）的观点，我们将“制度”定义为经济主体的社会博弈规则。作为博弈规则的“制度”约束了经济主体的行为。而约束又分为两种类型：正式约束和非正式约束。国家和地方当局制定的法律和以个人有效协议为基础的合同属于正式约束；社会规范和当地习俗等属于非正式约束。本章后续将要讨论的生态系统服务支付和公共机构实施的措施对应前者，而公共资源管理则对应后者。

人类社会中存在的各种制度是相互关联的，并且具有多层次的特点和互补的关系。在本章中，我们将这些制度的总体称为“社会制度”。社会制度对社会后果的影响可被看作经济主体在围绕一个确定的社会制度的基础上，一边预测其他经济主体的行为，一边根据行动指南（以价值和利润为代表的偏好）选择自己的行为。换言之，社会后果是由经济主体选择的行为和社会制度的组合（行动）所决定的。

那么，社会制度是如何形成的呢？Hayek（1973）提出，制度的生成过程主要有两种形式，即人造秩序的生成和自发秩序的生成。前者是设计理性的制度以实现人类向往的社会，即“制度的理性设计”；后者是指通过构成社会的多种主体的相互依存关系（与经济主体的意图无关）形成制度，即“制度的自我进化”（铃村 2006）。关于理性设计制度的例子有主权国家制定的法律和各种公共政策；关于自生形成制度的例子有市场交易的信任、社会风俗和语言等。

支撑我们生活的社会制度是理性设计和自我进化的制度结合。多种制度复杂地交织在一起，它们相互关联（概念扩展 7-2）。为了实现更好的社会制度，有必要深化制度的自我进化，在对制度多样性和制度间互补性理解的基础上，逐步变更组合，设计可能更为合理的制度（铃村 2006）。

概念扩展 7-1：基于博弈论的制度定义

博弈论是一种分析利害关系不同的多个主体相互依存状况的理论。一

[①] Crawford 和 Ostrom（1995）指出有三种主要方法：一是将制度视为均衡，二是考虑规范，三是考虑规则。

般而言，采用玩家（参与者）集合、战略集合和增益函数的方式，在数学上表达类似游戏的状况，并预测通过均衡概念而实现的可能后果。例如，表 7-1 表示两个玩家围绕共有资源的管理，是否互相合作的游戏情况。采用均衡概念的"纳什均衡"，根据游戏状况的结果，可以预测到两个玩家都不会合作管理共有资源。

表 7-1 中的博弈是一个名为"囚徒困境"的代表性博弈。它表明两个参与者做出个人理性决策而导致的一种社会困境：他们得到的收益低于他们相互合作时的收益。本章后续的集体行动困境是指三个或更多参与者的情况下，发生的与上述相同的社会困境。

博弈论的分析框架在定义制度时也适用，主要分为两种方法。其一是将制度定义为本书中采用的博弈规则（参与者集合、战略集合和增益函数三组）[1]。例如，表 7-1 中的增益表表示的是一种对共有资源管理的制度。当类似于游戏的情况，如果使用不同的增益表来表示对于共有资源管理不配合的参与者将受到某种程度的惩罚，则该情况下的增益表也可表示一种制度。

另一种方法是将制度定义为博弈均衡。在大多数情况下，当地社区的共有资源由社区成员来进行长期管理和使用。如果表 7-1 中的博弈重复多次，最终定式化。那么，在这种重复博弈中，参与者可以基于历史（自己和过去其他参与者采取的行动）来决定是否同意共有资源管理的合作。参与者可以采取多种战略，并且可以在均衡中实现多种结果。这种将制度定义为博弈均衡的方法中，重复博弈中参与者的均衡战略组或由均衡战略组实现的社会后果被认为是一种制度。纵观全球共有资源管理的案例，可以发现既有以可持续形式来管理的地区，也有仅以不可持续形式进行管理的地区。我们可以将支持共有资源管理地区的习惯和规范视作重复博弈均衡，并且将博弈均衡看作这些地区各自的制度。

综上所述，使用博弈论定义制度有两种方法：博弈规则或是博弈均衡。以著者的理解来看，在设计理性制度的情况下，前一种定义更容易分析；而后一种定义在制度作为自发秩序的情况下则更容易分析。然而，由于两种方法都有局限性，因此在不同的分析背景下需要区别使用。

---

[1] 有时也使用结果集合代替增益函数，将制度定义为游戏形式（参与者集合、战略集合、结果集合这三组）。但是，作为博弈规则定义的情况，其基本思想是相同的。

表 7-1　囚犯的困境。两个数字分别表示玩家 1、2 的增益。在这个游戏中，无论对方是否合作，自己不合作才是合理的行动。

玩家 1 的战略	玩家 2 的战略	
	合作	不合作
合作	2、2	0、3
不合作	3、0	1、1

概念扩展 7-2：社会制度和自然生态系统的类比

对于不熟悉社会科学的读者来说，通过与自然生态系统进行类比来把握社会制度，则可以更好地理解本章内容。在下文中，我们将探讨通过对某一地区的自然生态系统进行调整，以期达到目标生态系统服务水平。

生态系统的改变将影响物种的数量、物种之间的相互作用（如捕食-被捕食关系）、物质循环以及生物所处的周边环境。然后，环境的变化将反馈到物种数量和生物间相互作用的变化上。此外，自然干扰（气候变化、森林火灾、海啸）也可以显著改变生物所处的周边环境。我们没有足够的知识对自然生态系统机制进行高精度预测。不难想象，尝试将自然生态系统转变为目标生态系统，其实现将极为困难。

在本文中，制度被定义为多个经济主体的博弈规则，但是从与自然生态系统的类比方面来看，经济主体对应于生物个体，而制度则对应于生物个体之间相互作用的规则。生物个体之间相互作用的规则包括捕食-被捕食关系、生物个体的周边环境、人为干扰与存在于生物物种基因里的行为程序等。人为干扰对应于理性设计的制度，而捕食-被捕食关系、生物所处的周围环境和存在于生物物种基因里的行为程序则对应于以自发秩序形成的制度。作为多数制度集合的社会制度，则对应的是生物个体之间相互作用规则的总和，也可以说它对应于自然生态系统本身。鉴于按预期改变自然生态系统的困难性，上述类比可使读者更容易理解实现适应型技术的社会制度的道路是多么的艰险。

由于社会系统和自然生态系统具有上述对应关系，因此它们具有以下 4 个共同特征。第一，它们都是复杂的系统，其中各种主体（agent，即经济主体和生物个体）相互作用。准确地预测系统的行为几乎是不可能的，为了改变系统，不得不采用强制性的方法。第二，它们都是具有多个稳定状态（多重均衡）的系统。即使对自然生态系统给予完全相同的干扰，这些自然生态系统也可能因为随后不同偶然因素的积累而达到完全不同的稳定状态，社会制度亦如此。多重均衡性可以说是自然生态系统和社会系统多样性的源泉。第三，它们都是强大的系统。即使系统中增加了外部干扰，系统的基础变量，如自然生态系统中的土壤和水质等、社会制度情况下的价值和规范等的变化也是缓慢的。主体之间的相互作用会导致网络的变化，但这种变化又会受到系统基础变量的严格限定。因此，就算施加外部干扰，也有很强大的恢复能力以缓冲外部干扰带来的影响。第四，任何超过阈值的大扰动都会导致不可逆转的变化。自然生态系统不可逆转的一个例子就是草原沙漠化等变化；社会制度的一个具体事例是互联网的普及而改变了人们的生活方式和价值观。

三、技术选择的过程

即使是以建立适应型技术推广应用的社会制度为目标，也必须注意制度形成过程的两个方面。其一是通过公共机构干预和国际协调直接或间接地引导使用适应型技术，这对应系统的理性设计。其二是经过人们价值观和产业结构的长期变化，公民和企业自发地选择适应型技术，这对应制度的自发演化。

回顾人类历史，显然是后者主导了对技术的选择过程。通过技术的选择和淘汰，人类也会从替代技术组中选择和实施一些技术。当然，通过公共机构干预和国际合作，对不具有优势技术的选择乃至技术发展的方向都将产生较大影响。但是，从现代社会中技术的传播以及社会与技术之间的复杂关联可以看出，公共机构和国际组织的能力是有限的。如果基于设计主义思想、依赖于制度的理性设计，则实施适应型技术的尝试一定会失败。为了建立适应型技术得以应用的社会制度，适应型技术必须在技术选择和淘汰的过程中生存下来。也就是说，作为技术使用者，公民和企业需要自发地选择适应型技术。

第二节 科斯定理和 PES

一、市场体系和全球环境问题

大多数经济主体通过市场体系直接或间接地联系在一起。毫无疑问，市场体系是支撑现代社会最重要的制度之一①。它与技术的选择及其形成过程密切相关，是否实行适应型技术很大程度上取决于其与市场体系的亲和力。

---

① 作为制度的市场体系，既有作为正式约束的方面，也有作为非正式约束的方面。同时，它还具有理性设计和自发演化的方面。例如，商业法和合同是限制经济主体行为的正式约束，而商业惯例和企业道德也是限制经济主体行为的非正式约束。同样，商业法和合同是理性设计的制度，后者是自发演化的制度。

市场体系可被视为一种"交换网络"，而这种"交换网络"是由多个经济主体之间交换经济商品而形成的。交换行为的最大特点是互利互惠。由于各方都有自己的利益，因此可以基于各方的自由意志，以自主和分散的方式进行交流。市场体系也是一个开放系统。弗里德曼（1962）在《资本主义与自由》一书中指出"不以个人意志为转移的市场体系能够把经济活动与政治观点分开，从而保护人们使他们的经济活动免于受到那些与他们的生产力无关的理由而产生的歧视"，市场体系无差别地纳入了各种经济主体。市场体系作为交换网络，具有互惠互利和开放自主的发展特性。

市场体系正以前所未有的速度扩大。最主要的原因是已经具备降低交易成本的技术和方案。交易成本是阻碍市场交易（交换）的各种因素的总称。交易成本的具体例子包括：寻找互惠互利贸易伙伴的成本、与贸易伙伴协商交易条款的成本以及促使交易对手履行承诺的成本。交通工具的发展导致运输成本的降低，ICT技术的发展导致信息通信成本的降低以及越来越先进的支付系统等，这些都是由于技术进步而降低交易成本的例子。保障权益的合同法的完善、国家信贷资金的创建则是通过制度的实施来降低交易成本的例子。另外，市场体系的扩大也会导致交易成本的进一步降低。市场体系的扩大可以使每个市场参与者在技术进步、制度的实施与维护中应该承担的成本（平均成本）得以降低。可以说，市场体系的扩大和交易成本的降低带来了累积性的相互影响。

毫无疑问，市场体系的扩大极大地改善了人类福祉。然而，市场体系的扩大也成为加剧全球环境问题的最大原因。为了创造经济贸易的机会，导致使用克服型技术的生产活动也相应扩大。另外，对难以实现规模经济的技术以及生产低可交易性产品的技术，其淘汰压力的增加，促使地方当局采用克服型技术来替代传统的适应型技术。而且，通过对市场体系的整合，增加了发展中国家公民所面临的风险（需求波动、汇率波动、外来生物等），导致公共资源威胁到自然资源等管理问题。可以说，如何与市场体系相协调，是建立实施适应型技术的社会制度的最重要问题。

二、科斯（Coase）定理

市场体系的本质是自主分散地进行交换的网络结构，可以看出通过干预市场体系来抑制克服型技术的使用并不容易。虽然互惠互利和自主交换使环境问题的解决变得困难，但也存在着对于降低生态系统服务的负外部性产生自主抑制的潜在可能性。

Coase（1960）在《社会成本问题》中指出了两个理论特性（Coase 定理）：①如果在制造者和受害者之间明确界定了环境权（财产权），则可通过当事人之间的谈判使环境污染外部性的内部化；②无须事先进行权利分配，可使生产成本和环境成本之和最小化。

Coase 定理的成立，除需明确财产权外，还需要以下条件：①制造者和受害者之间的谈判成本很小；②事先确定制造者和受害者；③在有多个制造者和受害者的情况下，制造者和受害者之间的协调成本很低；等等。因此，可被解决的环境问题的类型是有限的。但是，最近实施了 Coase 定理机制的 PES（payment for ecosystem services）正逐步在全世界范围内得以开展。PES 作为解决环境问题的制度之一，引起了广泛的关注。

三、PES 的效果

Wunder（2005）通过以下 5 个要素来定义 PES：①自发性交换；②明确界定生态系统服务和支持其服务的土地使用；③生态系统服务的购买者；④生态系统服务的管理者和供给者；⑤生态系统服务的长期管理。PES 的典型事例是纽约市 Catskill 的流域保护以及法国 Vittel 公司对水源地农户的直接付费。在这些案例中，将水源地周围通过自然保护的水质改善方案与建设净化设施等替代方案进行比较，前者有望成为更具性价比的措施。因此，纽约市和 Vittel 公司通过向上游地区的农民提供资金和技术支持，来促进在水质净化方面的合作，致力于水质的改善。这些 PES 的努力不仅存在于发达国家，同样也扩展到了发展中国家，并正在全世界范围内开展[1],[2]。

Wunder 的定义基于 Coase 定理，但完全满足定义中所包含的 5 个要素的 PES 并不多见[3]。但是，如果把满足 5 个要素中的某些要素的案例也视为 PES 的话，则归类为 PES 的案例会急剧增加。Carroll 和 Jenkins（2012）把保护自然生态系统和生态系统服务并将资金转移给经济主体的案例统称为 PES（表 7-2）。

表 7-2 广义的 PES。基于 Carroll 和 Jenkins（2012）而制作。Caroll 和 Jenkins（2012）将非常广泛的工作归类为 PES。应该注意的是，限额与交易、ABS、认证制度等通常视为与 PES 不同的机制而引入。

种类	完成交易的驱动力	代表的机构	2020 年潜在的市场规模（美元）	说明
法律规定的森林碳	公共法规	京都议定书（清洁发展机制 CDM、联合履行机制 JI）	4 亿 7000 万	信用额度相当于森林保护等所减排的温室气体，并依照公共法规进行的信贷发行和交易体制
自发性森林碳	自由贸易	芝加哥气候交易所、VCF	1000 万～50 亿	与温室气体的减排量相当的信用额度，不依赖于公共法规发行和交易而自发进行森林固碳的措施

---

① 在日本江户时代，为了保护水源涵养树林，下游的村落对上游的村落进行收入补偿的例子就是典型的 PES 的事例。

② Daily 和 Ellison（2002）列举了以纽约市 Catskill 流域保护为代表的多个 PES 的具体事例，并介绍了引入 PES 的政治和社会背景。

③ 关于 PES 的定义，Muradian 等（2010）和 Tacconi（2012）进行了详细的论述。

续表

种类	完成交易的驱动力	代表的机构	2020 年潜在的市场规模（美元）	说明
REDD 资金相关的森林碳	开发援助（目前）	联合国 REDD 计划	30 亿～90 亿	为减少发展中国家的森林减少和退化所造成的温室效应气体排放，通过筹措资金来削减其排放（reduced emissions from deforestation and forest degradation，REDD）的措施
法律规定的水质交易	公共法规	美国等的营养盐信用交易	4300 万	根据法律法规，发行和交易相当于减少废水中所含营养盐和重金属的信用额度的体制
自发性流域管理的直接支付	自由交易	Vittel 等饮料生产商	5000 万	民间经济主体作为水质改善的受益者，为改善水质而直接支付费用的措施
政府介入的水源地区 PES	政府介入	纽约市水务局等供水公司	200 亿	政府直接支付水质改善费用的体制
河水的水利权交易	自由交易	美国西部各州、澳大利亚	3 亿 7000 万	通过水利权交易，将河水流量保持在一定水平以上，以保护流域内生态系统的措施
法律规定的生物多样性补偿	公共法规	美国补偿激励	50 亿～80 亿	生物多样性补偿体制，根据法律规定对周边地区因开发而丧失的自然生态系统进行补偿
自发性生物多样性补偿	自由交易	BBOP	7000 万	对因开发而丧失的自然生态系统，不依法律规定而自主进行代偿的生物多样性补偿措施
政府介入的生物多样性PES	政府介入	美国土地休耕保护计划	29 亿	政府为保障动植物栖息地的土地利用和环境负荷低的农业形态（粗放性农业等），直接支付费用的体制
休闲娱乐	自由交易	生态旅游、狩猎许可证	2000 亿	在自然生态系统多样的地区，对环境影响小的休闲娱乐方式（生态旅游等）
遗传资源（ABS）	自由交易、政府介入	制药企业、生物产业	1 亿	获取和利益分享机制（access and benefit sharing，ABS），利用遗传资源所产生的惠益分配给遗传资源保护者和管理者
渔获配额	公共法规	美国、加拿大、挪威等	90 亿	向渔民分配可以获得的渔获量和捕捞配额，并使它们能够在渔民之间进行交易的体制
森林认证	认证、自由交易、公共法规	FSC 认证	2280 亿（仅限于FSC 认证）	对进行可持续资源管理的生产者和产品进行认证，并向采购方的经济实体传达信息的生态标签机制（森林认证、水产生态标识等）
农作物认证	认证、自由交易、公共法规	咖啡、棕榈油等农产品认证、MSC 认证	1900 亿	

四、政府在推广 PES 中的作用

PES 的推广多数都与政府有关，主要有以下 4 个原因。

首先，政府可以确定自然资源的财产权并出台以保护生态系统服务为目的的公共法规，通过生态系统服务的购买者、受益者的支付意愿（willingness to pay，

WTP）以及供给者和管理者的接受意愿（willingness to accept，WTA），从而对 PES 的可行性产生显著影响。在上述纽约市 Catskill 流域的保护过程中，如果不采取对水源水质的保护措施，将不可避免地建设需要大量财政支出的过滤净化设施，这就是 PES 实现的契机。可以说，在不引进 PES 的情况下，水质要达到规定的标准，其花费的成本将大幅提高。而流域保护则大幅度提高了纽约市的 WTP。不言而喻，如果对总排放量不加以公共规定的话，碳和营养盐的限额及其交易将对水质改善起不到任何作用。

其次，政府的介入可以降低阻碍 PES 的交易成本。许多因素会阻碍 PES 的实施（概念扩展 7-3），但政府的介入可以更有效地解决这些问题。例如，想要实现以多数人为购买者的 PES，就不得不面临集体行为问题，并产生较大的调整成本。但是，如果政府作为多数受益人的中介，则可大幅节省调整费用。此外，当生态系统服务的购买者和供应者直接就 PES 的合同内容、服务水平、土地利用状况的评价和监测方法等事项进行谈判时，谈判成本和合同执行成本将不可避免地增加。但是，如果政府启动标准化的 PES 计划（如美国土地休耕保护计划），就可以大幅降低谈判成本和合同执行成本。此外，随着 PES 计划参与者人数的增加，会产生规模经济和竞争效应，这可能会进一步降低交易成本[1]。

再次，在发展中国家，许多穷人由生态系统服务提供的惠益来维持生计，并深入参与到对提供生态系统服务的自然生态系统的维护和管理中。引入 PES，为他们提供了通过保护生态系统服务来赚取收入的机会。将一部分用于减贫政策的财政、援助资金投入 PES，那么即使在生态系统服务购买者的 WTP 与供给者的 WTA 之差不超过交易成本的情况下，PES 也是可以实现的[2]。

最后，政府在实施 PES 的过程中发挥了减少外部影响的作用。生态系统服务作为 PES 的保护对象，限定了保护区域和服务内容。因此，即使在 PES 实施区域内进行生态系统服务的保护工作有所进展，实施区域外或保护范围外的生态系统服务也可能恶化（Kinzig et al. 2011）[3]。例如，如果在某一地区实施以增加碳固存为目的的植树造林，反而有可能会加速该地区之外的森林砍伐，导致区域内生物多样性的减少。此外，随着 PES 计划的引入，在引入之前自发进行的保护活动

---

① 标准化的 PES 项目，在个别情况下难以灵活设计合同内容，可能阻碍 PES 的建立。例如，当每个生态系统服务类型都建立了多个 PES 项目时，由于项目之间货币支付和监管条件的不匹配，存在无法对多个生态系统服务进行充分保护（本来认为是理想的）的风险。

② 保护生态系统服务和其他政策目标之间可能需要权衡。在这种情况下，具有保护生态服务之外的政策目标的 PES 项目，未必能有效保护生态系统服务。

③ PES 的实施而产生的外部性有两种情况：一方面是由于生态系统服务的购买者和供给者根本没有考虑外部性，另一方面是由于没有掌握外部性而产生的。对于前者，政府可以通过积极参与 PES 的设计，在某种程度上解决该问题。对于后者，问题的原因在于没有充分掌握自然生态系统和社会经济系统的机制，即使政府参与，也无法解决问题。

将有可能终止。为了避免这些问题，政府需要积极介入 PES 计划的设计中（目标区域、指标、引入时间等方面的设计）[①]。

概念扩展 7-3：PES 建立的条件和交易成本

交易成本是阻碍 PES 建立的重要因素。虽然交易成本是一个看似难以理解的概念，但如果将其看成一般的经济交易就很容易理解。例如，如果对于某物品买方的支付意愿（WTP）为 10 万日元且卖方的接受意愿（WTA）为 9 万日元，则交易成功。但是，如果运输货物需要 2 万日元，或者需要向交易中介人支付 3 万日元，则无论买卖双方的哪一方承担费用，交易都不会成功。也就是说，只要 WTP 和 WTA 之间的差异不超过交易成本，交易就不会成立。同样对于 PES，可以说服务购买者的 WTP 与服务供给者的 WTA 之间的差异大于交易成本，这是 PES 成立的必要条件。

PES 的交易成本由以下 6 个要素规定（Wunder 2008）。

第一是服务的购买者和供给者之间存在谈判成本。财产定义不明确和成本负担原则（制造者负担原则、受益人负担原则等）不完善，增加了谈判成本。通过金钱支付来解决环境问题，心理和文化上的抵触感是谈判成本增加的另一个因素。此外，购买者和供给者之间信息的不对称也会增加谈判成本。WTP 和 WTA 是购买者和供给者的私人信息，双方为了在最佳条件下进行交易，而故意传达虚假的信息。其结果就是，即使 WTP 超过 WTA，谈判也可能无法成立。

第二是执行合同使其生效所需的成本。如果法律制度不完善，则很有可能无法履行合同，并且很难解决在违反合同时出现的争议。在难以监控生态系统服务的质量和土地管理使用的情况下，合同的执行成本也会增加。执行合同的成本除了取决于法律制度维护和监控所需的成本外，还与 PES 的合同期限、管理成本、费用支付时间以及购买者和供给者之间是否存在信任等因素有关。

第三是协调多个服务受益者所需的成本。由于生态系统服务的受益者往往涉及多个经济主体，因此多个受益者有必要一起与服务供给者进行谈判。然而，由于个体受益者有"免费搭车"（free ride）的倾向，有可能会面临他们做出集体行为的问题（Olson 1965）。

第四是自然生态系统机制的不确定性问题。自然生态系统与土地利

[①] 关于有效发挥 PES 作用的设计方法，Jack 等（2008）从环境、社会经济、政治、长期影响等方面进行了多角度的分类。

用和生态系统服务之间的关系存在很多不确定性，但目前缺乏科学知识和经验的积累。由于很难事先确定谁将从生态系统服务的保护中获得收益，因此谈判和协调的成本将会增加。

第五是服务水平评估的问题。如果无法定量评估生态系统服务的水平，则无法评价服务供给者开展保护工作的成果。此外，很难确定作为谈判基准的服务水平。其结果就是谈判成本和监控成本的增加。虽然许多 PES 致力于通过土地利用管理来保护生态系统服务，但首要问题就是很难定量评估生态系统服务水平。

第六是在不同时间点谈判的不可能性问题。即使享受到保护生态系统服务所带来利益的下一代 WTP 超过了当前保护生态系统服务的一代 WTA，只要这两代存在于不同的时间点上，谈判从根本上来说就是不可能的。

五、PES 和适应型技术的实际应用

适应型技术的发展将通过改变生态系统服务购买者的 WTP 和供给者的 WTA，来推进 PES 的普及。另外，PES 的普及能够使成功开发出优良适应型技术的经济主体获利，通过利润增加，进一步促进适应型技术的研究开发。因此，在 PES 的普及和适应型技术的进步之间形成了正向反馈。人们期待通过 PES 的普及，促进适应型技术得以实际应用的社会制度的建立。

然而，现实中存在各种原因会阻碍 PES 的建立，并且推广普及 PES 并不总是一帆风顺的。特别是，服务水平评估的问题难以解决。为了使 PES 的普及能够促进适应型技术的引入和发展，生态系统服务供给者所得到的支付额度需要与保护工作的成果（实施保护活动后的生态系统服务水平）相称。

但是，在一定程度上准确地定量评估生态系统服务是极其困难的。因此，在迄今为止实施的许多 PES 中，都是使用保护工作的投入（作为生态系统服务产生来源的土地利用状况和保护工作水平）作为代理指标，来确定对生态系统服务供应者的支付金额。但是，只要将保护工作的投入作为代理指标，即使引入优越的适应型技术来实施保护工作，能够得到的支付额度可能也不会增加。如果是以碳固存和水质改善为目的的 PES，那么评价保护工作的产出成果是相对容易的，因此这类 PES 的普及对适应型技术的实际应用就会起到很大的促进作用。另外，如果 PES 旨在保护多种生态系统服务，则不可避免地要以保护工作的投入作为指标来进行评估，那么 PES 的普及对适应型技术实施的推动作用将不可避免地受到限制。

相反，如果我们能够建立生态系统服务评估方法，就可以通过 PES 的普及和

适应型技术发展之间的正向反馈，有力地促成适应型技术得以实际应用的社会制度的实现[①]。

第三节　公共资源管理

一、公共资源和财产权

明确定义财产权是促进 PES 发展的关键条件之一。财产权一般分为三类：①私有财产权；②公有财产权；③共同财产权。如果把尚未设置财产权的开放式访问资源也包含在内的话，则对于资源的财产权设置就有四种类型。

共同财产权是由习惯性使用自然资源的地方社区等认可的权利。水、森林、草地和渔场等与食物生产有关的重要自然资源，在物理上难以移动和集中管理。可用的资源量存在上限，随着用户使用者数量的增加，资源耗尽的风险也会增加。另外，多人协作工作（资源维护和使用状况的监控等）对于有效管理和使用资源至关重要。对于具有这些特征的自然资源，世界上许多地方早已设立共同财产权制度。权利的内容和保障权利的机制在很大程度上取决于资源的类型和地区，但是，对于已经设定共同财产权的资源和没有设定财产权但共同管理/使用的开放获取资源都可统称为公共资源[②]。

公共资源通常分为两种类型：地方公共资源和全球公共资源。前者是地区社会共同管理和使用的水、森林、草地和渔场等。后者则是联合管理和利用的大气、深海、宇宙和频段等全球性资源。地方公共资源和全球公共资源中，资源的外部条件差异很大[③]。在下文中，我们将先讨论地方公共资源，而在本章第四节中将讨论全球公共资源。

二、共有资源管理的设计规则

Hardin（1968）将共有资源管理过程中的基本性困难称为"公共资源悲剧（公

---

① Matzdorf 和 Lorenz（2010）基于 PES 的成果产出及相关问题，以欧盟共同农业政策中使用的 AEM（Agri Environmental Measures）作为案例进行了分析。

② 不同研究人员对于公共资源的定义不同。其中，有的定义是指作为管理和使用对象的共有资源，有的定义是指作为管理和使用机制的制度和社会系统，也有将资源和制度统称为公共资源的情况（井上 2001）。

③ 地区公共资源的历史由来已久，但全球公共资源的历史很短，这是两者的不同之处。由于技术限制，一直以来难以管理和使用全球范围内的资源。因此，资源归属、管理和使用的规则尚未明确规定。随着技术进步，资源可利用性增加，资源归属、管理和使用的规则已成为一个主要问题。此外，全球环境问题清楚地表明，全球公共资源的缺乏将严重影响全世界人民的生活。

地悲剧/哈定悲剧）"。管理和使用开放式共有资源与集体行动困境面临着相同的问题。Hardin 警告说，忽略每个用户对其他用户的影响（负外部性）来使用资源的结果就是共有资源最终会耗尽。但是，资源耗尽和过度使用并不是世界上所有共有资源都面临的问题。相反，在许多情况下，资源可以通过可持续的方式进行管理。Ostrom（1990）创建了一个来自世界各地的共有资源案例数据库，并提出了成功管理共有资源所需的 8 个设计规则（表 7-3）[1,2]。

表 7-3　长期持续型公共资源的 8 项设计规则（Ostrom 1990）。经剑桥大学出版社的许可转载。

（1）明确边界的定义
· 明确界定社区成员和自然资源两者的边界
（2）协调
· 从资源中获得的利润大致与资源管理所需的成本相协调
· 资源管理规则与当地条件相协调
（3）集体决策规则的设置
· 受资源管理规则约束的个人可以参与资源管理规则的决策
（4）监控
· 监控资源状态和社区成员的行为并将其反馈给社区（或让社区成员参与监控）的机制
（5）分阶段制裁
· 对违反资源管理规则的成员实施分阶段制裁的机制
（6）争议解决机制
· 以低成本解决成员或社区与官员之间争议的机制
（7）批准制定资源管理规则的权利
· 社区制定资源管理规则的权限由外部政府机构批准
（8）嵌套式或多层式组织
· 根据问题大小和功能解决问题的组织，以嵌套或多层的形式配置
注：（8）仅适用于构成大型系统的资源

　　从设计规则的（1）、（3）和（7）可以看出，为了取得可持续资源管理的成功，有必要建立（至少是习惯上的）对自然资源的共同财产权。从设计规则的（4）、（5）和（6）可以看出，社区需要自主地建立一种机制，使社区成员自发遵守资源管理规则。由于开放式访问共有资源的管理和使用存在集体行动困境的问题，所

---

① 对于 Ostrom 的设计规则：尚未制定能成功管理共有资源的所有重要规则；设计规则的适用范围有限；有人批评设计规则对历史和社会以及环境背景等因素的依赖性尚未得以充分考虑。Cox 等（2010）通过统计分析验证了 Ostrom 设计规则的重要性，并提出了设计规则的修订版本。

② Ostrom 建立了一个制度分析和发展（institutional analysis and development）框架，以便在许多案例中进行横向比较和分析。近期已尝试将该框架与社会生态系统框架相结合。有关内容请参阅 Ostrom（2011）。

以协调资源的管理和使用普遍被认为很困难。但是，当同一群体长期相互关联时，在群体中建立合作关系，有可能避免集体行为中的一些难题①。Ostrom 的设计规则表明社区可以通过长期的资源管理工作来成功地进行资源的可持续管理。

此外，共有资源具有难以移动和集中管理的物理属性，并且限制违反资源管理规则的社区成员的资源使用并不容易。由于仅仅通过限制资源使用形式的惩罚并不是足够强的惩罚，因此通常还应与限制社区内社会交往和经济交换的惩罚相结合。通过将资源管理规则嵌入社区的社会规范中，将资源管理博弈和社会经济交换博弈相互关联，以维持社区的长期稳定。

如设计规则（2）中所述，资源管理规则要与共有资源周围的当地条件相协调。从长远来看，共有资源在时间上的变化由资源管理规则来规定。资源管理规则和共有资源在相互影响的同时，也随时间而变化。此外，如设计规则（4）中所述，社区成员应持续监控资源的状态。通过监控获得的信息不仅实时反馈到资源管理中，还逐渐积累到社区里。此外，信息的积累也会导致资源管理规则和资源管理技术发生长期变化。世界各地的公共资源与共有资源，以及资源管理规则和资源管理技术相互影响而逐渐变化，使得对共有资源的长期管理和适应型技术逐渐普及成为可能②。

此外，包含共同财产权设定、监控、分阶段制裁、争议解决机制等共有资源的管理和使用机制并非由各个社区刻意设计或实施。管理和使用共有资源的机制是通过选择和淘汰过程而在社区中建立的。可以说，公共资源管理是一种为了避免"公共资源悲剧"而不断摸索尝试、通过选择和淘汰而自主进化的公共制度。

三、全球化的影响

近年来，公共资源的可持续性经常受到威胁。全球化的进程和市场经济的扩张都是重要的影响因素，其影响途径分为以下 4 种。

第一是社区本身放弃可持续的资源管理。改善市场准入为扩大产品生产提供动力，从而增加了现金收入。此外，全球化的风险增加（如国际市场的经济风险和外汇风险等）加重了发展中国家的贫困，成为目光短浅地扩大生产的诱因。

第二是引入高生产率的克服型技术。虽然用于管理公共资源的技术经历了技术选择和淘汰的过程，但与近代以后开发的克服型技术相比，其生产率通常较低。此外，由于公共资源管理优先考虑成员间利益和成本的公平分配以及社区的可持

---

① Axelrod（1984）对集体行动困境给出了很多启发性的见解。

② 通过生态系统管理，在当地社区积累的知识（或知识得以体现的技术）称为传统生态知识（traditional ecological knowledge，TEK）。迄今为止的 TEK 研究，对技术和资源管理规则的相关性分析是其中一个重要方向（Berkes et al. 2000）。

续性，而不是生产率的高低，因此存在不采用高生产率技术的可能性。引入生产率高的克服型技术不仅能够促使社区放弃传统技术，还会导致对适应传统技术的资源管理规则做出改变。

第三是社区的人口外流。产业部门间相对劳动工资率变化的结果是以管理和使用共同资源赚取收入为生的社区成员，迁移到城市中并转而从事其他职业，结果导致对共有资源管理的不充分。

第四是政府取消了社区认可的共同财产权。市场准入的改善，提高了共有资源中生产产品的经济价值。政府从社区收缴共有资源并出售给私营企业，导致习惯性承认的共同财产权在没有法律保护的情况下允许私营公司参入。此外，由于对法律制度现代化的要求，共同财产权也开始更加细化并向私有财产权进行转变。

四、公共资源适应型技术的实际应用

公共资源管理是一个由社区内长期互惠关系支持的社会制度。因此，除非它在某种程度上与外界隔离，否则很可能失去其功能。全球化和市场经济的扩张强化了其与社区外部的联系，随着社区未来不可预见性的增加，公共资源的可持续性和资源的适当管理正逐渐受到威胁。

为了应对这种情况，人们在世界范围内正努力尝试将部分民间资本、技术和知识纳入社区联合管理中，尝试在民间资本和资源管理中利用社区知识，尝试与社区和地方政府、组织等合作来实现资源的可持续管理等。目前，这些方法都尚未得到充分评估，可能运行良好，也可能运行不佳。作为公共资源管理的过渡战略，从现在开始观察这些尝试和努力的发展动向，同时检验每种方法的重要性和局限性都是十分必要的。

第四节 公共机构和国际合作的作用及其局限性

一、公共机构政策

截至本节，我们已经将PES和公共资源管理视为鼓励实施适应型技术的机制。科斯定理的（狭义上的）PES是一种基于购买者和受益者以及生态系统服务供应者和管理者之间自发性交换的机制。但是，各种交易成本的存在阻碍了自发交换。实际上，政府通过各种形式的干预建立了PES。另外，公共资源管理是一种社区成员通过社区管理（包括资源管理）而建立互惠关系的机制。如果社区外的成员参与生态系统服务和资源管理，公共资源的可持续性就会受到威胁。随着全球化的进程，公共资源的可持续性在全球范围内正在受到威胁。

公共机构（特别是主权国家和地方行政机构）在弥补（狭义上的）PES 和公共资源管理的不足上发挥了作用，这些不足是以利益相关者之间的互利性为基础的。公共机构在生态系统服务供应和资源管理中可以发挥多种不同的作用，可以大致分为：直接手段、间接手段和基本手段三大类（表 7-4）。

表 7-4 公共机构的作用。诸富等（2008）制作。

	公共机构的活动	制造者的规范和引导	与制造者的交涉和协商
直接手段	• 环境基础设施的完善（废物处理、污水处理等） • 环境保护型公共投资 • 土地公有化/保护区的设立	• 直接监管（指定技术、达到标准、数量控制、授权） • 土地使用控制 • 政府主导（狭义）PES • 环境评估	• 自主协议
间接手段	• 研究开发	• 罚款 • 补贴 • 限额和交易 • 减免税 • 政府投资和融资 • 绿色招标	• 生态标签 • 绿色采购 • 环境管理系统 • 环境报告书 • 环境监察 • 环境会计
基本手段	• 环境责任规则 • 环境信息公开 • 环境信息数据库 • 长期计划/基本战略 • 社区的权利法 • 环境监测/监控 • 环境教育		

直接手段是指与生态系统服务供应和资源管理活动直接相关的政策；间接手段是指通过经济主体对经济活动的控制和诱导，间接作用于生态系统服务供给和资源管理的政策。直接手段和间接手段可以根据公共权力的使用形式，进一步分为三类：公共机构的活动、制造者（肇事者）的规范和引导、与制造者的交涉和协商。尽管基本手段并不一定直接或间接地控制或引导生态系统服务的供应或资源管理，但从长远来看，仍是一种通过完善生态系统服务供给或资源管理的基本条件来鼓励公共机构、私营企业和当地居民做出努力的政策。例如，如果环境监测的实施和环境信息数据库的开发维护均不充分，公共机构就无法有效地实施直接和间接手段。PES 是否能得以积极开展，在很大程度上，取决于环境信息数据库的发展状况和有无明确的环境责任规则。

二、通过公共政策实施适应型技术的局限性

公共机构可以利用各种政策手段来有力地推动适应型技术的实施。例如，最

简单有效的方法之一便是通过直接监管迫使公民和企业使用适应型技术。然而，由于以下原因，对公共机构的此类政策也不能报以过高的期望。

首先，存在认知滞后的问题。回顾过去的环境政策（如对环境公害问题的应对），公共机构经常在问题变得明显严重以后才开始采取措施。认知滞后不仅局限于公共机构，当地社区作为生态系统服务的最大受益者也面临着同样的问题。但是，由于与生态系统服务的关系和组织结构的不同，该问题在公共机构中更容易恶化。通过引入一些预防原则，则有望在一定程度上避免和缓解认知滞后问题。但是，对全球变暖和生物多样性保护等影响涉及范围广泛且难以确定的风险管理，引入有效的预防原则是不好现实的[①]。严格执行预防原则将可能会导致许多社会和经济活动需要立即停止。

其次，政策对影响的分析能力有限。鼓励适应型技术实际应用的政策，除了对生态系统服务的直接影响之外，还会通过交易条件的变化等方式产生间接影响。例如，通过引入可持续森林管理和渔业资源管理，木材价格和水产资源价格可能上涨，随之而来的不可持续性的非法采伐和非法捕鱼反而可能会增加。此外，设置保护区可能会引起土地价格的上涨，反过来促进保护区周边土地的开发。在引入政策时，有必要进行监管影响分析和成本效益分析，这样可以提前验证政策的有效性。但是，想要准确评估每种适应型技术的使用对生态系统服务和社会经济活动的影响，事实上是极其困难的。

再次，政策的执行能力有限。鼓励实施适应型技术的政策能否按预期发挥作用，在很大程度上取决于技术用户对政策持续性的信任（Glazer & Rothenberg 2001）。如果可以预期政策的连续性，那么技术用户将会有动力投资引入适应型技术，这将促进适应型技术的进一步应用和政策连续性的提高。另外，如果不能预见政策的连续性，那么结果就会反过来，引入适应型技术将不会有进展，政策连续性也随之降低。除非对适应型技术的实施提供社会支持，否则政策的连续性很可能会受到威胁，从而导致政策不会发挥应有的效果。

最后，公共机构的政策受到政治过程和行政决策过程的限制（Dixit 1996）。例如，即使使用适应型技术实现了对自然生态系统和生物多样性的保护，如果它导致生产水平下降、就业减少、国际竞争力下降等，也无法保证其获得政治支持。尤其是，如果使用适应型技术所带来的益处对包括后代在内的各种主体产生广泛而微薄的回报，而使用适应型技术的成本负担却集中于某一特定主体时，参与政治过程的意愿就会产生很大差异，并且保护特定主体利益的政策有未经审查就被搁置的风险。此外，适应型技术的使用不仅涉及环境政策，还涉及工业和土地使用政策。一般而言，由于负责每项政策的行政组织的政策目标

---

① 但是，在化学物质等直接影响人类生命和健康的风险管理中，通常能够引入相对有效的预防原则。

不同，行政组织之间的协调过程可能会妨碍适应型技术的应用。

综上所述，尽管公共机构有各种政策工具，但它们在政策需求、对影响的分析能力和实施能力方面存在局限性，而且还受到政治过程和行政决策过程的制约。不可否认，公共机构的政策在建立适应型技术得以实际应用的社会系统中发挥着重要作用，但我们也不能对公共机构的政策寄予过高期望。应当这样理解：公共机构的局限性暗示我们有必要逐步适当地利用表 7-4 列出的多种政策进行组合，并认识到促进企业、非政府组织和公民（弥补了公共机构的局限性）参与的基本手段的重要性。

三、国际合作的必要性和局限性

破坏自然生态系统而导致的生态系统服务退化可能会跨境影响到整个地球。地球上的各种市场和组织通过市场体系相关联，而自然生态系统被破坏的情况由于各种原因存在于不同的国家或地区。为了防止全球范围内生态系统服务的退化，仅靠单个国家或区域做出努力是不够的，需要整个国际社会的共同努力。全球公共资源管理是否良好运作，在很大程度上，取决于国际合作的成败。

针对环境问题而进行国际合作的历史可以追溯到 1972 年的斯德哥尔摩会议。然而，在全球环境问题的国际合作方面，取得重大进展却是在 1992 年举行的里约热内卢会议。该会议通过了两项重要条约：《联合国气候变化框架公约》和《生物多样性公约》。前者是旨在减少温室气体以防止气候变化不利影响的条约，后者旨在保护和可持续利用生物多样性以及公平分享利用遗传资源所产生的惠益。二者都是框架条约，它们仅仅定义了为实现目标而努力的原则和基本措施。具体措施将由每 2~3 年举行一次的缔约方大会所确定。关于《联合国气候变化框架公约》，在缔约方第三次大会（1997）上签署了《京都议定书》，将温室气体减排目标引入发达国家的同时，也确立了为达成目标的"京都机制"（清洁发展机制、国际排放贸易机制、联合履行机制）。

根据《京都议定书》规定的"共同但有区别的责任"原则，仅对发达国家设立了减排目标，而最大的温室气体排放国美国却已经退出该协议。因此，对全球温室气体减排效果存在诸多疑问。但是，对于批准国而言，规定了未能实现其排放目标时应采取的举措，鼓励减少温室气体排放的内容也有所体现。毫无疑问，《京都议定书》至少已成为旨在发展减少温室气体排放技术的推动力。

从《京都议定书》的案例中可以看出，通过国际合作确立的具有法律约束力的决议可以成为推动适应型技术普及的强大动力。但是，由于以下两个原因，国际合作并不容易实现。

首先，在国际社会中，主权国家之间互不干涉内政是基本原则。许多国际性决议都是以全会一致原则通过的。围绕应对全球环境问题，发达国家和发展中国家之间的经济发展和环境保护的侧重点差异很大，因此很难协调全会一致的利害关系。为促进国际合作而建立的联合国环境规划署（UNEP）等国际组织也只具有秘书处职能和调查研究职能，利害关系的调整基本上由主权国家之间的外交谈判决定。

其次，在国际社会中，谈判是以安全、贸易、贫困和环境等制度为单位进行的（Young 2001）。为了在全球范围内保护生态系统服务，本来是有必要审查诸如国际贸易和国际资本流动等规则，但是由于谈判是在每个单独领域制度的基础上进行的，因此人们认为这缩小了国际合作的可行性。例如，发达国家对进口作物征收的高关税使得发展中国家的贸易条件恶化，进而导致贫困加剧和生态系统服务因过度开发而恶化。取消关税等实现公平贸易是实现自由贸易和全球环境保护的政策选择，但是由于发达国家强烈抵制这种贸易制度，因此要实现这一目标并不容易。

最后，制度之间不同理念的相互冲突使得应对环境问题更加困难。例如，作为贸易制度根本的世界贸易组织（WTO）自成立之初就设立了贸易与环境委员会，并一直在讨论贸易与环境问题。但是，其讨论的问题是如何防止每个国家/地区制定的环境措施阻碍自由贸易。这也是自世界贸易组织的前身 GATT（关税及贸易总协定）时代以来不断讨论的一个问题。贸易制度中的促进自由贸易和环境制度中的保护环境，这两个理念的对立可能会制约相关国家或地区的环境措施。

第五节　深化面向适应型技术实际应用的社会制度

一、制度配置和制度变迁

在本章中，作为防止生态系统服务恶化、促进适应型技术实施的制度，我们介绍了 PES、公共资源管理、公共机构政策和国际合作四类，并分别探讨了各自的作用和局限性。由于人类生活和生产活动的负外部性将导致生态系统服务的恶化，因此有必要禁止带来负外部性的行动或促使将这种外部性内部化。然而，在全球范围内发生的环境问题是人类从未面临过的挑战（表 7-5），每种制度都不可避免地存在局限性。

每种制度都具有多层关系，并且在引入或实施新制度时，有必要注意包括该制度在内的整个制度体系的关系性（制度配置），这是因为新制度的性能将取决于它是否与现有系统具有互补关系或一致性。制度配置规定了引入新制度的益处和费用归结，也影响着社会对新制度的接受度以及围绕制度引入的社会选择。

表 7-5　地球环境问题的特殊性。

（1）制造者和受害者的广泛性和不对称性

- 地球上的每个人都是生态系统服务退化的制造者和受害者
- 每个生态系统服务退化的肇事者，其承担的责任差别很大
- 每个生态系统服务退化的受害者，其受害程度差别很大

（2）影响的单向性

- 当前一代的选择只会影响后代，不会发生反方向的影响

（3）代际谈判的不可能性

- 肇事者负担原则不溯及既往
- 不可能协商解决当代人留给后代的外部性问题

（4）考虑历史背景的必要性

- 不同的主权国家和地区对于应多大程度上考虑自身的历史背景有不同的看法

（5）因果关系的复杂性和不确定性

- 生态系统服务退化通过社会经济系统产生复杂的影响
- 由多种原因直接或间接导致生态系统服务退化
- 人类对导致生态系统服务退化的因果关系了解不足

针对制度配置与制度变迁之间的关系，《千年生态系统评估报告》的情景分析给出了很多启示。在该评估中，设置了关于生态系统和人类福祉的 4 种未来情景（全球协同、实力秩序、适应组合、技术园）（MA，2005）。根据未来国际合作内容对情景进行分类，在每个情景中，介绍了对于制度配置最为重要的国际合作的内容（包括国际贸易和安全保障在内的国际合作内容），并从制度引入的好处和费用归结两方面，分析了引入新制度的可能性及其带来的影响。

此外，在展望社会制度变化方向的同时，还定量分析并预测了经济、社会发展和生态系统服务保护带来的影响和结果。情景分析的内容在考虑建立适应型技术得以实际应用的社会制度的基本战略时，也能够给予许多启发。然而，不可否认的是，对于作为制度配置基础的公民，他们的知识和规范对位于制度配置顶端的国际社会合作的影响（尽管可能难以预测或出于不明的政治原因）仍未进行充分的讨论。在处理全球环境问题的国际谈判中，正如"共同但有区别的责任"这一口号，将在适当考虑过去历史背景的情况下，摸索出一个相对公平的折中点。

当然，仅仅满足公平性是不够的，还有人质疑它对于解决人类面临实际问题的有效性。通过国际谈判而形成制度的过程是兼顾效率和公平要求、逐步改变现有制度的过程，同时也是事后回顾制度的表现并持续不断地进行制度修改的过程。毫无疑问，位于制度配置顶端的国际合作的内容，强烈界定了制度变迁的方向性。但是，我们绝不应忽视这样一个事实：作为制度配置基础的公民，他们的知识和规范限定了国际合作内容。

二、社会制度的深化：知识和规范的重要性

全球环境问题是人类应该努力解决的一个紧迫问题。毫无疑问，需要对社会制度进行重新审视。然而，要在一朝一夕间改变人类在漫长历史中形成的社会制度并不容易。创立一个能够缓和并适应全球环境变化的社会制度需要花费很长时间。

基于制度变迁过程需要花费很长时间的事实并以此为前提，我们应当采取什么样的战略来实现实施适应型技术的社会制度呢？在著者看来，长期主导制度变迁过程的，不是理性的制度设计，而是处于社会制度基础层面的公民的知识和规范（有关人类对生态系统服务的了解、生态系统服务与社会经济系统之间的相关知识、作为后代考虑因素的代际理论、鼓励参与社区活动的规范、对国家和地方社区的信任等）的长期变化。

当然，知识和规范的长期变化是由经济主体的博弈结果决定的，而经济主体的博弈结果又是由社会制度（包括理性设计的制度）规定的。毫无疑问，理性制度设计的积累，对知识和规范的长期变化具有重大影响。然而，理性设计的制度受到设计时期内人类知识和规范的制约。鉴于制度变革过程所需的时间和期间的不确定性，作为实现实施适应型技术的社会制度的基本战略，我们应充分深化知识和规范。

那么我们应该采取什么样的制度措施来促进知识和规范的深化呢？遗憾的是，目前无法以一个总括性的方式讨论这个问题。本章最后在适应型技术社会系统的实现这一背景下，指出以下4点作为本章内容的总结。

第一，必须积极推动研究开发，加深对自然生态系统机制以及社会经济系统与生态系统服务之间关系的认识。通过研发活动降低科学中的不确定性；通过风险交流分享知识，提高理性制度设计的可能性和社会的可接受度，或为促进社会的基层主动性做出相应努力。

第二，应通过理性制度设计积极推动生态系统服务（PES）市场化。生态系统服务的市场化，不仅能够通过整合多样化的经济主体来实现具有成本效益的生态系统服务保护，而且还能够创造有助于创造保护生态系统服务的知识并促进适应型技术发展。如本章第二节所述，还有可能获得积极的反馈，即新的知识和技术将扩大生态系统服务的市场，从而进一步促进知识创造和技术开发。即使没有市场化，如在政府战略研究的支持下，也有可能促进有助于创造保护生态系统服务的知识和技术。然而，在这种情况下，面临的另一个问题是政府是否可以正确选择研发领域并进行战略性推广[①]。人们认为生态系统服务的市场化具有自主调节

---

① 即使没有市场化，也有可能通过政府战略研究支持来促进有助于保护生态系统服务的知识创造和技术发展。然而，在这种情况下，政府面临的另一个问题是：它是否有能力从战略上判断研发领域以及支持的研究规模。

研究开发方向的效应。此外，市场化具有自主降低引入保护生态系统服务法规成本的功能。如果引入法规的成本仍然很高，则可能导致引入的法规不被社会认可，或者法规只针对特定的经济主体。从这个意义上说，就会有引入扭曲法规的风险。从保护生态系统服务、社会公正性和深化公民规范三个方面来看，法规不偏向特定的经济主体是极为重要的。

第三，有必要在当地社区培育社会资本，作为激发社会基层主动性的基础。公民社会活动面临着固有的集体行动困境，而社会资本在避免困境中起着重要作用。随着市场体系的扩大，传统上由家族和区域经营机构承担的互助服务正逐渐被市场服务所替代。其结果就是，社区通过长期互惠关系形成的社会资本在全世界范围内发生了波动。社会的基层主动性对于人们了解生态系统服务平台以及作为保护生态系统服务规范的再生产过程，发挥着重要作用。此外，在社会制度所取得的几个稳定状态之间，为了规避陷入次级均衡（多元均衡陷阱）的风险，社会的基层主动性也很重要。

第四，我们需要深化代际平衡理论。当代全球环境问题的选择不仅会影响后代的生活方式和生产水平，还会影响后代的人口和价值观。换句话说，它会影响未来人类发展之路。在考虑代际平衡时，我们必须考虑这些事实。但在目前这个节点上，关于代际平衡理论所进行的研究是不足的。在代际平衡理论的规范性评估中，如社会贴现率选择，仍存在着争议。

然而，社会贴现率的选择问题，是由于试图（强制）将标准经济理论中无法解决的全球环境问题置于标准经济理论范畴时所出现的问题。基于全球环境问题特征，代际平衡理论的规范性评估，目前也尚未得到充分研讨（铃村·蓼沼 2006）。代际问题具有将全球环境问题与其他政策问题截然区别开来的固有特异性。对于代际平衡理论，尽管每个人的理解不可避免地会存在差异，但如果不在个人内心中深化代际平衡理论，那么建立适应型技术的社会制度并实现对长期存在制度的改变将是很艰难的。

参 考 文 献

ヤング，オラン・R（2001）グローバル・ガヴァナンスの理論：レジーム理論的アプローチ.『グローバル・ガヴァナンス』（渡辺昭夫・土山實男編），pp. 18-44. 東京大学出版会.

井上真（2001）自然資源の共同管理制度としてのコモンズ.『コモンズの社会学-森・川・海の資源共同管理を考える』（井上真・宮内泰介編），新曜社，pp. 1-28.

鈴村興太郎（2006）制度の理性的設計と社会的選択.『経済制度の生成と設計』（鈴村興太郎・長岡貞男・花崎正晴編），pp. 17-53. 東京大学出版会.

鈴村興太郎・蓼沼宏一（2006）地球温暖化の厚生経済学.『世代間衡平性の論理と倫理』（鈴村興太郎編），pp. 107-135. 東洋経済新報社.

諸富徹・浅野耕太・森晶寿（2008）環境経済学講義：持続可能な発展をめざして. 有斐閣.

Axelrod，R.（1984）The Evolution of Cooperation. Basic Books.（松田裕之訳『つきあい方の科学―バクテリアか
　　ら国際関係まで』CBS 出版，1987）

Berkes，F.，Colding，J. & Folke，C.（2000）Rediscovery of traditional ecological knowledge as adaptive management.
　　Ecological Applications，10，1251-1262.

Carroll，N. & Jenkins，M.（2012）The matrix: mapping ecosystem service markets. Ecosystem Marketplace. http://
　　ecosystemmarketplace.com/pages/article.news.php?component_id＝5917 & component_version_id＝8762 & language_
　　id＝12

Coase，R. H.（1960）The problem of social cost. Journal of Law and Economics，3，1-44.

Cox，M.，Arnold，G. & Tomas，S. V.（2010）A review of design principles for community-based natural resource
　　management. Ecology and Society，15，38.

Crawford，S. E. S. & Ostrom，E.（1995）A grammar of institutions. American Political Science Review，89，582-600.

Daily, G. C. & Ellison, K.（2002）The New Economy of Nature: The Quest to Make Conservation Profitable. Island Press.
　　（藤岡伸子・谷口義則・宗宮弘明訳『生態系サービスという挑戦-市場を使って自然を守る』名古屋大学出版会，2010）

Dixit，A. K.（1996）The Making of Economic Policy: A Transaction-Cost Politics Perspective. MIT Press.（北村行伸
　　訳『経済政策の政治経済学-取引費用政治学アプローチ』日本経済新聞社，2000）

Friedman，M.（1962）Capitalism and Freedom. University of Chicago Press.（熊谷尚夫・西山千明・白井孝昌訳『資
　　本主義と自由』，マグロウヒル好学社）

Glazer，A. & Rothenberg，L. S.（2001）Why Government Succeeds and Why It Fails. Harvard University Press.（井堀
　　利宏・土居丈朗・寺井公子訳『成功する政府 失敗する政府』岩波書店，2004）

Hardin，G.（1968）The tragedy of the commons. Science，162，1243-1248.

Hayek，F. A.（1973）Law，Legislation，and Liberty，Vol.1: Rules and Order.（矢島鈞次・水吉俊彦訳『法と立法
　　と自由I ルールと秩序』春秋社，1987）

Jack，K.，Kousky，C. & Sims，K. R. E.（2008）Designing payments for ecosystem services: lessons from previous experience
　　with incentive-based mechanisms. Proceedings of the National Academy of Sciences USA，105，9465-9470.

Kinzig，A. P.，Perrings，C.，Chapin III，F. S. et al.（2011）Paying for ecosystem services: promise and peril. Science，
　　334，603-604.

MA（Millenium Ecosystem Assessment）（2005）Ecosystems and Human Well-being: Synthesis. Island Press.

Matzdorf，B. & Lorenz，J.（2010）How cost-effective are result-oriented agrienvironmental measures? An empirical
　　analysis in Germany. Land Use Policy，27，535-544.

Muradian，R.，Corbera，E.，Pascual，U. et al.（2010）Reconciling theory and practice: an alternative conceptual framework
　　for understanding payments for environmental services. Ecological Economics，69，1202-1208.

North，C. N.（1990）Institutions，Institutional Change and Economic Performance. Cambridge University Press.（竹下
　　公視訳『制度・制度変化・経済成果』晃洋書房，1994）

Olson，M.（1965）The Logic of Collective Action: Public Goods and the Theory of Groups. Harvard University Press.
　　（依田博・森脇俊雅訳『集合行為論-公共財と集団理論』ミネルヴァ書房，1983）

Ostrom，E.（1990）Governing the Commons. Cambridge University Press，Cambridge.

Ostrom，E.（2011）Background on the institutional analysis and development framework. Policy Studies Journal，39，7-27.

Tacconi，L.（2012）Redefining payments for environmental services. Ecological Economics，73，29-36.

Wunder，S.（2005）Payments for environmental services: some nuts and bolts. CIFOR Occasional Paper，No.42.

Wunder，S.（2008）Necessary conditions for ecosystem service payments. Conservation Strategy Fun.

第八章

生态适应性科学的经济评价

| 原著：野原 克仁·中嶌 一憲；译者：许晓光 |

为了构建对生物生态系统适应型技术和适应性管理灵活运用的社会体系，适应型技术的引入给整个社会带来的正外部性（利益）必须要大于引入成本。但是，适应型技术带来的正外部性具有公共财产的性质，因此很难评价其经济价值。本章将主要着眼于以下三点来阐述经济评价的意义：①市场经济中隐含价值的经济评价方法；②生态系统服务的综合性经济评价体系的特征和问题；③对经济评价内在不确定性的处理。

第一节 面向生态系统服务的价值评价

我们出于增加粮食生产、获取有用自然资源等目的，对生物和生态系统进行了各种加工及改造。然而，传统的自然克服型技术在全球范围内引起了种种问题，当前很多生态系统服务正在退化或变得不可持续利用（绪论）。所谓生态系统服务，是指人类从生态系统中获得的惠益。例如，森林能够提供建筑材料和柴火木料，还能调节气候、水量和水质，以景观和休憩场所的形式使人得到审美和精神上的享受。

在不充分考虑生态系统价值的情况下发展经济，可能会给经济带来巨大的损失。《千年生态系统评估报告》（MA 2005）中明确指出：生态系统服务的改变会影响与人类福祉相关的所有因素。此外，生态系统变化还有 5 个间接因素：人口变动、经济活动变化、社会政治因素、文化因素和技术变革，这些因素对生态系统服务的供给、利用水平以及可持续性具有协同效应（图 8-1）。

马奈木（2011）认为如果从不同角度来分析间接因素，可以将其归结为市场失败和政府失败这两点。关于前者，供给服务以外的生态系统服务由于其公共财产的性质，往往被认为是无价值的。因此，人类在追求短期利益导致资源过度利用的同时，也会低估因污染造成的损失。也就是说，尽管人类是生物提供的各种生态系统服务的受益者，我们的交易却没有在市场经济中评价它们的价值，因此市场体系是失败的。换句话说，我们一直只追求短期利益，而没有意识到长远利益已经受到损害。正如我们在第二部分的章节中所看到的那样，需要对适应型技术所提供的服务进行经济评价，并将其内部化到市场体系中。

那么，要构建一个适应型技术的社会系统，需要什么呢？根据经济学的观点，人类自身可被简单地表述为消费各种商品并最大化其满足感（效用）的主体。因此，将适应型技术引入社会时，当由个人效用构成的社会福利函数^①变为正值时，政策才会得以实施。也就是说，适应型技术对个人效用的影响，可能是积极的，也可能是消极的，这取决于个体的异质性，而个体所受影响的程度也可能会有所不同。如果整个社会在总体上是积极的，该政策就会得到执行。

但是，在现实中，由于社会福利函数很难估算，所以可能有人得利，有人损失。但是，如果得利的人对损失的人进行补偿，整个社会都能得到福利的话，那么这个进行了成本效益分析的政策就是有价值的（称为补偿原理）。因此，为了利用适应型技术，该技术必须赋予个人这一经济主体正的外部性，其给整个社会带来的利益必须大于其引入的成本。

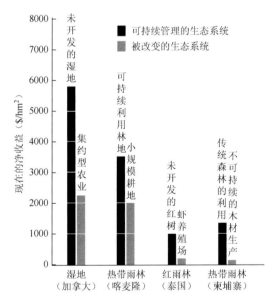

图 8-1　可持续土地利用的经济价值（MA 2005）。众所周知，即使从被改变的生态系统中获得的私人净利润较多，但为了使其能够可持续利用，从经适当管理的生态系统中获取的社会净利润远远超过了私人净利润。但是，需要注意的是，并不是所有的情况都是如此。经欧姆社许可转载。

---

① 社会福利函数由个体效用组成，表示整个社会的福利程度。它可分为各种类型，如社会成员个人效用的加总类型（边沁类型）、以效用最低的个体为基准的类型（罗尔斯类型）及累积类型（纳什类型）。

　　然而，适应型技术所带来的正外部性具有公共财产性质，这些价值很难得到评价。例如，第四章森林的相关事例表明，选择兼顾树木多样性和空间结构的适应型技术，虽然可以实现对森林的长期保护，并提高持续享受生态系统服务的可能性，但是其市场经济价值只相当于直接利用森林所带来的经济价值的一小部分。

　　我们应该如何评价市场经济中无形的价值呢？要回答这个问题并不容易。因为，并不是所有生态系统的价值都能够进行经济评价的（图 8-2）。但是，如果对生态系统服务价值的经济评价可以促进生态系统保护政策的实施，无疑有助于将生物多样性传递给后代。

　　本章将从上述经济学的角度，考察生态系统与经济学之间的关系。首先，从经济学角度，介绍生态系统服务所具有的公共财产特性以及如何对生态系统服务进行评价。其次，通过耦合了经济和物理模型的评价体系，介绍生态系统服务经济评价及其存在的问题。最后，介绍如何处理生态系统服务经济评价的各种内在不确定性。

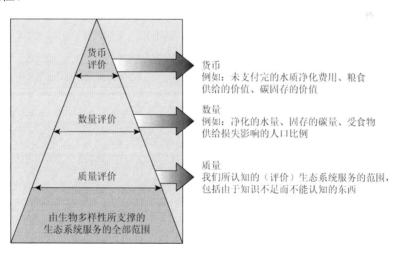

图 8-2　生态系统服务和经济评价（原始图片 P. ten Brink）。生物多样性提供了许多生态系统服务，只有少数服务直接使人类和社会经济系统受益，因此并非所有生态系统服务都可以使用经济方法进行价值评价。

第二节　农田、森林、海洋生态系统服务的评价

　　如前所述，对于能否从经济学的角度来衡量生态系统服务的价值问题，以及是否应该从伦理道德的角度来衡量这一问题，都很难做出令人信服的回答。但是，某些广为人知的政策已对生态系统服务进行了经济评价。

　　例如，根据受益者付费的原则，由受益者支付对生态系统服务保护的费用，

即"生态系统服务付费"(PES);作为因开发而使生态系统退化的代价,承担用于再生新的自然生态系统的"生物多样性补偿"费用等(第七章)。这些方法已在全世界范围内实施,近年来作为保护生物多样性的有效方法而备受关注(林2010)。在日本的案例中,有针对受益于森林生态系统服务的居民而实施的森林环境税,以及作为中山间地域农业支援政策而引进的直接支付制度等。这些政策是通过灵活运用税金等手段,让生态系统服务的受益者支付相当于在生态系统服务这个市场中无形价值的金额。从这一点来看,利用的正是市场机制这一具有划时代意义的手段。为了进一步普及这种方法,并使实际支付者也能接受,应该从经济学角度适当评价与生态系统服务的无形价值相当的金额。

经济学是研究如何最佳分配稀有资源的学科,生物多样性也是在社会经济中需要考虑最佳分配的资源。近年来,对生物资源的过度利用导致了生物多样性的下降,而持续的开发和发展却未考虑生物多样性为我们提供的各种服务(生态系统服务)的价值,这正是生物资源分配不均衡的一项证据。然而,在可持续发展成为人类面临的重大挑战的今天,其对比尤为突出。

那么,自然资源为何会被过度利用呢?弄清这一问题的关键是经济学中对物品的分类方式。公共经济学领域的消费竞争性被定义为"个人单位物品消费阻碍他人相同单位的消费"。同样地,排他性被定义为"由供给者控制个人的物品消费"。表 8-1 为基于这些定义的各种物品分类。

表 8-1 经济学中的产品分类。在经济学中,根据竞争性/非竞争性、排他性/非排他性定义,物品通常分为四类。通常在市场上买卖的物品等私人物品,其设定价格使之具有排他性;如果该商品供不应求,消费者之间便会产生竞争。公共物品则具有与其相反的性质。

	排他	非排他
竞争	私人物品如家电、食品等	共有资源物品如水产资源等
非竞争	社团物品如电影欣赏等	公共物品如协调服务等(气候稳定等)

首先,私人物品一般是指消费者购买的物品,如果某消费者大量购买,其他消费者则无法购买(竞争性)。另外,如果价格设定得较高,就会将无法购买的消费者排除(排他性)。其次,社团物品包括电影鉴赏和有线电视广播等,不会因为他人看了很多电影电视,而影响到自己也无法观看(非竞争性)。但是,一旦将电影院的单次入场费以高价设定,就会排除无法支付入场费的消费者(排他性)。所谓共有资源物品,用渔业来做示例就很容易理解。例如,如果一艘船进行大肆捕捞,水产资源就会枯竭,而其他船只的捕捞量将会急剧减少(竞争性)。但是,不能限制只让某艘船进行捕鱼(非排他性)。最后,公共物品是指既无竞争性,也无排他性的商品。举一个容易理解的例子,设想生态系统的服务之一——产生氧气

的调节服务，即一个人吸入了大量氧气，不会让其他人感到呼吸困难（非竞争性）。另外，也不能限制不让别人吸氧（非排他性）。

从这个分类上来考虑，我们可以看出，自然资源兼具共有资源物品和公共物品的性质。也就是说，由于谁也不能被排除，所以在有竞争的情况下，自然资源直到枯竭为止都会被加以利用；如果没有竞争，资源就会被利用到质量恶化为止。这就是引起自然资源过度利用的原因。

那么，我们如何才能实现最佳分配而避免自然资源枯竭呢？其答案之一便是通过对生物多样性价值进行经济学评价，在自由评价的基础上附加价格，并将其纳入市场机制中。

那么，我们该如何评价生物多样性的价值呢？图 8-3 从经济学角度对自然资源的价值进行了分类。在此处所示的使用价值中，直接使用价值（direct use value）是指木材和粮食等市场存在的东西，能够利用商品本身的交易价格来评价生态系统服务。不同于直接消费，间接使用价值（indirect use value）是指我们能够间接地从生态系统中获得的服务，包括气候调节、蜜蜂传粉等服务。选择价值（option value）是指应该留给后代的价值，如遗传资源中药物的利用等。另外，在非使用价值中，遗产价值（heritage value）是指未被当前世代所使用而留给后代的自然环境和野生动物等。存在价值（existence value）是指现在和今后都不能利用，而是从存在的事实中所发现的价值。综上所述，除了具有直接使用价值以外的其他商品，由于一般不存在市场，所以没有价格或者很难定价。因此，我们需要用经济学的方法来衡量这些价值。

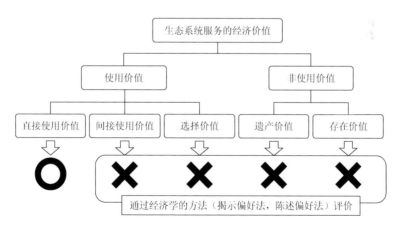

图 8-3　生态系统服务价值的分类。生态系统服务的价值主要分为使用价值和非使用价值。使用价值包括直接使用价值、间接使用价值、选择价值；非使用价值包括遗产价值和存在价值。在这些价值中，市场价格仅反映直接使用价值，而其他价值没有体现在价格中，所以有必要采用经济学的手法进行价值评价。图中○所表示的价值是市场中的价格，而×所表示的价值难以在市场上定价。

在经济学中，我们会默认并假设理性的个体，在生活中面临各种选择时，都会使其个人满意程度最大化（效用最大化）。因此，可以直接获得人们实际行为结果（如购物、旅行等消费活动）的数据，该数据被称为显示偏好数据，使用该数据的方法称为显示偏好法。相反，当人们的行为结果所产生的数据无明显市场化特征且无法获得时，则可通过虚拟提问来补充数据，使用这种数据的方法称为陈述偏好法。被归类为前者（显示偏好法）的经济学评价方法，包括替代成本法（replacement cost method）、旅行费用法（travel cost method）和享乐价格法（hedonic pricing approach）等；被归类为后者（陈述偏好法）的方法，包括意愿调查法（contingent valuation method）、联合分析（conjoint analysis）等。

表 8-2 列举了一些使用经济方法进行环境评价的代表性方法。首先，替代成本法是指当私人物品在市场上具有与自然环境功能相同的作用时，对其价格进行置换的方法。例如，当评价森林价值时，我们着眼于蓄水功能，并根据其与多少个水库的建设费用相当来计算。该方法仅适用于与自然环境具有密切相关功能的私人物品的情况，并且只能通过关注生态系统服务的一部分功能来实现，可以说该方法有很大的局限性。其次，旅行费用法着眼于某个休闲景区的旅行次数和旅行费用的关系，从推测的需求函数中导出剩余消费者的方法。例如，要去离居住地数百千米的世界自然遗产，需要花费相当多的时间和费用。但是，即便如此，还是有人决定参观，那么为了去参观这个世界自然遗产所产生的费用都被归类于旅行费用，我们可以认可这个费用就是它的价值。从该关系中导出需求函数是旅行费用法的基本概念。再次，享乐价格法是着眼于反映地价上的环境价值的方法。例如，等距离城市中心有两所住宅，其中一所位于自然环境丰富的土地上，另一所位于工厂附近，因此如果出现环境公害问题，那么前者的房屋会更受欢迎。在这种情况下，在前者土地价格所反映的各种因素中，计算人们对环境的支付意愿就是享乐价格法。

表 8-2　环境评价方法的分类。在衡量环境价值时，可以使用需求曲线方法或是非需求曲线的方法，特别是需求曲线方法通常用于政策中，因为它反映了人们的偏好。其代表性的方法是，着眼于人们行为的显示偏好法，以及通过问卷调查等直接询问人们偏好的陈述偏好法。前者包括替代成本法、旅行费用法、享乐价格法；后者包括意愿调查法、联合分析。

	方法	内容
显示偏好法	替代成本法	用市场物品的替代成本评价环境
	旅行费用法	使用旅行费用进行评价
	享乐价格法	通过环境质量、土地价格与工资的关系进行评价
陈述偏好法	意愿调查法	利用对假想状况的意向支付额进行评价
	联合分析	根据对虚拟环境变化的多个备选方案的偏好进行评价

　　下面简要介绍陈述偏好法中具有代表性的意愿调查法和联合分析。意愿调查法是利用问卷调查等设定某种假想的状况，并向人们询问愿意为改善环境支付多少费用的方法。为了设定一个假想的状况，需要恰当地进行方案设计，并且进一步斟酌询问想要支付金额的方法（开放式、二项选择方式、支付卡方式、增值游戏方式等），否则获得的回答可能会被认为有较高的偏向性。这是近来环境评价中常用的方法。联合分析是指能够对作为评价对象的每个属性进行价值评价的方法。从经济学上说，整体效用是部分效用的累积，对某种环境的满意度也可以说是对环境所具有的多种满意度的总和。例如，森林的价值包括木材利用、饲料、食物、流域保护和生物多样性维持等各种价值，只有综合计算这些价值，它才会成为整个森林的价值。联合分析的最大优点是可以对这些价值分别进行评价。但是，联合分析与上述意愿调查法相同之处在于它也使用陈述式的调查问卷数据，因此也具有类似的缺点。如果没有设计得当的方案，则容易出现有偏差的答案。

　　这些被归类为回答假想问题的陈述偏好法，不仅可以评价使用价值，而且能衡量非使用价值，因此具有大量的研究成果。但也有人指出，在以生物多样性为对象，采用陈述偏好法的诸多研究中，尽管评价了个体生物和生态系统服务，但却误用了"生物多样性"一词。这意味着如果经济学家在对自然科学缺乏充分了解的情况下，对生物多样性和生态系统服务进行经济评价，就会导致错误的结果（Brito 2005）。

　　例如，一方面对于物质供给服务等直接影响人类生活的生态系统服务，人们会给予高度评价。另一方面尽管对人们生活有很大的影响，但如果是间接影响的话，那么人们支付保护生态系统服务的意愿往往会很低。这恰恰是由于人们对生物多样性和生态系统服务缺乏了解，除非在调查问卷的设计过程中尽可能给受访者提供正确的认知，否则很难消除这种偏见。

　　此外，我们将根据之前对农田、森林和海洋等各个生态系统的研究来介绍近年来关于使用这些方法对生态系统服务进行评价的举措（表 8-3）。应该指出的是，由于研究者对各种方法仍存在争议，因此尚未建立绝对正确的经济学方法来评价生态系统服务的价值。此外，读者如需进一步了解其他类型的生态系统，请参阅《生态系统和生物多样性的经济学》（TEEB 2010）。

表 8-3　农田、森林和海洋生态系统的价值分类。在农田生态系统中，那些有排他性且具有竞争性或非竞争性的产品包括粮食作物和纤维；森林生态系统中的木材和食物等；海洋生态系统中的海产品等。但每个生态系统的多种生态系统服务都属于非排他性物品这一类。

对象	私人物品、社团物品	公共物品、共同资源物品
农田生态系统	粮食作物、纤维等	为授粉物种提供的栖息区、营养盐循环、二氧化碳固定。土壤有机物、景观等

对象	私人物品、社团物品	公共物品、共同资源物品
森林生态系统	木材、灌溉用水、木质饲料、食物等	空气净化功能、营养盐循环、流域保护、生物多样性维持、景观等
海洋生态系统	海产品、海藻、盐等	各种生物群落的维持、海洋运输路线的提供、废弃物处置与污水净化、景观等

一、农田生态系统服务的评价

农田由土壤形成、病虫害防治和花粉传播等基础和调节服务支撑，除了生产粮食、纤维和燃料以外，还提供各种非市场服务（图 8-4）。

图 8-4 是定位为供给服务的生态系统服务，可以根据市场价格评价其价值。然而，除了图中所示的一些生态系统服务外，很多生态系统服务几乎都是无法定价的，或者是迄今为止还几乎未见其价值的，或者是评价较低的。因此，如上所述，有必要通过经济学的方法进行货币评价，以彰显其价值，从而作为生物多样性保护的一个指标。基于 Swinton 等（2007），我们将阐述各种经济学方法是如何在农田生态系统服务的评价中得以应用的。

如果需求函数对生态系统服务水平的响应发生变化，则可以采用旅行费用法作为生态系统服务的评价方法。例如，可以想象，在观光景点的自然环境有所改善和没有改善的情况下，前者的访客会增加。对于这一点，Hansen 等（1999）、Baylis 等（2002）、Knoche 和 Lupi（2007）等已采用旅行费用法来评价农田生态系统。另外，如果将农田生态系统服务的价值与资产价值联系起来，可以采用享乐价格法对其进行评价。关注此点的既往研究包括 Ready 等（1997）、Ready 和 Abdalla（2005）等。如上所述，意愿调查法是通过设定假想情景向受访者直接询问支付意向额的方法，因此也可以用以评价非使用价值。例如，对野生动物栖息地进行评价，可以评价土壤侵蚀对湿地水质的影响，也可以评价公共牧场中用于休闲散步的人行道维护等（Brouwer & Slangen 1998；Colombo et al. 2006；Buckley et al. 2009）。

由于农产品可以定价，许多与农田相关的生态系统服务通常可用市场上作为直接使用价值进行评价。但是，从土地利用的角度来看，土地利用类型向农田转变对生态系统影响的经济价值以及蜜蜂授粉的经济价值等，很多农田生态系统服务至今都没有通过货币来衡量，今后还需要进一步的研究。

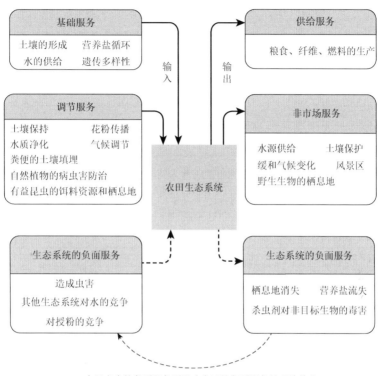

农田产生的负面服务到影响农田的负面服务的反馈效应

图 8-4 支撑农田的生态系统服务和农田给生态系统服务带来的负面影响（Zhang et al. 2007）。给农田生态系统带来积极影响的是生态系统服务中的基础服务和调节服务，带来不良影响的有病虫害和对水资源的竞争等。这些通过农田生态系统产生但无法在供给服务和市场中反映的服务（供水和土壤保护等），导致了栖息地消失、营养盐流出等不良影响。产生的不良影响通过反馈效应进一步对农田生态系统造成更大的负面影响，如捕食害虫生物的栖息地丧失，则有可能促进虫害的发生。经 Elsevier 许可转载。

二、森林生态系统服务的评价

　　森林生态系统服务比农田和海洋生态系统更加多样化（第四章）。特别是Stenger 等（2009）先前的一项研究，详细分析了森林生态系统服务的价值。例如，如果研究主要关注的对象是森林提供的休闲娱乐服务，可以使用旅行费用法（近年来，Baerenklau 等使用 GIS，Bestard 和 Font 评价了森林娱乐服务的总价值等）；如果侧重于关注木材生产率并将它反映在森林价格中，就可以使用享乐价格法。此外，如可进行多次调查并重点关注森林的某些属性，也可通过意愿调查法推导出价值（Díaz et al. 2010；Moore et al. 2011）。

　　但是，如果在一次调查中需全面评价森林生态系统服务所具有的价值，那么通过属性评价的联合分析可能是最合适的。坂上和栗山（2009）利用联合分析对热带雨林进行了评价。并且，通过因子分析森林生态系统服务或非使用价值的相关得分，与森林使用价值相关因子的得分相结合，创建一个变量。特别值得一提的是，可以根据变量数值的大小来分析受访者是否评价了森林生态系统服务、非使用价值以及使用价值。

综上所述，评价森林生态系统服务的价值时，最好采用联合分析的方法来评价森林所具有的多种价值的属性。而且，通过因子分析，还可得知受访者究竟更重视使用价值还是非使用价值。因此，有必要对作为评价对象（森林）的不同林分做出具体分析。

三、海洋生态系统服务的评价

关于从海洋生态系统中获得的物品和服务，Beaumont 等（2008）进行了详细的分类，现引用他们的定义和评价。海洋生态系统服务迄今在各个国家都有过相关的经济评价，但很少有针对全球海洋的评价。例如，Beaumont 等（2008）开展了一项对英国海洋生态系统价值的经济评价研究，总结了其价格（表 8-4）。

首先是粮食供给价值，虽然预计会有相当数量以休闲娱乐为目的的捕鱼和非法捕鱼，但对此没有进行过统计，所以评价可能过低。其次是大气和气候调节价值，大气和海洋的化学构成由一系列海洋生物的生物地球化学循环过程维持。生物多样性变化对该循环过程有很大影响，海洋生态系统的生产力也会随之显著降低。因此，以货币形式进行评价时，估计避免这些损失的价值将会超过 800 亿日元。但是，这仅是为了避免生产力损失而产生的价值，由于它不包含维持大气和海洋化学构成所涉及的许多其他过程的价值，因此同样也是被低估了。

表 8-4　英国海洋生态系统的价值［基于 Beaumont 等（2008）绘制］。英国的专属经济水域面积约为 400 万 km²，居世界第 8 位，海洋生态系统的价值至少在 10 万亿日元以上。由于无法对海洋生态系统的所有服务进行货币化，因此这是保守的估计值。由此可以预测，全球海洋生态系统服务的经济价值是不可估量的。此外，经济价值是根据 2004 年的情况，1 英镑换算成 198 日元来进行计算的。

财产、服务	定义	经济价值	方法	备注
粮食供给	人类所消费的从海洋中获得的动植物	10.15 万亿日元	市场评价	过低评价
大气、气候调节	大气和海洋中的化学物质的平衡和维持	800 亿～1.7 万亿日元	损失回避	过低评价
认知价值	利用海洋生物开展教育和研究所获得的认知	63 亿日元	市场评价	过高评价
休闲娱乐	与海洋生物接触而获得的身心刺激和放松效果	24 亿日元	市场评价	过高评价
非使用价值	间接利用海洋生物而获得的价值	99 亿～2200 亿日元	意愿调查法	过低评价

认知价值估算出了海洋生态系统的研究开发价值和教育实践价值的总和。但是，由于不仅包含海洋生态系统，还包含了可应用区域的价值，因此它被高估了。关于休闲价值，由于很难区分与海洋生态系统有关的价值和其他价值，因此被高估也是无法避免的。例如，周末旅行的时候，第 1 天赏鲸，第 2 天去附近兜风的话，只能推算出与海洋生态系统相关的整个行程的价值，而仅提取出赏鲸的价值却是很困难的。最后，关于非使用价值，尽管有大量使用意愿调查法等推算自然资源的非使用价值的研究，但几乎没有对海洋生态系统的非使用价值进行综合推算的研究。由于海洋生态系统的非使用价值广泛，难以制作出包罗一切的调查表，所以被低估也是无法避免的。

据推算，仅以英国一个国家的海洋生态系统为研究对象，就会估算出如表 8-4 所示的如此高的价值。如上所述，表 8-4 仅评价了海洋生态系统价值的一部分。因此，在全球范围内估算海洋生态系统的所有价值，预计需要花费大量的时间和金钱。如果进行了如此大规模的研究，不难想象评价出的价值将是非常巨大的。

第三节　综合经济评价体系及其相关问题

当前，气候变化的经济分析是一个热门话题，确立其分析方法和评价手段已经成为当务之急。TEEB（2010）基于生态系统服务保护或恶化，对社会经济的影响进行了评价，该内容被认为是 Stern（2006）的生态系统版本。同时，以 2008 年的 CBD/COP 9（《生物多样性公约》第九次缔约方大会）为契机，生态系统服务的经济评价在全世界范围内引起了广泛讨论。在欧美，正在开展生物多样性补偿和绿色发展机制（green development mechanism，GDM）等评价方法的研究［田中（2009）详细介绍了这些评价方法］，2010 年在名古屋召开的 CBD/COP 10 上这些方法也成为讨论的焦点。可以看出，生态系统服务的经济评价引起了人们的极大关注。

因此，预计今后在日本也将提出并实施各种与生态系统服务相关的政策和计划，如栖息地保护和适应型技术的可持续利用等。在这种背景下，需要基于经济学的分析工具，从成本效益的角度来评价保护政策和适应型技术的引入（Polasky 2009），构建一个能够定量评价经济活动和生物多样性之间相互作用的综合性经济评价体系。

然而，在生态系统服务的经济评价中，这种经济评价模型的构建，存在融合社会科学和自然科学知识时产生的模型之间时间和空间分辨率差异的问题。通过匹配时间和空间的分辨率，我们就可以进行客观准确的评价，以期对社会经济和生物多样性进行全面的经济评价。

一、关于生物多样性的经济评价模型

迄今为止，为了解决包含生物多样性在内的气候变化等多方面问题，本章用第二节中介绍的个别评价方法进行经济评价，而且还将经济模型和物理模型联系起来，并使用模拟模型从宏观角度进行经济评价。前者的评价方法已经详细介绍过，在这里我们将着重介绍后者，即经济模型。特别是，由于生物多样性和气候变化问题之间的密切关系，我们将以气候变化领域所使用的综合评价模型为重点，简述生态系统的经济评价研究。

在气候变化领域，从 20 世纪 90 年代初期到中期，世界各国都开发了综合评价模型（integrated assessment model，IAM），其框架适合于整合不同研究领域的跨领域观点。根据 IPCC（1996）的报告，一般的综合评价模型包括 4 个子模型：经济模型、大气成分模型、气候/海平面模型、生态系统模型。通过连接经济模型和其他物理模型，将气候变化的内源性影响反馈给经济活动，这样不仅可以同时评价气候变化的影响，还可以评价其他应对措施的影响。

这些综合评价模型包括 Tol（1996）的 FUND 模型，Babiker 等（2001）的 MIT-EPPA 模型，Hope（2006）的 PAGE2002 模型，Kainuma 等（2003）的 AIM 模型等。这些模型虽然将粮食生产、木材、燃料和土地等供给服务表示为"生态系统"，并且也包括气候调节、水源涵养、防灾功能等调节服务，但并未考虑以休闲娱乐为目的的文化服务等具有非市场价值的生态系统服务。另外，大家需要注意的是，这些模型大多数并没有明确表示出生态系统。

近年来，Ciscar 等（2011）评价了欧洲气候变化对经济和自然的影响。在此，我们使用基于排放情景特别报告（special report on emissions scenarios，SRES）的 4 种情景来衡量其对农业、沿海区域、河流泛滥、旅游业的影响，并将结果应用于被称为"一般均衡模型"的经济模型以进行经济评价。但是，由于评价是从将情景提供给气候模型开始的，因此经济模型与气候模型之间的反馈（如把根据经济模型计算的温室气体排放量输入气候模型，而气候模型计算出气温波动对经济活动的影响）并不在考虑范围内；而且仅凭一般均衡模型无法评价非市场价值，该模型存在改进的空间。因此，即使在基于综合评价模型的经济评价中，生物多样性或者生态系统服务也只得到了部分的评价。

另外，虽然不是综合评价模型，但 McRae 等（2008）以及 Morgia 等（2008）构建了一个具有详细的生态系统模式的拟合模型，用于定量评价土地利用变化和气候变化对生态系统的影响。此外，Spies 等（2007）、Nelson 等（2008）、木岛（2008）和 Polasky 等（2008）也使用了这样的拟合模型，对生态系统进行经济评价。然而，尽管这些模型对生态系统进行了明确而详细的模拟，但由于经济模型采用仅涉及特定市场的部分均衡方法，因此无法对整个社会经济的影响进行评价。

虽然近年来针对社会经济和生物多样性的综合经济评价的研究正不断增加，但不得不说很多研究仍然是不完善的。这是由于生物多样性的定义涉及很多方面，难以在物理上定量以及衡量其经济价值。此外，以评价生物多样性的生态系统模型为代表的物理模型和经济模型，在时间、空间的分辨率存在差异，这被认为是导致生态系统服务的经济评价变得困难的原因之一。下文我们将对这两个模型之间的时间和空间分辨率差异进行说明。

二、经济模型和物理模型时空分辨率的匹配

气候变化领域的综合评价模型通常使用货币换算后的值或以物理单元表示的值来衡量气候变化的影响。从经济学角度关注分析的模型使用货币换算值，而从自然科学角度关注分析的模型中，空间（如以地球为对象）被划分为网格，并且使用物理单元来表示对每个网格的影响。Tol 和 Fankhauser（1998）指出，使用货币换算值的模型一般不将物理影响模型化，而使用物理单元的模型一般也没有将气候变化的影响转换成货币换算值等共同指标作为接合点。通过定量模型处理具有生物多样性的市场服务和非市场服务两方面时，为了满足经济模型和物理模型的一致性，提出两个模型之间的时间和空间尺度的接合点是关键。

首先，对于空间分辨率问题，经济模型的空间单元取决于经济统计的可获得性，将国家或将其分割或汇总的地区作为单元。另外，在生态系统模型那样的物理模型中，目标空间是通过包含纬度和经度的二维网格（此外，当高度方向加上海拔和水深时就变成三维网格）构成。如图 8-5 所示，物理模型和经济模型的空间单元有很大的不同。

其次，关于时间分辨率问题，根据统计数据的性质，经济模型的时间单位为年。虽然也存在像股票那样以分秒为单位的数据和季度数据等期间比较短的数据，但是关于生物多样性的经济相关数据可以认为是与多数经济统计数据一样以年为单位。另外，物理模型中数据的单位各式各样，如气候模型中的数据以分钟为单位，与授粉服务相关的数据以日、月为单位，与植被相关的数据以年为单位等。在许多情况下，与生物多样性有关的物理数据的单位往往比年度单位短。

如上所述，在国家（地区）水平以年为单位的经济模型和在网格水平以日（分）为单位的物理模型的计算进度之间存在很大的差异，在"连接"经济模型和物理模型时，需要匹配两个模型间的空间和时间的分辨率。特别是在像生物多样性这

样区域特性很强，空间分辨率极其精细的情况下（如在处理诸如网格单元小于 1 km 的极其精确的数据情况下），为了进行综合经济评价，与经济模型进行匹配时的空间一致性变得尤为重要。另外，有关经济模型和物理模型之间空间和时间分辨率相关结合点的详细内容请参照安藤等（2006）的研究。

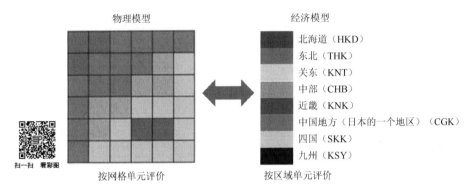

图 8-5　经济模型和物理模型之间的空间分辨率差异。经济模型的空间单元是区域单元，而物理模型的空间单元是纬度和经度的二维网格单元（如果加上海拔和水深，则是三维网格单元）。因为经济模型和物理模型的空间单元不同，所以连接这两个模型时必须匹配空间单元。

三、关于生物多样性的综合经济评价

如上所述，为了对生物多样性进行综合经济评价，需要建立一个能够定量反映社会经济学与生物多样性之间相互作用的系统。通过构建这样一个系统，我们可以对生态系统保护的对策和引入适应型技术的效果进行评价。这意味着，对于各种对策和技术的备选、替代方案的优先选择顺序，不仅能通过一个客观的判断标准来提供有用的信息，也能从科学的角度为制定政策和进行决策提供帮助。

另外，作为从经济理论观点延伸的课题，可以考虑将本章第二节中介绍的旅行费用法、意愿调查法等个别评价方法与本节所关注的经济模型进行集成。前者虽然可以衡量生态系统服务的非市场价值，但是评价方法本身是针对个别案例进行的研究；后者虽不能直接衡量非市场价值，但是这种方法不仅以整体经济为对象考察政策实施对经济主体带来的直接影响，还通过研究经济主体的行为变化来把握对整个社会所产生的连锁反应。虽然这两种方法各有优缺点，但其潜在的经济理论背景却是相同的。因此，可以将两者的特性进行整合以满足理论上的一致性，从而更加细致地进行全面客观的经济评价。

进行这样尝试的研究有 Bateman 等（2005）、高木等（2002，2006）。虽然 Bateman 等（2005）并不是与经济模型集成，但它采用旅行费用法并利用地理信息系统

（geographic information system，GIS）在空间上进行详细的分析和扩展，以衡量英国的休闲娱乐价值。另外，高木等（2002，2006）分别以长良川支流吉田川以及长良川流域为对象，利用一个集成空间经济和环境评价方法的模型，对水环境保护政策进行经济评价。在这一系列的研究中，通过 GIS 数据进行空间上的详细分析，可以对网格单元而不是区域单元进行降尺度的经济评价。

尽管目前已有大量研究成果，但很难说它们都具有理论上的一致性。因此，集成以整体经济为对象的经济模型和衡量非市场价值的个别评价法并满足理论一致性的经济评价模型，目前尚无先例，可以说社会经济和生物多样性的综合经济评价仍处于发展之中。

第四节　不确定性的处理

迄今为止，对自然环境造成影响的机制及其程度，一直存在着科学不确定性。随之而来的问题则是如何进行决策。而当今这种量、质多样化的社会经济活动对环境的影响，不仅日益复杂化和规模化，而且是全面性的和根源性的，在存在科学不确定性的情况下，决策将变得愈发重要。

毋庸置疑，当前的决策对未来的状态和选择将会产生很大影响，特别是像生物多样性等具有不可逆的性质，一旦失去就无法再恢复。不确定性条件下的经济评价，由于其评价值中包含不确定性，自然会与评价目标的真实评价值产生偏差。因此，在不确定性下进行经济评价时，如何考虑并降低不确定性已成为一个极其重要的问题。下面我们将就此进行阐述。

一、不确定性的概念

Neumayer（2003）描述了面对包括全球环境问题在内的经济评价中，不确定的概念和情况，应该在何种程度上保护什么样的环境，以及应该依据什么为基础进行评价并做出决策等问题。首先，要正确理解什么是不确定的，这一点很重要。此处，我们将这些不确定分为三类，即风险（risk）、不确定性（uncertainty）和无知（ignorance）；并对这些概念进行整理，其特征列于表 8-5。另外，关于风险和不确定性讨论的详细内容请参照 Savage（1954）和 Knight（1921）。

首先，所谓风险，是指可能发生的影响或事件的集合及其发生的概率分布为已知的状况。例如，由于二氧化硫的排放造成大气污染的问题在认知阶段上属于风险，因为可能发生的事件的概率分布以及由此产生的后果等，我们已经大致明了。其次，不确定性是指，虽然没有关于可能发生的事件、概率分布及其结果得失的客观信息，但是个人对于可能发生事件的概率分布和结果得失有主观的信念。

例如，在全球变暖问题中，基于最新的研究结果，气候变化引发的全球变暖效应已广为人知，但全球变暖的概率分布等却是未知的。因此，全球变暖问题在认知阶段上就应该属于不确定性。最后，无知是指对可能发生的事件、概率分布及其结果得失一无所知的状况。可以说，我们对生物多样性的认识，与其说是不确定性，不如说在现阶段仍然是无知的。

综上所述，在生态系统服务的经济评价中，对于分析者、决策者或者社会，重要的是认识到不确定的事物到底处于"风险""不确定性"和"无知"中的哪种状况。下文为了避免混淆术语，我们将风险和无知作为对象，并将包含这些不确定的一般概念称为不确定性。

表 8-5　风险、不确定性和无知的概念。将不确定事件分为风险、不确定性和无知三个概念，分别对其影响、发生概率及对应案例进行了整理。

概念	知识的状况	对应案例
风险（risk）	影响：已知/发生概率：已知	回避
不确定性（uncertainty）	影响：已知/发生概率：未知	预防性回避
无知（ignorance）	影响：未知/发生概率：未知	预防

二、不确定性的原因

在生态系统服务的经济评价中，除了生物多样性的复杂机制和未知现象引起的科学不确定性外，不确定性的原因大致可分为两种（NRC 2005）。一种是由评价模型本身引起的不确定性，另一种是评价模型中的参数所引起的不确定性。

当关键变量之间的关系未知时，就会出现模型的不确定性。例如，如果缺乏关于生态系统结构如何受到人类活动影响的生态学知识，就会产生不确定性。另外，如果生态系统服务的真正需求函数的形式未知，也会导致不确定性。同样，从经济上对全球生态系统服务价值的估算结果看（Costanza et al. 1997），也未涵盖所有广泛的生态系统服务，其评价值存在很大的不确定性。

即使已知主要变量之间的数学关系，当该函数形式的参数值未知时，也会出现参数的不确定性。但是，由于可以通过统计预测来估计未知参数，所以与由评价模型本身引起的不确定性相比，减少由参数引起的不确定性较为容易。此外，如果没有可用的统计数据，可以使用随机的概率模型来估计，以减少参数的不确定性。在生态系统服务的经济评价中，评价模型和参数中存在的不确定性越大，估算评价值的精确度则越低，即真实评价值与估算评价值之间的偏差越大。因此，为了进行更精确的经济评价，如何减少这些不确定性则非常关键。

三、不确定性的应对

为了顾及不确定性的经济评价得以进行，在新古典派经济学框架中，拓展了传统的环境评价方法，并引入了选择价值和准选择价值的概念（关于自然资源价值的分类，请参阅本章第二节）。

选择价值是指保留将来利用该环境物质这一选择项的价值（Weisbrod 1964）。常见的例子有热带雨林的野生动植物。虽然一些野生动植物有可能在未来被用作药物，但如果热带雨林消失，即使目前没有被使用，未来其医疗用途的机会也将丧失。就为未来的药物利用保留使用机会方面，这片热带雨林存在着选择价值。

准选择价值是指为了获得更正确的信息并在将来做出正确的决策，通过推迟不可逆的环境破坏而产生的价值（Arrow & Fisher 1974）。林山和野原（2011）将准选择价值视为生态系统服务的经济评价中的一个重要价值概念，将准选择价值的定义简明地解释为"通过科学研究的发展，直到费用及效益等信息得以确定的等待价值（value of waiting to invest）"。

此外，NRC（2005）还提到，通过学习，不确定性可能会随着时间减少；在成本效益分析中应该引入选择价值或准选择价值的概念。这意味着生态系统是不可逆转的，其价值虽然目前尚不清楚，但如果将来有可能获得更正确的信息，则通过保护该生态系统，给将来留有再研究的余地，这样将来就可以做出更理想的决定。

通过衡量选择价值和准选择价值，并将其结果应用于成本效益分析，就可以做出考虑了未来不确定性的决策。此外，TEEB（2010）认为，衡量选择价值和准选择价值，对于包括生物多样性和生态系统服务在内的自然资源的不可逆转变化是极为重要的。然而，现实的问题是关于上述选择价值和准选择价值能否以确保精度的形式进行衡量，仍然存在争议。例如，TEEB（2010）以生物多样性选择与市场金融的相似性为例进行了比较。此时，与金融相关的所有变量都具有市场价格，而与生物多样性选择相关的变量均不具备市场价格，由此表明生物多样性选择价值的经济评价有多么复杂和困难。

由于衡量生物多样性或生态系统服务的选择价值及准选择价值的实证研究尚不多见，因此有必要在这一领域开展进一步的研究。另外，关于选择价值和准选择价值的公式化，在 Johansson（1987）、奥山（2007）中有详细的描述。

处理不确定性的另一种方法是适应性管理（adaptive management）。这个概念从 20 世纪 70 年代后半期到 80 年代发展成为解决自然资源不确定性问题的跨学科方法（NRC 2005）。松田（2008）认为，"适应性管理是基于未证实的前提而实施管理计划，通过持续监控来不断验证前提的合理性。同时，根据状态变化来改变策略，从而降低管理失败的风险。"适应性管理有两个主要因素，即在验证前提的同时根据需要进行修正的适应性学习，以及根据状态变化而改变策略的反馈控制。对于包括不确定性和非恒定性的自然资源适应性管理，关键是要事先充分研究反馈控制，并充分研究针对未来各种预想情况的对策（松田 2008）。

四、不确定性背景下的决策

在本节中，关于不确定性背景下的决策，我们将介绍最低安全标准和预防原则。最低安全标准（safe minimum standards）是由 Ciriacy-Wantrup（1952）首先提出的。"当伴随着某种行为而发生不可逆的环境危害时，如果为了回避该行为所产生的社会费用没有大到难以容忍的程度，那么就应该回避该行为"。也就是说，这个概念可解释为一个阈值，当自然环境低于最低水平容量时，将产生巨大的社会成本，而且这种影响将会被带入决策中。但是，需要注意的是，这种"难以容忍的社会代价"并非是从理论和实际中衍生出来的，而是基于伦理道德和政治判断来决定的。

EEA（2002）指出，除了传统的风险和不确定性之外，对于影响和发生概率都未知的问题也需要采取预防性措施。这种预防原则（precautionary principle）概念已在国际上得到讨论，并已纳入各种国际协定以及各国法律和政策中（表 8-6）。1992 年 6 月《里约环境与发展宣言》第 15 项原则指出，"为了保护环境，各国应根据自身能力广泛采取预防原则。当受到严重或不可逆转损害的威胁时，不能把缺乏充分的科学确定性作为理由，推迟采取有效措施来防止环境恶化"。所谓预防原则，是指"在目前还没有足够科学证据来证明将来会发生的灾害时，应采取临时措施来防止此类损害的发生"。从表 8-6 可以看出，预防原则的适用范围非常广泛。例如，1992 年《联合国气候变化框架公约》讨论了温室气体的排放限制，并将预防原则的概念应用到国际上的全球变暖问题。

在日本，可以说预防原则的概念正在逐步普及。例如，2000 年制定的《国家环境基本计划》（环境省 2001）指出，就 21 世纪初环境政策的发展方向来看，采取"预防性策略"可作为 4 种环境政策方针之一。在研究此类策略时，即使认为有些问题，如全球变暖，科学知识的积累还不充分，但除了指出该问题的长期存在可能会带来极其严重或不可逆转的影响之外，我们还要努力充实科学知识同时采取预防性措施。也就是说，与以往的以充实科学知识为前提而防患于未然的情况相比，我们要在以不确定性为前提，在政策实施上迈出坚实一步，来处理全球变暖等环境问题。

表 8-6　纳入预防原则概念的国际公约。按照时间顺序而整理出的采用预防原则的国际条约。关于全球变暖问题，1992 年《联合国气候变化框架公约》讨论了温室气体的排放限制，预防原则的概念已应用于全球变暖问题。由此可见，预防原则的适用范围很广泛。

年份	国际公约
1987 年	关于消耗臭氧层物质的《蒙特利尔议定书》
1990 年	《保护北海的部长宣言》
1992 年	《里约环境与发展宣言》
1992 年	《联合国气候变化框架公约》
1992 年	《马斯特里赫特条约》
1998 年/2001 年	《温斯布雷德宣言》
1998 年	《关于在国际贸易中对某些危险化学品和农药采用事先知情同意程序的鹿特丹公约》（PIC 条约）
2000 年	《卡塔赫纳生物安全议定书》
2001 年	《关于持久性有机污染物（POPs）的斯德哥尔摩公约》
2002 年	《可持续发展问题世界首脑会议执行计划》（约翰内斯堡峰会）

五、小结

为了在不确定性背景下进行决策和适应性管理，必须进行某种经济评价。特别是，如何考虑和降低内在的不确定性，这一点非常重要。通过统计方法或随机估计以及敏感度分析，可以在一定程度上降低模型和参数引起的不确定性，并通过对选择价值或准选择价值的成本效益分析或者适应性管理，做出兼顾未来不确定性的决策。当前的研究还不充分，而"不确定的收益和成本评价"成为关系到解开诸如"今后对于生物多样性的保护措施，引入传统的自然克服型技术还是适应型技术，究竟哪一个在社会上更加有效"等难题的关键所在，同时是所获答案的精确度得以提高的关键。

在不确定性的决策中，有必要从预防原则的角度提出并选择合理的决策标准，但在现阶段尚未确定什么是合适的决策标准。在这种情况下，有两种方法选择决策标准：一是在我们所支持的观点中选择最恰当的；二是讨论并分析每条决策标准的性质，选择最适合当前决策所面临问题的标准。

近来，针对决策标准的随意性以及收益定义的模糊性等问题，可采用贝叶斯决策理论（Bayesian decision theory）来进行研究，即在采用主观概率作为先验概率的基础上，以新获得的信息为基础，进行逐次修正。另外，如果考虑到 Tilman 和 Polasky（2005）多样性损失会降低正确选择概率的观点，那么保护当前的多样性就是为将来做出正确选择而准备的有效方法。

参 考 文 献

木島真志（2008）統合的空間モデルを用いた野生動物生息地保全と木材生産のトレードオフ 分析：オレゴン州における北マダラフクロウ（Strix occidentalis caurina）生息地保全のケ ーススタディ. 環境情報科学論文集, 22, 61-66.

田中章（2009）" 生物多様性オフセット" 制度の諸外国における現状と地球生態系銀行" アース バンク" の提言. 環境アセスメント学会誌, 7, 1-7.

安藤朝夫・小尻利治・菊池祥子・中嶌一憲（2006）地球温暖化の経済評価のためのリカーシブ モデルの開発. 京都大学防災研究所年報, No.49-B, 755-770.

坂上雅治・栗山浩一編著（2009）エコシステムサービスの環境価値：経済評価の試み. 晃洋書房.

林希一郎（2010）生物多様性・生態系と経済の基礎知識. 中央法規出版.

林山泰久・野原克仁（2011）生物多様性と生態系サービスの復元・創造. 環境研究, 161, 164173.

松田裕之（2008）生態リスク学入門：予防的順応的管理. 共立出版.

馬奈木俊介編（2011）生物多様性の経済学：経済評価と制度分析. 昭和堂.

高木朗義・武藤慎一・村松穂高（2002）GIS データベースに基づいた水環境保全策の経済評価手法の開発. 環境システム研究論文集, 30, 161-169.

高木朗義・篠田成郎・西川薫・松田尚志・片桐猛・永田貴子（2006）流域 GIS を援用した総合環 境評価モデルによる水環境改善施策の効果分析. 環境システム研究論文集, 34, 553-561.

奥山忠裕（2007）顕示選好データを用いた環境評価, 御茶の水書房.

環境省（2001）環境基本計画：環境の世紀への道しるべ. ぎょうせい.

Arrow, K. J. & Fisher, A. C.（1974）Environmental presentation, uncertainty and irreversibility. Quarterly Journal of Economics, 88, 312-319.

Babiker, M. H., Reilly, J. M., Mayer, I. M. et al.（2001）The MIT emissions prediction and policy analysis（EPPA）model: revisions, sensitivities, and comparisons of results. MIT Joint Program on the Science and Policy of Global Change, Report No. 71.

Baerenklau, K. E., Gonzalez-Caban, A., Paez, C. & Chavez, E.（2010）Spatial allocation of forest recreation value. Journal of Forest Economics, 16, 113-126.

Bateman, I. J., Lovett, A. A. & Brainard, J. S.（2005）Applied Environmental Economics: A GIS Approach to Cost-Benefit Analysis. Cambridge University Press, Cambridge.

Baylis, K., Feather, P., Padgitt, M. & Sandretto, C.（2002）Water-based recreational benefits of conservation programs: the case of conservation tillage on U. S. cropland. Review of Agricultural Economics, 24, 384-393.

Beaumont, N. J., Austen, M. C., Mangi, S. C. et al.（2008）Economic valuation for the conservation of marine biodiversity. Marine Pollution Bulletin, 56, 386-396.

Bestard, A. B. & Font, A. R.（2010）Estimating the aggregate value of forest recreation in a regional context. Journal of Forest Economics, 16, 205-216.

Brito, D.（2005）The importance of sound biological information and theory for ecological economics studies valuing Brazilian biodiversity: a response to Mendonca et al.（2003）. Ecological Economics, 55, 5-10.

Brouwer, R. & Slangen, L.（1998）Contingent valuation of the public benefits of agricultural wildlife management: the case of Dutchpeat meadow land. European Review of Agricultural Economics, 25, 53-72.

Ciriacy-Wantrup, S. V.（1952）Resource Conservation: Economics and Policies. University of California Press, Berkeley.

Ciscar，J. C.，Iglesias，A.，Feyen，L. et al.（2011）Physical and economic consequences of climate change in Europe. Proceedings of the National Academy of Sciences USA，108，2678-2683.

Colombo，S.，Calatrava-Requena，J. & Hanley，N.（2006）Analysing the social benefits of soil conservation measures using stated preference methods. Ecological Economics，58，850-861.

Costanza，R.，D'Arge，R.，DeGroot，R.，et al.（1997）The value of the world's ecosystem services and natural capital. Nature，387，253-260.

Díaz M. Á.，Gómez，M. G.，González，Á. S. et al.（2010）On dichotomous choice contingent valuation data analysis：semiparametric methods and Genetic Programming. Journal of Forest Economics，16，145-156.

European Environmental Agency（EEA）（2002）Late Lessons from Early Warnings：The Precautionary Principle 1896-2000，Environmental Issue Report No 22.

Hansen，L.，Feather，P. & Shank，D.（1999）Valuation of agriculture's multi-site environmental impacts：an application to pheasant hunting，Agricultural and Resource Economics Review，17，199-207.

Hope，C. W.（2006）The marginal impact of CO_2 from PAGE2002：an integrated assessment model incorporating the IPCC's five reasons for concern. Integrated Assessment Journal，6，19-56.

IPCC（1996）Climate Change 1995：The Science of Climate Change，Contribution of Working Group III to the Second Assessment Report of the Intergovernmental Panel on Climate Change. Cambridge University Press，Cambridge.

Johansson，P. O.（1987）The Economic Theory and Measurement of Environmental Benefits. Cambridge University Press，Cambridge.

Kainuma，M.，Matsuoka，Y. & Morita，T.（2003）Climate Policy Assessment：Asia-Pacific Integrated Modeling. Springer-Verlag.

Knight，F. H.（1921）Risk，Uncertainty，and Profit. Houghton Mifflin.

Knoche，S. & Lupi，F.（2007）Valuing deer hunting ecosystem services from farm landscapes. Ecological Economics，64，313-320.

MA（Millennium Ecosystem Assessment）（2005）Ecosystems and Human Well-being：Synthesis. Island Press，Washington DC.

McRae，B. C.，Shumaker，N. H.，McKane，R. B. et al.（2008）A multi-model framework for simulating wildlife population response to land-use and climate change. Ecological Modeling，219，77-91.

Moore，C. C.，Holmes，T. P. & Bell，K. P.（2011）An attribute-based approach to contingent valuation of forest protection programs. Journal of Forest Economics，17，35-52.

Morgia，V. L.，Bona，F. & Badino，G.（2008）Bayesian modeling procedures for the evaluation of changes in wildlife habitat suitability：a case study of roe deer in the Italian Alps. Journal of Applied Ecology，45，863-872.

NRC（National Research Council of the National Academies）（2005）Valuing Ecosystem Services：Toward Better Environmental Decision-Making. The National Academies Press.

Nelson，E.，Polasky，S.，Lewis，D. J. et al.（2008）Efficiency of incentives to jointly increase carbon sequestration and species conservation on a landscape. Proceedings of the National Academy of Sciences USA，105，9471-9476.

Neumayer，N.（2003）Weak Versus Strong Sustainability：Exploring the Limits of Two Opposing Paradigms，Second Edition. Edward Elgar.

Polasky，S.，Nelson，E.，Camm，J. et al.（2008）Where to put things? Spatial land management to sustain biodiversity and economic returns. Biological Conservation，141，1515-1524.

Polasky，S.（2009）Conservation economics：economics analysis of biodiversity conservation and ecosystem service. Environmental Economics and Policy Studies，10，1-20.

Ready，R. & Abdalla，C.（2005）The amenity and disamenity impacts of agriculture：estimates from a hedonic pricing model. American Journal of Agricultural Economics, 87, 314-326.

Ready, R., Berger, M. C. & Blomquist, G. C. (1997) Measuring amenity benefits from farmland: hedonic pricing vs. contingent valuation. Growth and Change, 28, 438-458.

Savage, L. (1954) The Foundations of Statistics. John Wiley.

Spies, T. A., Johnson, K. N., Burnett, K. M. et al. (2007) Cumulative ecological and socioeconomic effects of forest policies in coastal Oregon. Ecological Applications, 17, 5-17.

Stenger, A., Harou. P. & Navrud, S. (2009) Valuing environmental goods and services derived from the forests. Journal of Forest Economics, 15, 1-14.

Stern, N. (2006) The Economics of Climate Change: The Stern Review. Cambridge University Press, Cambridge.

Swinton, S. M., Lupi, F., Robertson, G. P. et al. (2007) Ecosystem services and agriculture: cultivating agricultural ecosystems for diverse benefits. Ecological Economics, 64, 245-252.

TEEB (2010) The Economics of Ecosystems and Biodiversity: Ecological and Economic Foundation, Edited by Pushpam Kumar, Earthscan.

Tilman, D. & Polasky, S. (2005) Ecosystem goods and services and their limits: the roles of biological diversity and management practices. In: Scarcity and Growth Revisited: Natural Resources and the Environment in the New Millennium (Simpson, R. D., Toman, M. A. & Ayres, R. U. eds.), pp. 78-97. Resources for the Future.

Tol, R. S. J. & Fankhauser, S. (1998) On the representation of impact in integrated assessment models of climate change. Environmental Modeling and Assessment, 3, 63-74.

Tol, R. S. J. (1996) The damage cost of climate change toward a dynamic representation. Ecological Economics, 19, 67-90.

Weisbrod, B. (1964) Collective-consumption services of individual-consumption goods. Quarterly Journal of Economics, 78, 471-477.

Zhang, W., Ricketts, T. H., Kremen, C. et al. (2007) Ecosystem services and disservices to agriculture. Ecological Economics, 64, 253-260.

第九章

生态适应性科学与人类行为特征

| 原著：稻垣 雅一；译者：许晓光 |

如果我们将人类视为生物体或生态系统的一部分，就可以将人类潜在的能力和特征定义为生态适应性科学的一部分。为此，本章将介绍人类所具有的一些特征，并且通过阐释"助推"（nudge）这一概念，使这些特征在制定政策和制度上得以有效利用。

第一节　引　　言

生物和生态系统具备对某种程度的环境变化也能持续维持其功能的能力，即"适应力"。本书所提出的"生态适应性科学"，是指通过发挥这种适应力，实现社会可持续发展的科学，是崭新的学术领域（绪论）。生物系统和生态系统这两个术语，理应包括作为生物系统和生态系统一部分的人类，以及人类创造的社会。生态适应性科学的构成要素不仅仅是动物和植物这样的生物，人类的潜力和特征也应被视为其一部分构成要素。

具体而言，人类创造出的社会系统、组织、制度、技术，甚至包括价值观和行为，都是为了维持生物和生态系统的功能和服务。因此，系统地掌握这些组成部分是生态适应性科学研究的一个方面。

在第三部分，我们阐述了为引入适应型技术所应建立的经济和社会制度等相关内容，而本章则介绍人类的行为特征。具体而言，从行为经济学的角度出发，阐述人类所具有的某些行为特征[1]，并基于这些行为特征，从生态适应性科学的立场，探讨应该如何利用这些特征。

---

[1] 目前介绍行为经济学的文献有很多，比较简单易懂的文献有多田（2003）、友野（2006）、真壁（2011）等。

第二节　人类行为特征

一、框架效应

首先我们对框架效应(framing effect)[①]进行说明。Tversky 和 Kahneman(1981)对以下决策问题进行了调查。

(1)问题 1。

想象美国正准备应对一种罕见的疾病，预计该疾病暴发将导致 600 人死亡。现有两种针对该疾病的对策可供选择。对各种对策所产生后果的科学精确计算，假定如下。你觉得哪个更好?

对策 A:"如果采用这个对策，200 人将生还。"

对策 B:"如果采用这个对策，有 1/3 的机会 600 人将生还，而有 2/3 的机会将无人生还。"

对 152 名学生进行问题 1 提问，72%的学生选择了对策 A，28%的学生选择了对策 B。在这个问题上，200 人肯定得救的选择比冒险让所有 600 人以 1/3 概率得救的选择更具有吸引力。这表明大多数人选择避免风险。另外，前提条件相同，措施的表达略有变化，并向另一组提出了以下问题。

(2)问题 2。

想象美国正准备应对一种罕见的疾病，预计该疾病暴发将导致 600 人死亡。现有两种针对该疾病的对策可供选择。对各种对策所产生后果的科学精确计算，假定如下。你觉得哪个更好?

对策 C:"如果采用这个对策，400 人将会死亡。"

对策 D:"如果采用这个对策，有 1/3 的概率将无人死亡，而有 2/3 的概率将有 600 人死亡。"

对 155 名学生进行问题 2 提问，22%的学生选择了对策 C，78%的学生选择了对策 D。在这个问题上，400 人肯定死亡的选择比冒险让所有 600 人以 2/3 概率死亡的选择更加不能让人接受。这表明大多数人选择寻求风险。

问题 1 和问题 2 只是对问题的表述不同而已，本质上都是相同的内容。但问题 1 是强调生存的表达形式，而问题 2 是强调死亡的表达形式，所以这一差异对学生的回答产生了影响。

综上所述，即使本质上是同一内容的决策问题，也会因表达等差异而发生观

---

① 本节所描述的框架效应可以通过展望理论［前景理论(prospect theory)］的数学模型来解释，关于展望理论请参阅 Kahneman 和 Tversky (1979)、Tversky 和 Kahneman (1981, 1991, 1992) 等。

点性的改变。由于选择偏好（认为是更好的）发生逆转，而导致决策结果不同的现象被称为"框架效应"。问题 1 使用生存这种正向积极的表达作为选择项，是"收益局面"，问题 2 使用死亡这种负面消极的表达作为选择项，被称为"损失局面"。一般来说，人类会在收益局面中回避风险，而可以在损失局面中接受风险，这是一个很好的框架效应的案例。

二、近视行为

下面我们来看看人类的行为——近视特性。通常在中小学生放暑假期间，由于假期时间长，会布置大量的家庭作业。因此，在放假前，班主任会制定时间表并指导他们有计划地做作业。根据指导制定的日程表，每天都要认真完成几页作业，直到 8 月 31 日为止，完成所有的作业。

而实际上，在大多数情况下，它并不是按计划执行的。在暑假的第一天，学生会想"暑假还很长，不必那么着急""今天什么也不干，明天再加油，我们去玩吧"，于是就推迟了做作业。第二天，如果要切实执行计划的话，就会想"明天努力就行了"，然后再次推迟。结果，这种不合理的行为①，会一直持续到暑假的最后一天 8 月 31 日，最终将经历彻夜完成大量作业的艰辛。

还有其他非理性延期行动的具体例子。譬如，如果你患有龋齿，在轻度疼痛的早期阶段，去牙医那里进行治疗，这是最合理的判断。但是，你又怕牙医，又想去忙工作，并找种种理由不去治疗，直到疼得无法忍受的地步，才去看牙医。结果，治疗更加费时，牙医还会说"在龋齿还没变得如此严重前，你为什么不来"，这样你反而会变得更加害怕牙医。

大多数环境问题都起因于不合理的拖延行为。企业为了寻求眼前的利益，建设工厂并提高生产能力。但是，他们并没有考虑工厂排放的物质等对周边环境造成的影响，以及将来造成环境破坏的可能性。因此，在环境被明显破坏而成为社会问题后，将不得不支付巨额赔偿金，会付出很大的代价。在一些实证研究中（Thaler 1981；Loewenstein & Prelec 1992）已经对人类容易选择上述延期行为而做出了证实与分析，可以说这是现实社会中人类所具有的普遍特征。通常使用如何识别建筑物高度的事例，来浅显易懂地说明上述不合理行为。图 9-1 中，在远离建筑物的地点比较建筑物 A 和 B 时，可以认识到建筑物 B 更高。但是，从建筑物附近观察时，会发现建筑物 A 更高。关于建筑物高度与离建筑物的距离的关系，如果横轴对应时间，纵轴对应效果（满意度），随着时间推移就会发生偏好反

---

① 合理的行为是指，按照当初制定的计划（包括第二天、第三天等）执行，且将来也会按计划执行、不按计划执行的行为称为不合理的行为。

转（preference reversal），比起将来的满足，更倾向于眼前的满足，这就是"近视行为"。

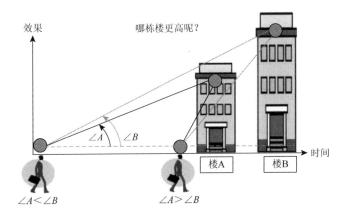

图 9-1　偏好反转。通过此示例说明偏好随时间推移可能发生转变，对哪栋建筑物更高的感知取决于与建筑物的距离。

第三节　利用行为特征的社会制度建设

上一节，我们介绍了框架效应和近视行为等人类的行为特征。如果从利用人类潜在能力和特性这一生态适应性科学的观点出发，根据这些人类的行动特性并结合具体情况，探索利用这些特性的政策和社会制度则是很重要的。作为利用这种人类行为特性的政策和制度，在行为经济学中提倡"助推"（nudge）这一概念[①]。所谓"助推"，是指为了引发注意和暗示，用胳膊肘等从侧面轻轻地推动别人或者轻轻地碰一下，在不经意间将特定的人和人群引导到合理的或被认为比较好的方向上的行为。

例如，在某学校的自助餐厅，最先摆放的菜是容易被选择的。为了让学生均衡饮食，首先排列富含易缺乏的必需营养元素的蔬菜等品种，促进学生的摄取，这可以说是助推的一个例子。这里需要注意的是，不是通过法规和规则等单方面限制学生的选择，而是保留学生选择蔬菜以外品种的自由。通过先摆放蔬菜，让学生无意中选择蔬菜，这一向合理方向上的引导是有必要的。

这个学生选取蔬菜的事例，可解释成避免了上一节的近视行为，因为它避免了因目前不吃蔬菜而导致将来健康欠佳状况。另外，关于助推和上述框架效应之间的关系，可以说框架效应是助推的手段。换言之，当需要应对前一节问题 1 和

---

① 有关助推的更多详情，请参见 Thaler 和 Sunstein（2008）等。

问题 2 那样的疾病发生状况，政策制定者在引导公民做出理想选择时，利用这种框架效应达成共识，这种解决问题的方式可以看作助推（具体示例见概念扩展 9-1）。这种助推的想法，被认为与生态适应性科学的理念非常相似，因为它充分利用了人类行为特性。可以说，在制定和实施符合生态适应性科学的政策时，重要的是根据这种助推概念，制定一项尽可能发挥人类潜力和特性的政策。但是，助推也不是万能的。例如，在政策制定者使用助推引导公民时，存在着政策制定者做出错误决定的风险，这样就可能会导致所有人都被引向错误的方向。因此，在影响环境和生态系统的制度和政策中试图使用助推时，有必要从生态适应性科学的角度，充分研究其可行性并探讨由助推引导的选择项所带来的影响。

概念扩展 9-1：利用助推的政策

实际上，在一些领域中，已经实施了通过助推将人们引向期望方向的政策，在此我们将介绍器官移植的相关事例。不仅在日本，全世界对于器官的需求都远远超过了其供给量。关于这个话题，如果详细叙述，需要很大的篇幅，所以为了避免无谓深入，仅介绍是否具有器官捐赠意向的相关内容。这里我们通过一个实际的案例来说明如何利用助推来增加器官捐赠。

以前，在美国的大部分州，只有按照规定程序表明提供器官的意向才能成为器官捐赠者。因此，即使很多人满足器官捐赠条件，也没有进行器官捐赠登记（Thaler & Sunstein, 2008）。如果有意成为器官捐赠者，需要在驾驶证的器官捐赠意向栏签字表示同意。原本签字都是自发进行的，而不是必需的要求。但是在 2008 年，美国伊利诺伊州规定，更新驾驶证时必须在器官捐赠意向栏上签字。因此，在申请驾照更新时，司机们必须要在这一栏中填写是否愿意捐赠器官，才能申请更新驾照。这个案例就利用了助推，将器官捐赠从自愿向义务转变，从而使器官捐赠量得以增加。

参 考 文 献

友野典男（2006）行動経済学：経済は「感情」で動いている. 光文社新書.

多田洋介（2003）行動経済学入門. 日本経済新聞社.

真壁昭夫（2011）最新行動経済学入門：「心」で読み解く景気とビジネス. 朝日新聞出版.

Kahneman, D. & Tversky, A.（1979）Prospect theory: an analysis of decision under risk. Econometrica, 47, 263-292.

Loewenstein, G. & Prelec, D.（1992）Anomalies in intertemporal choice: evidence and an interpretation. Quarterly Journal of Economics, 107, 573-597.

Thaler, R. & Sunstein, C.（2008）Nudge: Improving Decisions About Health, Wealth, and Happiness. Yale University Press.（遠藤真美訳『実践行動経済学：健康、富、幸福への聡明な選択』日経 BP 社，2009）

Thaler，R.（1981）Some empirical evidence on dynamic inconsistency. Economics Letters，8，201-207.

Tversky，A. & Kahneman，D.（1981）The framing of decisions and the psychology of choice. Science，211，453-458.

Tversky，A. & Kahneman，D.（1991）Loss aversion in riskless choice：a reference-dependent model. Quarterly Journal of Economics，106，1039-1061.

Tversky，A. & Kahneman，D.（1992）Advances in prospect theory：cumulative representation of uncertainty. Journal of Risk and Uncertainty，5，297-323.

名 词 解 释

初级生产（primary production）

植物利用二氧化碳、水和太阳能，通过光合作用，将无机物合成为有机物。某一时刻存在的有机物的质量称为生物量（biomass）。初级生产通常是以植物在某单位时间内生产的有机物量作为指标，这里的有机物量通常指植物体的干燥重量。

转基因生物（genetically modified organism）

通过某种形式的基因操作而赋予生物体新特性，如引入人工合成 DNA，其在作物品种改良等方面的应用正不断发展（第二至四章）。

遗传多样性（genetic diversity）

同一物种内个体之间的遗传变异，一般以等位基因数、杂合度、遗传率等作为指标。遗传多样性是支撑适应性的要素，也是品种改良的"源头"（第二章、第三章）。

激励（incentive）

引起特定主体特定行为的因素及其作用机制。

营养盐循环（nutrient cycling）

营养盐在生态系统中一系列的循环过程，如有机物被分解和矿化，养分被植物吸收并再次利用于初级生产的过程。氮和磷等营养盐易成为植物生长的限制因子，营养盐缺乏成为限制初级生产的要素。

营养级（trophic level）

生态系统中，植物（初级生产者）生产的有机物，通过植食者（初级消费者）和它的捕食者（次级消费者）之间的捕食-被捕食关系传递（营养动态）。在这个生物之间的联系中，初级生产者、初级消费者、次级消费者等各个等级称为营养级。距离生产者近的称为低营养级，远的称为高营养级。这不仅适用于地上生物的联系，还适用于土壤中有机物的分解者和它的捕食者。根据营养级间的相互作用，处于较低营养级生物（如植物），给较高营养级生物（如植食者）带来的影响称为"上行效应"。相反，较高营养级生物对较低营养级生物的影响被称为"下行效应"。此外，处于某营养级生物所产生的影响，能连续波及 3 个营养级以上的称为"营养级联"。

外部经济（external economy）、外部不经济（external diseconomy）

一个主体的行为在不经过市场的情况下影响其他主体称为"外部性"，给其他主体带来正面影响的外部性叫作"外部经济/正外部性/外部经济效应"，产生负面影响的外部性称为"外部不经济/负外部性/负外部经济效应"。环境公害和环境破坏是外部不经济的典型例子。另外，使用根据污染物排放量征收环境税等手段，将外部性引入价格内部，从而消除外部性叫作"外部性的内部化"。

干扰（disturbance）

改变生态系统、群落和种群结构，改变资源量和非生物环境的驱动力。可以分为台风、山火、干旱等自然干扰，伴随土地利用变化带来的栖息地改变、富营养化引起的环境污染等人为干扰两大类。

授粉（pollination）

植物的花粉被运送到雌蕊称为授粉。授粉的模式因物种而异，包括以蜜蜂和大黄蜂等昆虫作为媒介的模式以及由风和水为媒介的模式。传播花粉的动物称为传粉者（pollinator）。作物的授粉被认为是重要的生态系统服务之一（第三章）。

环境（environment）

影响生物个体的非生物因素。环境可大致分为环境条件（environmental condition）和资源（resource）。环境条件是指环境物理化学特征，如气温和水的 pH；生物的存在对环境条件具有较大的影响。资源是指生物为了生存、生长和繁殖所消耗的物质，如光、二氧化碳、水、营养盐和成为饵料的生物等；生物将围绕着有限的资源进行竞争。

（气候变化的）缓解策略（mitigation strategy）

减少导致气候变化的温室气体排放而抑制气候变化的措施。

机会成本（opportunity cost）

将某要素（如时间、资源等）用于特定机会/用途，如果将该要素用于其他机会/用途所能获得最大的收益。

功能冗余（functional redundancy）

群落中物种功能性的相似程度。功能冗余物种的消失对生态系统的功能和群落的可持续性没有太大的影响。功能冗余被认为对生态系统的韧性有很大的贡献（第一章）。

群落（community）

在特定栖息地和区域共存的生物集合，包含很多具有相互作用的物种。

景观（landscape）

不同生态学特征的斑块或斑块集合，如森林和河流、农田和草地等。构成景观的要素越多样化且配置越复杂，景观的异质性（空间结构的复杂性）就越大。

性状（trait）

作为生物分类指标的所有特征和属性。在分类学中是指作为标记的形态特征，在遗传学中表现为表现型的遗传性质。近年来，细胞学和生物化学的特征、动物的行为策略也被视为性状。

克服型技术

一种通过对生物和生态系统进行各种控制，以试图遏制自然威胁的技术，如（单独）大面积栽培快速成长的品种、铲除有害物种、修建大坝用于防洪等。工业革命后出现的克服型技术的成功，主要依赖于石油等枯竭性资源（绪论）。

种群（population）

在某个空间内栖息的同种个体的集合。

自然选择（natural selection）

个体和基因型之间的适应度（通过生存和繁殖留下后代的能力）存在一致（非偶然）差异，或者具有更高适应度个体的性质和遗传基因型在种群中频率增加的过程。即使适应度不同，当基因差异较小或个体数较少时，也不一定会产生自然选择。自然选择可以导致进化。

物种多样性（species diversity）

生态系统中所有物种的特征，如物种的数量和组成，通常被用作生物多样性的代表性指标。

需求函数（demand function）

用价格和收入的函数表示对商品的需求量。

适应性管理（adaptive management）

基于工作假设实施计划并通过持续监控评估以继续验证工作假设的一种管理手法。即使发生了原计划中未曾预料到的情况，也可以随时检查并修正原计划。

植食者（herbivore）

食草的哺乳类（如鹿）或昆虫类（如蝴蝶）等摄食植物的生物。

生态学阈值（ecological threshold）

当发生突发性或者超出预想的大扰动时，生态系统会急剧变化而超越临界点。这种发生急剧变化的点或区域称为生态阈值或"临界点"（tipping point）。前者指各种空间尺度的扰动，而后者通常指全球扰动，如气候变化等，现在可以交互使用（第一章）。

生态系统（ecosystem）

某地区所有生物和周围的非生物环境相互影响而形成的动态变化系统。生态系统多种多样，如草原、森林、湖沼、海洋等，有时也将地球作为一个整体称为生态系统。

生态系统功能（ecosystem function）

生态系统内的相互作用，主要表现为物质的生产、分解和循环过程；人类通过生态系统功能享受各种生态系统服务（第一章）。

生态系统服务（ecosystem service）

人们从生态系统中所获得利益的总称，也称为"公益功能"。包括粮食、水、纤维、燃料等的供给服务；对气候、水质、疾病等的调节服务；与信仰、审美、休闲、教育等相关的文化服务；初级生产、营养盐循环、土壤形成等相关的基础服务。

生态系统和生物多样性经济学（the economics of ecosystems and biodiversity，TEEB）

围绕联合国环境规划署（UNEP）制定的关于生态系统服务和生物多样性经

济价值的报告。包括两份中期报告和五份最终报告，特别是最终报告针对的是国家、地方和商业等不同的读者群体来编写的（可通过 http：//www.teebweb.org/在线查看）。

生物多样性（biodiversity）

通常指在某个地区共存的物种数量，但不仅仅是指种数，也指在所有时间和空间尺度上生物和生态系统的多样性和结构。换言之，广义的生物多样性不仅指物种多样性、遗传多样性、功能多样性和系统多样性，还指构成生态系统的生物群落结构（种类组成和优势度的阶层性、群落整体的生物量等）和相互作用网络的结构（包括食物网、植物-传粉者相互作用等），甚至还包括空间结构（景观等）的复杂性的概念。

多功能性（multifunctionality）

生态系统所具有的多种功能，如森林生态系统具有初级生产、物质循环、水源涵养等多种功能（第四章）。

适应型技术

将生物和生态系统所具有的适应力，引入农田和城市等人工生态系统或用于自然生态系统管理的新技术（绪论）。一般而言，与传统的克服型技术相比，适应型技术短期内的生产效率和成本效益较低。因此，为了普及适应型技术，需要从长远角度评估适应型技术的经济效率并以某种形式引入经济激励（第七章、第八章）。

（气候变化的）适应策略（adaptation strategy）

通过调整人类和社会经济系统以应对气候变化带来的各种影响，利用机会减轻其损害的策略。例如，为海平面上升而建造堤坝和防波堤。

适应性进化（adaptive evolution）

某种环境中生存或繁殖时的有利性状（形态构造、生理过程、行动特性）在种群内的进化。

（生物和生态系统）适应力（adaptability）

生物和生态系统对于某种程度的环境变化能保持其功能不变的能力。生态系统的适应力并不是为了维持生态系统功能而进化的，而是伴随着各种构成生态系统生物的进化而产生。适应力是通过各个物种所具有的能力、物种和遗传因子的多样性、相互作用和空间构造的复杂性、进化的可能性等得以支撑的（绪论）。

权衡（trade-off）

如果提高或增加一方，就意味着会牺牲另一方。例如，如果提高某些特定的生态系统服务，那么其他服务就被破坏，这些生态系统服务就处于权衡关系中（第一章）。

生态位（niche）

表征物种生存可能的环境范围，也称为生态龛。例如，气温过高或过低，生物都不能生存。生态位指物种能够在各种环境因素下生存的范围。

猎物（prey）

生态系统内以食物-捕食关系被其他生物吃掉的生物。虽然植物也被植食者啃食，但猎物的概念通常用于动物，如被蜘蛛吃掉的苍蝇、被蜥蜴吃掉的蜘蛛等。

（生态系统响应的）非线性（non-linearity）

由干扰引起的生态系统变化通常进行缓慢，而一旦发生突发性或者超出预想的大干扰，生态系统就会超越临界点，发生急剧变化。例如，一定水平以下的干扰，生物个体数不会改变，但超过该水平，就会急剧增加或减少。这种特性称为生态系统对干扰的非线性响应（第一章）。

成本（cost）

因某种经济活动而产生的负面因素的统称。

反馈（feedback）

通常当外部因素引起变化时，强化变化的作用称为"正反馈"；反之，削弱变化的作用为"负反馈"。正反馈是生态系统进一步加强其对干扰响应的机制；负反馈是生态系统进一步控制其对干扰响应的机制。负反馈使生态系统稳定化。

虫害防治（pest control）

为减少病虫害和杂草等危害而采取的措施，也称为病害虫防治。减少通过携带病原体生物（媒介，如传播疟疾的疟蚊）造成危害的方法称为"媒介控制"（第五章）。

收益（benefit）

通过某种经济活动获得的利润等有利因素的统称。

保险假说（insurance hypothesis）

随着包含不同物种的生物群落变得更加多样化，物种对干扰的响应也将更加多样，因此群落对干扰的稳定性将增加。生物多样性可视为增强生态系统功能稳定性的一种机制（第一章）。

捕食者（predator）

生态系统中以食物-捕食关系而捕食其他生物的生物。某种生物可以是猎物也可以是捕食者，它是相对变化的。在苍蝇-蜘蛛-蜥蜴的食物-捕食关系中，蜘蛛是苍蝇的捕食者，但同时也是蜥蜴的猎物。处于食物-捕食关系顶端的生物称为"顶级捕食者"。

千年生态系统评估（Millenium Ecosystem Assessment，MA）

2001～2005 年，由联合国倡议进行的全球生态系统评估。其目的是评估生态系统变化对人类福祉的影响，并通过推进生态系统保护和可持续利用，来科学地展示为提高人类福祉应采取的行动。《千年生态系统评估报告》可在线查阅（http://www.maweb. org/en/Reports.aspx）。

单一种植（monoculture）

指生产单一农作物或树种的农业或林业形式，通常只有单一的遗传系。虽然能有效提高生产力，但存在容易发生病害虫的风险（第三章、第四章）。

预防原则（precautionary principle）

虽然尚未从科学上充分证明其因果关系，但如果置之不理，将来则可能发生重大损害，因此可以考虑主动采取相应的措施来预防该损害（第八章）。

稳态转换（regime shift）

由于突发性或超出预想的巨大干扰，生态系统从某个稳定状态向其他稳定状态转换，从而导致生态系统结构和功能发生巨大变化。一旦发生稳态转换，多数情况下生态系统很难恢复到原始状态（第一章）。

（生态系统）韧性（resilience）

生态系统维持其功能和结构并保持在某个稳定状态时所能承受的干扰大小和程度（第一章）。

后　记

　　2011 年 3 月的东日本大地震是一次颠覆我们价值观的事件。人类社会和生态系统都遭受了严重破坏，并使我们意识到了以人工构筑物为主的常规防灾措施的局限性。位于仙台港附近的蒲生海滩，是一个广为人知的物产丰富区域，但由于在地震中受到浪高近 4 m 的海啸袭击，其地形发生了巨大变化。地震引起附近河流改道所带来的淡水化，导致了很多滩涂生物的死亡。在我们的努力下，这片滩涂现在正慢慢地恢复到原本的状态，很多震后消失的生物又再次出现在这片滩涂上。此外，在沿岸的水田区域，可以看到震前都罕见的雨久花。在土壤中长期休眠的种子，有可能会因为海啸而在表层露出发芽。在经历如此大规模的扰动之后，我们需要在生态系统恢复的过程中学习很多东西。我们有必要怀着谦卑的态度，去了解自然环境的这种在受到各种各样干扰的时候，却能得以长期维持的"机制"，并将其应用于我们的社会。

　　本书尝试将生态适应性科学这样一门跨学科的研究体系化，通过利用生物和生态系统固有的适应能力（也就是研究使自然可以持续发挥其良好功能的机制），以期建立可持续发展的社会。跨学科研究说起来很简单，但事实上并非那么容易，它需要生物学、工学、经济学等各个领域的研究人员进行联合研究。而且，为了能够引入适应型技术，有必要加强企业、政府及公民团体之间的合作。另外，生态系统服务的退化与社会发展的可持续性是国际社会所面临的紧迫课题。既然人类活动依赖于生态系统给予的惠益，我们就必须尽早着手解决这些问题。

　　日本东北大学生态适应 GCOE 通过与企业和非政府组织建立的环境机构、财团合作，为生态适应性科学的推广和发展做出了许多努力。例如，为了使在东日本大地震中受灾严重的沿岸地区周边海域、水田的生物多样性得到恢复，实施了"海田绿色重建工程"，以期在将来能够继续受到来自生态系统的惠益。这个项目的监测调查是与 NPO 组织"地球观测（日本）"合作的，当中也有普通市民的参与；《生物共生企事业单位推进指南》是为致力于生物多样性保护的企业而制定的土地利用指南，该指南是结合 JBIB（企业与生物多样性倡议）来综合制定的；自 2010 年以来，日本东北大学生态适应 GCOE 组织了关于"生物多样性补偿"的一些研讨会。这些合作开展的活动标志着生态适应性科学付诸实践的第一步。

　　目前，生态适应性科学的研究还面临诸多挑战。生态系统发生的不可逆变化是很难预测的，而且在大多数情况下伴随着生态系统的变化，其功能和服务发生的变化在目前还不清楚。利用适应型技术所获得的效果还存在着许多不确定性。适当的生态系统服务评价方法也有待今后进一步研究。我们希望本书不仅仅是为了研究人员，更是让处于各种立场的人们了解我们的想法，为开拓新的可能性提供契机。期待在将来，生态适应性科学这门学科经过进一步的研究发展和讨论变得更成熟，其成果能够对人类社会的可持续发展做出重大贡献。

　　本书在编写过程中，得到了以下学者的帮助：吾妻行雄、占部城太郎、远藤宣成、木岛明博、九石太树、仓田祥一朗、坂本直树、高田まゆら、泷本岳、千叶聪、土屋一彬、原祐二、彦坂弘毅、藤林惠、安田弘法、Patrick ten Brink、Dana Cordell、Sergio Rasmann，以上诸位都为本书的编写和审查做出了贡献。另外，镰仓市景观部绿化科为我们提供了资料。西田树生、涩谷佳士、木村一贵在插图的制作方面给予了帮助。负责本书出版工作的日经 BP 社的编辑人员非常友好包容，对我们缓慢推进的工作提供了很大的支持。在此一并深表谢意。

原著者